AF558001

Die Frage nach der Technik in China

Yuk Hui

Die Frage nach der Technik in China

Ein Essay über die Kosmotechnik

Aus dem Englischen von David Frühauf

Matthes & Seitz Berlin

Wenn ich höre, wie die Menschen der Moderne
über Einsamkeit klagen, dann weiß ich, was geschehen ist.
Sie haben den Kosmos verloren.

D. H. Lawrence, *Die Apokalypse*

Wenn der Kommunismus in China an die Herrschaft
kommen sollte, steht zu vermuten, daß erst
auf diesem Wege China für die Technik »frei« wird.
Was liegt in diesem Vorgang?

M. Heidegger, *GA97 Anmerkungen I-V*

Für Bernard

Inhalt

Vorwort

Ziemlich viele der Notizen, auf die ich während der Arbeit an diesem Buch zurückgegriffen habe, stammen noch aus meinen Teenagerjahren, als sowohl die Kosmogonie des Neo-Konfuzianismus wie auch die zeitgenössische Astrophysik Faszination auf mich ausübten. Ich kann mich noch daran erinnern, wie ich mehrere Sommer lang regelmäßig jede Woche mit meinem Bruder Ben in die Zentralbibliothek in Kowloon ging, mit Stapeln an Bücher über Physik und Metaphysik wieder nach Hause kam und tagelang Dinge darin las, die mich überforderten und mit denen ich damals nicht umzugehen wusste. Glücklicherweise profitierte ich von den vielen Diskussionen mit meinem Literatur- und Kalligrafielehrer Dr. Lai Kwong-pang, der mich mit dem Denken seines damaligen Doktorvaters, des neukonfuzianischen Philosophen Mou Zongsan (1909–1995), vertraut machte. Als ich anfing, mich mit westlicher Philosophie auseinanderzusetzen, insbesondere mit dem zeitgenössischen Denken, sah ich mich vor die große Herausforderung gestellt, sie in das einzubetten, was ich in der Vergangenheit gelernt hatte, ohne dabei einem oberflächlichen und exotischen Abgleich zum Opfer zu fallen. Im Jahr 2009 wies mir die Begegnung mit der Arbeit von Keiji Nishitani und Bernard Stiegler über Heidegger einen Weg, mich den verschiedenen philosophischen Systemen von der Zeitfrage her anzunähern; in jüngerer Zeit, als ich die Schriften des Anthropologen Philippe Descola und des chinesischen Philosophen Li Sanhu las, begann sich mir, eine konkrete Fragestellung auszuformulieren: Wenn man anerkennt, dass es multiple Naturen gibt, ist es dann nicht auch möglich, sich multiple Techniken vorzustellen, die sich nicht allein funktionell und ästhetisch voneinander unterscheiden, sondern auch ontologisch und kosmologisch? Darin besteht die grundlegende Frage der vorliegenden Arbeit. Mit dem, was ich Kosmotechnik nenne, soll der Versuch unternommen werden, die Frage der Technologie und ihrer aus unterschiedlichen Gründen während des letzten Jahrhunderts fallen gelassenen Geschichte wieder aufzunehmen.

Es gibt viele Menschen, denen gegenüber ich meine Dankbarkeit zum Ausdruck bringen möchte: den Mitgliedern der DFG-Forschungsgruppe »Mediale Teilhabe«, Prof. Beate Ochsner, Prof. Urs Stäheli, Prof. Elke Bippus, Prof. Isabell Otto, Markus Spöhrer, Robert Stock, Sebastian Dieterich, Milan Stürmer und, insbesondere, Prof. Erich Hörl, für dessen großmütige Leitung dieses Projekts und für die Diskussionen; der Chinesischen Hochschule der Künste, welche die Produktion dieses Buches gefördert hat, und für die Diskussionen mit Prof. Gao Shiming, Prof. Guan Huaibin, Prof. Huang Sunquan, Johnson Chang, Lu Ruiyang, Wei Shan, Jiang Jun, Yao Yuchen, Zhang Shunren, Zhou Jun; den Mitgliedern der Pharmakon Philosophy School, Anne Alombert, Sara Baranzoni, Anaïs Nony, Paolo Vignola, Paul-Émile Geoffroy, Michaël Crevoisier, François Corbisier, Axel Andersson, Caroline Stiegler, Elsa Stiegler, Augustin Stiegler, Paul Willemarck (auch für seine Einführung in das Werk Rudolf Boehms); den Kollegen und Freunden, mit denen ich inspirierende Diskussionen geführt habe, Howard Caygill, Scott Lash, Jean-Hugues Barthélémy, Vincent Bontems, Louis Morelle, Louise Piguet, Tristan Garcia, Vincent Normand, Adeena Mey, Regula Bührer, Nathalie Scattolon, Géo Scattolon, Alexandre Monnin, Pieter Lemmens, Armin Beverungen, Marcel Mars, Martina Leeker, Andreas Broeckmann, Holger Fath, Cécile Dupaquier, Jeffrey Shaw, Hector Rodriguez, Linda Lai, Prof. Zhang Yibin, Eiko Honda.

Ebenso möchte ich Robin Mackay und Damian Veal für ihre großartige redaktionelle Arbeit, ihre kritischen Kommentare und unschätzbaren Vorschläge danken. Und zu guter Letzt gilt mein besonderer Dank Bernard Stiegler für die wertvollen Diskussionen und Inspirationen der letzten Jahre.

Yuk Hui, Berlin, Sommer 2016

Zeitachse der im Buch behandelten Denker, Ost und West

Prähistorie	
Fuxi (伏羲)	
Nüwa (女媧)	
Shennong (神農)	
(Yandi, Lie Shan Shi)	
1766–1122 v. Chr.: Shang Dynastie	
1122–256 v. Chr.: Zhou Dynastie	
Laotse (老子, –531 v. Chr.)	Solon (640–558 v. Chr.)
Konfuzius (孔子, 551–479 v. Chr.)	Thales (624–546 v. Chr.)
Mozi (墨子, 470–391 v. Chr.)	Anaximander (610–546 v. Chr.)
Zhuangzi (莊子, 370–287 v. Chr.)	Heraklit (535–475 v. Chr.)
Mengzi (孟子, 372–289 v. Chr.)	Parmenides (515–450 v. Chr.)
Xunzi (荀子, 313–238 v. Chr.)	Sophokles (497/496–406/405 v. Chr.)
	Sokrates (470/469–399 v. Chr.)
	Platon (428/427–348/347 v. Chr.)
	Aristoteles (383–322 v. Chr.)
	Euklid (300 v. Chr.)
221–207 v. Chr.: Qin Dynastie	Archimedes (287–212 v. Chr.)
	Zenon von Kition (334–262 v. Chr.)
	Kleanthes (330–230 v. Chr.)
	Chrysippos von Soloi (279–206 v. Chr.)
206 v. – 220 n. Chr.: Han Dynastie	
An Liu (劉安, 179–122 v. Chr.)	Cicero (106–43 v. Chr.)
Dong Zhongshu (董仲舒, 179–104 v. Chr.)	Seneca (1–65 n. Chr.)
	Claudius Ptolemäus (100–170)
Sima Qian (司馬遷,145–90 v. Chr.)	Marc Aurel (121–180)
Zheng Xuan (鄭玄, 127–200 n. Chr.)	

220–589: Sechs Dynastien	
Zeit der drei Reiche (220–265 n. Chr.)	Pappos von Alexandria (290–350)
Jin Dynastie (265–420 n. Chr.)	Diogenes Laertius (3. Jh.)
Nördliche und Südliche Dynastien	Augustinus (354–430)
(386–589 n. Chr.)	Boethius (480–524)
Wang Bi (王弼, 226–249)	
Guo Xiang (郭象, 252–312)	
589–618: Sui Dynastie	
618–907: Tang Dynastie	
Han Yu (韓愈, 768–824)	
Liu Zong Yuan (柳宗元, 773–819)	
Hongren (弘忍, 601–685)	
Shenxiu (神秀, 606–706)	
Heineung (慧能, 638–713)	
907–960: Fünf Dynastien 960–1270: Song Dynastie	
Nördliche Song (960–1127)	Adelard von Bath (1080–1152)
Südliche Song (1127–1279)	Thomas von Aquin (1225–1274)
Shao Yung (邵雍, 1011–1077)	
Zhou Dunyi (周敦颐, 1017–1073)	
Zhang Zai (張載, 1020–1077)	
Cheng Hao (程顥, 1032–1085)	
Chen Yi (程頤, 1033–1107)	
Zhu Xi (朱熹, 1130–1200)	
1279–1368: Yuan Dynastie	
1368–1644: Ming Dynastie	
Wang Yangming (王陽明, 1472–1529)	Nikolaus von Kues (1401–1464)
Song Yingxing (宋應星, 1587–1666)	Bartolomeo Zamberti (1473–1543)
	Nikolaus Kopernikus (1473–1543)
	Tycho Brahe (1546–1601)
	Francisco Suárez (1548–1617)
	Galileo Galilei (1564–1642)
	Johannes Kepler (1571–1630)
	René Descartes (1596–1650)

1644–1911: Qing Dynastie

Wang Fuzhi (王夫之, 1619–1692)
Dai Zhen (戴震, 1724–1777)
Duan Yucai (段玉裁, 1735–1815)
Zhang Xuecheng (章學誠, 1738–1801)
Gong Zizhen (龔自珍, 1792–1841)
Wei Yuan (魏源, 1795–1856)
Kang Youwei (康有為, 1858–1927)
Tan Sitong (譚嗣同, 1865–1898)
Wu Zhihui (吳稚暉, 1865–1953)
Wang Guo Wie (王國維, 1877–1927)
Yan Fu (嚴復, 1894–1921)

Baruch de Spinoza (1632–1677)
Isaac Newton (1642–1727)
Gottfried Wilhelm Leibniz (1646–1716)
Immanuel Kant (1724–1804)
Georg Wilhelm Friedrich Hegel (1770–1831)
Friedrich Wilhelm Joseph von Schelling (1775–1854)
Friedrich Hölderlin (1770–1842)
Ernst Christian Kapp (1808–1896)
Friedrich Wilhelm Nietzsche (1844–1900)
Edmund Husserl (1859–1938)

1912–1949: Republik China

Chen Duxiu (陳獨秀, 1879–1942)
Xiong Shili (熊十力, 1885–1968)
Chang Tungsun (張東蓀, 1886–1973)
Carsun Chang (張君勱, 1887–1968)
Ding Wenjiang (丁文江, 1887–1936)
Hu Shi (胡適, 1891–1962)
Xu Dishan (許地山, 1893–1941)
Feng Youlan (馮有蘭, 1895–1990)
Mou Zongsan (牟宗三, 1909–1995)
Zhang Dainian (張岱年, 1909–2004)
Yu Guang Yuan (於光遠, 1915–2013)
Lao Szekwang (勞思光, 1927–2012)
Li Zehou (李澤厚, 1930–)
Yu Yingshih (余英時, 1930–)
Chen Changshu (陳昌曙, 1932–2011)
Liu Shuhsien (劉述先, 1934–2016)
Tu Weiming (杜維明, 1940–)

Henri Bergson (1859–1892)
Friedrich Dessauer (1881–1963)
Sigmund Freud (1886–1939)
Martin Heidegger (1889–1976)
Herbert Marcuse (1898–1979)
André Leroi-Gourhan (1911–1986)
Jacques Ellul (1912–1994)
Jean-Pierre Vernant (1914–2007)
Gilbert Simondon (1924–1989)
Jean-François Lyotard (1924–1998)
Jürgen Habermas (1929–)
Jacques Derrida (1930–2004)
Alain Badiou (1937–)
Peter Sloterdijk (1947–)
Bernard Stiegler (1952–)

Einleitung

Im Jahre 1953 hielt Martin Heidegger seinen berühmten Vortrag »Die Frage nach der Technik«,[1] in dem er verlautbarte, dass das Wesen der modernen Technik nichts Technisches sei, sondern vielmehr ein *Ge-stell* – eine Transformation der Beziehung zwischen Mensch und Welt, durch die jedes Seiende auf den Rang eines »Bestandes« oder »Vorrats«, auf etwas, das vermessen, berechnet und herausgefordert werden könne, reduziert werde. Heideggers Kritik an der modernen Technik lenkte die Aufmerksamkeit damit von Neuem auf die technologische Macht, die bereits von anderen deutschen Schriftstellern wie Ernst Jünger und Oswald Spengler in Augenschein genommen worden war. Heideggers Schriften, die auf die »Kehre« in seinem Denken (für gewöhnlich um 1930 datiert) folgten, und insbesondere dieser Vortrag, zeichnen den Übergang von *technē* [τέχνη] als *poiesis* [ποίησις] oder *Hervorbringen* zu Technik als *Gestell* – verstanden als notwendige Konsequenz der westlichen Metaphysik – sowie als Bestimmung nach, die eine neue Form des Denkens verlangt: ein Denken der Frage nach der Wahrheit des Seins.

Heideggers Kritik stieß unter östlichen Gelehrten auf ein aufgeschlossenes Publikum[2] – vor allem innerhalb der Kyôto-Schule sowie innerhalb der daoistischen Kritik an der technischen Rationalität, die Heideggers *Gelassenheit* mit dem klassisch-daoistischen Konzept von *wu wei* oder »Nicht-Handlung« gleichsetzt. Aus mehreren Gründen leuchtet diese Aufnahmebereitschaft ein. Zum einen schienen Heideggers Äußerungen bezüglich der Macht und der Gefahren moderner Technologie aufgrund von Kriegsverheerungen, Industrialisierung und Massenkonsum beglaubigt worden zu sein, was zu der Interpretation seines Denkens als einer Art existenzieller Humanismus führte, wie er sich Mitte des Jahrhunderts in den Schriften Jean-Paul Sartres niederschlug. Solche Interpretationen spiegelten das Gefühl der Entfremdung und die Ängste, die durch die raschen industriellen und technologischen Veränderungen im modernen China geweckt worden waren, wider. Zum anderen hallte in Heideggers Schilderungen Spenglers These vom Untergang der westlichen Zivilisation wider, wenn auch in einer differenzierteren Spielart – was bedeutete, sie ließen sich zugunsten der Affirmation »östlicher« Werte vereinnahmen.

Eine solche Affirmation führt jedoch zu einem missverständlichen und problematischen Verständnis der Technik- und Technologiefrage und hat – mit der strittigen Ausnahme postkolonialer Theorien – im Osten bis heute die Herausbildung eines wirklich originellen Denkens zu diesem Thema verhindert. Schließlich geht sie von der unausgesprochenen Annahme aus, es gäbe nur eine Art der Technik und Technologie,[3] und zwar in dem Sinne, dass die Letztgenannte als anthropologisch universell angesehen würde, dass ihr über die Kulturen hinweg die gleichen Funktionen zukämen und sie also mit den gleichen Begriffen erklärt werden müsste. Heidegger selbst bildete keineswegs eine Ausnahme zu der Tendenz, Technologie und Wissenschaft, im Gegensatz zum Denken, das eben nicht »international«, sondern einzigartig und »heimisch« sei, als »international« zu begreifen. In den kürzlich veröffentlichten *Schwarzen Heften* Heideggers heißt es:

> »Wissenschaften« sind, wie die Technik und als Techniken, notwendig international. Ein internationales Denken gibt es nicht, sondern nur das im Einen Einzigen entspringende universale Denken. Dieses aber ist, um nahe am Ursprung bleiben zu können, notwendig ein geschickliches Wohnen in einziger Heimat und einzigem Volk, dergestalt, daß nicht dieses der völkische Zweck des Denkens und dieses nur »Ausdruck« des Volkes –; das jeweilig einzige geschickliche Heimattum der Bodenständigkeit ist die Verwurzelung, die allein das Wachstum in das Universale gewährt.[4]

Diese Aussage verlangt eine genauere Betrachtung: Erstens muss der Zusammenhang zwischen Denken und Technik in Heideggers eigenen Überlegungen erläutert werden (siehe im Folgenden §7 und §8), und zweitens muss die Problematik des »Heimkommens« der Philosophie als ein Sich-gegen-Technologie-Wenden untersucht werden. Deutlich an der oben zitierten Stelle wird jedoch, dass Heidegger Technologie als etwas von ihrem kulturellen Ursprung Ablösbares, immer schon »Internationales« betrachtet, das durch das »Denken« überwunden werden muss.

An anderer Stelle der *Schwarzen Hefte* kommentierte Heidegger die technologische Entwicklung in China und nahm dabei den Sieg der Kommunistischen Partei in einer Bemerkung vorweg,[5] die auf das Versäumnis anzuspielen scheint, die Technologiefrage in China in den Jahrzehnten nach dem Machtantritt der Partei zu thematisieren:

> Wenn der Kommunismus in *China* an die Herrschaft kommen sollte, steht zu vermuten, daß erst auf diesem Wege China für die Technik »frei« wird. Was liegt in diesem Vorgang?[6]

Was meint hier »frei« für die Technik werden, wenn nicht der Unfähigkeit zum Opfer zu fallen, über sie zu reflektieren und sie zu transformieren? Tatsächlich war es ein unzureichendes Maß an Reflexion bezüglich der Technologiefrage im Osten, wodurch das aus der eigenen Kultur stammende Aufkommen einer wirklichen Kritik verhindert wurde: etwas, das wahrlich symptomatisch ist für eine Trennung von Denken und Technologie, ähnlich jener, die Heidegger während der 1940er-Jahre in Europa beschrieben hat. Und dennoch werden wir, sollte China sich bei der Beschäftigung mit dieser Frage auf Heideggers im Wesentlichen abendländische Analyse der Technikgeschichte stützen, in eine Sackgasse geraten – was heute bedauerlicherweise genau die Stelle ist, an der wir uns befinden. Wie also lautet die Frage nach der Technik für nichteuropäische Kulturen im Vorfeld der Modernisierung? Handelt es sich um die gleiche Frage wie jene des Westens vor der Modernisierung, um die Frage nach dem griechischen *technē*? Und wenn Heidegger darüber hinaus imstande war, der *Seinsvergessenheit* der westlichen Metaphysik die Seinsfrage wieder zu entwenden, und wenn es Bernard Stiegler heute schafft, die Frage der Zeit vor dem langen *oubli de la technique* der westlichen Philosophie bewahren zu können, wonach könnten Nicht-Europäer dann möglicherweise streben? Würde man darauf verzichten, diese Fragen zu stellen, bliebe die Technikphilosophie in China weiterhin zur Gänze abhängig von der Arbeit deutscher Philosophen wie Heidegger, Ernst Kapp,

Friedrich Dessauer, Herbert Marcuse und Jürgen Habermas, amerikanischer Denker wie Carl Mitcham, Don Ihde und Albert Borgmann sowie französischer Denker wie etwa Jacques Ellul, Gilbert Simondon und Bernard Stiegler. Sie wäre nicht in der Lage, voranzukommen – geschweige denn einen Ausweg zu finden.

Ich denke, es ist dringend notwendig, sich sowohl aus historischen als auch politischen Gründen eine Philosophie der Technologie in China auszumalen und zu erarbeiten. China hat sich während des letzten Jahrhunderts modernisiert, um »Großbritannien zu überflügeln und die USA einzuholen« (超英趕美, eine 1957 von Mao Zedong vorgeschlagene Parole); jetzt, da seine Modernisierung ein Niveau erreicht hat, das es China erlaubt, sich inmitten der Großmächte zu positionieren, scheint sich das Land an einem Wendepunkt zu befinden. Gleichzeitig aber herrscht die allgemeine Ansicht vor, China könne diese Modernisierung nicht blindlings fortsetzen. Die Große Beschleunigung, die sich in den letzten Jahrzehnten ereignet hat, hat auch zu verschiedenen Formen der Zerstörung geführt, seien es kulturelle, ökologische, soziale oder politische. Wir leben mittlerweile, so erzählen uns Geologen, in einem neuen Zeitalter – dem des Anthropozäns –, das ungefähr im 18. Jahrhundert mit der Industriellen Revolution begonnen hat. Um das Anthropozän zu überleben, wird es der Reflexion über – sowie der Transformation der – von der Moderne übernommene Praktiken bedürfen, um damit die Moderne selbst zu überwinden. Zu dieser Aufgabe gehört auch die hier skizzierte Rekonstruktion der Technologiefrage in China, die darauf abzielt, das Konzept der Technik in seiner Pluralität zu entfalten und durch die Wiederaufnahme einer wirklich globalen Weltgeschichte als Gegenmittel für das Modernisierungsprogramm zu wirken. Das Buch ist deshalb ein Versuch, sowohl auf Heideggers Konzept der Technik zu antworten als auch einen möglichen Weg zu umreißen, mithilfe dessen eine geeignete *chinesische* Philosophie der Technologie entworfen werden kann.

§1. Das Werden des Prometheus

Gibt es ein technologisches Denken in China? Auf den ersten Blick mag diese Frage kurzerhand verworfen werden, denn welche Kultur verfügt schließlich nicht über Technik? Auch in China existiert mit Sicherheit seit mehreren Jahrhunderten Technik, insofern wir darunter das Konzept verstehen, mit dem die Fähigkeiten bezeichnet werden, künstliche Produkte herzustellen. Um diese Frage daher angemessener beantworten zu können, bedarf es eines tieferen Verständnisses dafür, was bei der Frage der Technik überhaupt auf dem Spiel steht.

In der Evolution des Menschen als *Homo faber* markiert der Moment der Befreiung der Hände gleichfalls den Beginn systematischer und übertragbarer Herstellungspraktiken. Diese entstehen zunächst aus der Notwendigkeit, zu überleben, Feuer zu machen, zu jagen, Unterkünfte zu errichten; erst später, sobald bestimmte Fertigkeiten allmählich beherrscht wurden, ging man daran, kompliziertere Technik zu entwickeln. Wie der französische Anthropologe und Paläontologe André Leroi-Gourhan erörtert hat, tat sich im Moment der Befreiung der Hände durch die Exteriorisierung der Organe und des Gedächtnisses sowie der Interiorisierung von Prothesen eine lange Evolutionsgeschichte auf.[7] Nun lässt sich innerhalb dieser universellen technischen Tendenz eine Diversifizierung von Artefakten über verschiedene Kulturen hinweg beobachten. Diese Diversifikation wird durch kulturelle Besonderheiten verursacht, die sie zugleich jedoch mittels einer Art Feedbackschleife verstärkt. Leroi-Gourhan nennt diese Besonderheiten »technische Tatsachen«.[8] Während eine technische *Tendenz* notwendig ist, sind technische *Tatsachen* akzidentiell: Wie Leroi-Gourhan schreibt, resultieren technische Tatsachen aus der »Begegnung der Tendenz mit Tausenden von milieubedingten Zufällen«:[9] Während die Erfindung des Rads eine technische Tendenz darstellt, ist es Sache der technischen Tatsache, ob Räder Speichen haben oder nicht. Die Anfänge der Lehre von der Herstellung waren geprägt von der technischen Tendenz, das heißt das, was sich in menschlichen Aktivitäten offenbart – beispielsweise in der Erfindung des primitiven Rads oder der Verwendung des Feuersteins –, waren optimale natürliche Wirkungsgrade. Erst später begannen sich kulturelle Besonderheiten oder technische Tatsachen augenscheinlicher durchzusetzen.[10]

Leroi-Gourhans Unterscheidung zwischen technischer Tendenz und technischer Tatsache versucht dementsprechend, eine Erklärung für die Ähnlichkeiten und Differenzen von aus verschiedenen Kulturen stammenden technischen Erfindungen zu liefern. Sie geht von einem universellen Verständnis des *Hominisations*prozesses aus, der gekennzeichnet wird von der technischen Tendenz der Erfindung wie auch von der Erweiterung menschlicher Organe mittels technischer Apparate. Doch wie effektiv ist dieses Modell dabei, die weltweite Diversifizierung von Technologien und die unterschiedlichen Geschwindigkeiten, mit der Erfindungen in unterschiedlichen Kulturen vonstattengehen, zu erklären? Gerade vor dem Hintergrund dieser Fragen erhoffe ich mir, die kosmologischen und metaphysischen Dimensionen, die Leroi-Gourhan selbst kaum je thematisiert hat, in die Diskussion einbringen zu können.

Meine Hypothese, die für einige Leser zunächst wohl überraschend erscheinen mag, lautet daher: *Technik in dem Sinne, wie wir sie heute verstehen – oder zumindest wie sie von gewissen europäischen Philosophen definiert wird –, hat es in China niemals gegeben*. Es besteht ein allgemeiner Irrglaube, dass alle Techniken gleich seien, dass jegliche Fähigkeiten und künstlichen Produkte aus allen Kulturen auf eine Sache, die sich mit »Technologie« bezeichnen ließe, reduziert werden könnten. Und ja, selbstverständlich ist es beinahe unmöglich zu leugnen, dass Technik als Erweiterung des Körpers oder als Exteriorisierung des Gedächtnisses aufgefasst werden kann. Das bedeutet aber nicht, dass diese Auffassungen innerhalb verschiedener Kulturen auf die gleiche Weise *wahrgenommen* oder reflektiert werden.

Um es anders auszudrücken: Technik als eine allgemein menschliche Tätigkeit ist auf der Erde seit der Zeit des Australopithecus präsent, wohingegen das philosophische Technikkonzept nicht als universell vorausgesetzt werden kann. Die Technik, auf die wir uns hier beziehen, ist einer der Gegenstände der Philosophie, das heißt, sie ist erst durch die Geburt der Philosophie zutage gefördert worden. Als solche, als philosophische Kategorie, ist Technik zugleich Gegenstand der Philosophiegeschichte und wird darüber hinaus mittels spezieller interrogativer Perspektiven definiert. Was wir in diesem Buch demnach unter »Philosophie der Technologie« verstehen, stimmt nicht vollkommen mit dem überein, was in Deutschland unter *Technikphilosophie* bekannt ist und mit Persönlichkeiten wie Ernst Kapp und Friedrich Dessauer assoziiert wird. Vielmehr tritt sie mit der Geburt der hellenistischen Philosophie im alten Griechenland in Erscheinung und konstituiert eine der wesentlichen philosophischen Untersuchungen. Und eine so verstandene Technik, eine Technik als ontologische Kategorie, muss, so behaupte ich, in Bezug auf eine größere Konfiguration, auf eine »Kosmologie«, die der jeweiligen Kultur angemessen ist, aus der sie hervorgegangen ist, befragt werden.

Wir wissen, dass es sich bei der Geburt der Philosophie im alten Griechenland, wie sie im Denken Thales' und Anaximanders zum Ausdruck gebracht wurde, um einen Rationalisierungsprozess handelte, der eine allmähliche Trennung von Mythos und Philosophie markierte. Mythologie stellt den Quell sowie den wesentlichen Bestandteil europäischer Philosophie dar, die sich von der Mythologie distanzierte, indem sie das Göttliche naturalisierte und als Ergänzung zur Rationalität miteinbezog. Ein Rationalist mag zwar durchaus behaupten, dass jedweder Rückgriff auf die Mythologie einer Regression gleichkommt und dass Philosophie imstande war, sich von ihren mythologischen Ursprüngen gänzlich zu befreien. Doch bezweifle ich stark, dass eine derartige Philosophie existiert, geschweige denn jemals existieren wird. Bekanntermaßen kam der Gegensatz von *Mythos* und *Logos* in der Platonischen Akademie deutlich zum Ausdruck: Aristoteles stand den »Theologen« der Schule Hesiods überaus kritisch gegenüber, und bereits vor ihm sprach sich Platon erbarmungslos gegen den Mythos aus. Im *Phaidon* (61a) legt er Sokrates die Behauptung in den Mund, dass der *Mythos* seine Sache nicht sei, sondern die Angelegenheit der Dichter (die in der *Politeia* als Lügner charakterisiert werden). Und doch räumt, wie Jean-Pierre Vernant unmissverständlich gezeigt hat, Plato »in seinen Schriften dem Mythos einen besonderen Platz ein[], wenn ausgedrückt werden soll, was diesseits oder jenseits der im eigentlichen Sinne philosophischen Sprache liegt«.[11]

Philosophie ist daher nicht die Sprache blinder kausaler Notwendigkeit, sondern vielmehr das, was es ebendieser Sprache unmittelbar erlaubt, gesprochen zu werden, sowie das, was darüber hinausgeht.

Die dialektische Bewegung zwischen Rationalität und Mythos bildet die Grundlage für die Dynamik der Philosophie, ohne die es lediglich positive Wissenschaften gäbe. Die gegen Ende des 18. Jahrhunderts schreibenden Romantiker und deutschen Idealisten waren sich dieser problematischen Beziehung von Philosophie und Mythos bewusst. Folglich lesen wir im 1797 anonym veröffentlichten »Das älteste Systemprogramm des deutschen Idealismus« – von dem vermutet wird, es stamme aus der Feder oder zumindest aus dem näheren Umfeld der drei Freunde aus dem Tübinger Stift, Hölderlin, Hegel und Schelling –, dass »die Mythologie [...] philosophisch werden [muss] und das Volk vernünftig, und die Philosophie [...] mythologisch werden [muss], um die Philosophen sinnlich zu machen. Dann herrscht ewige Einheit unter uns.«[12] Nicht zufällig trat diese Einsicht zu einem Zeitpunkt auf, da das philosophische Interesse an der griechischen Tragödie, vornehmlich durch die Arbeiten dieser drei einflussreichen Freunde, von Neuem aufflammte. Hier zeigt sich nun, dass der Versuch der Philosophie in Europa, sich von der Mythologie zu lösen, gerade durch die Mythologie bedingt ist, was heißt, dass Mythologie die Keimform eines solchen Modus zu philosophieren offenbart. Jede Entmythologisierung geht mit einer Remythologisierung einher, denn Philosophie ist durch einen Ursprung konditioniert, von dem sie sich niemals vollständig absondern kann. Um also herauszufinden, was in der Frage nach der Technik auf dem Spiel steht, sollten wir uns den vorherrschenden Mythen über den Ursprung der Technologie widmen, die uns überliefert und von der westlichen Philosophie zugleich verworfen als auch erweitert wurden. Denn die irrige Annahme, Technik ließe sich als eine Art Universalie betrachten, verstellt nach wie vor den Blick für das Verständnis des globalen technologischen Zustands im Allgemeinen wie auch für die Herausforderung, welche die Technik für außereuropäische Kulturen darstellt, im Besonderen. Ohne Klärung dieser Frage werden wir keinen Schritt vorankommen, werden wir überwältigt sein von dem homogenen Werden der modernen Technologie.

Einige neuere Arbeiten haben versucht, sich das, was sie »Promethianismus« nennen, wieder anzueignen, indem sie die Sozialkritik des Kapitalismus von der technologischen Verunglimpfung abgekoppelt und der Technologie die Macht zugesprochen haben, uns von den Einschränkungen und Widersprüchen der Moderne zu befreien. Diese Konzeption wird oft mit der Idee des »Akzelerationismus« gleichgesetzt oder zumindest eng verknüpft.[13] Würde aber eine solche Reaktion auf Technologie und Kapitalismus global angewendet werden, als ob Prometheus eine universell gültige kulturelle Figur wäre, liefe man Gefahr, eine subtilere Form des Kolonialismus aufrechtzuerhalten.

Wer also ist Prometheus, und wofür steht Promethianismus?[14] In Platons *Protagoras* erzählt der Sophist die Geschichte des Titanen Prometheus – von dem es auch heißt, er sei der Schöpfer der Menschen –, der von Zeus gebeten wurde, einem jeden Lebewesen Fertigkeiten zur Lebenserhaltung zuzuteilen. Sein Bruder Epimetheus übernahm diese Aufgabe, stellte jedoch, nachdem er alle Fähigkeiten verteilt hatte, fest, dass er vergessen hatte, für die Menschen zu sorgen. Um den Fehler seines Bruders Epimetheus wiedergutzumachen, stahl Prometheus dem Gott Hephaistos das Feuer und ließ es den Menschen zuteilwerden.[15] Hesiod lieferte in seiner *Theogonie* eine andere, leicht abweichende Version der Geschichte, in welcher der Titan die Allmacht des Zeus herausforderte, indem er ihm einen Streich mit einer Opfergabe spielte. Zeus drückte seinen Zorn dadurch aus, dass er den Menschen das Feuer und die *Mittel zur Lebenserhaltung* entzog, wofür sich Prometheus wiederum mit dem Raub des Feuers rächte. Sodann zog Prometheus die Strafe Zeus' auf sich: Er wurde an eine Klippe gekettet, und tagsüber kam ein Adler des Hephaistos, um seine Leber zu fressen, die über Nacht stets wieder nachwuchs. Die Geschichte findet ihre Fortsetzung in *Werke und Tage*, worin Zeus, verärgert über Prometheus' Täuschung (*apatē*) oder Betrug (*dolos*), Rache nimmt, indem er ein Übel über die Menschheit bringt. Dieses Übel bzw. *dolos* wird Pandora genannt.[16] Die Figur der Pandora, deren Name »die Allgeberin« bedeutet, ist eine zwiespältige Gestalt: Einerseits steht sie für die Fruchtbarkeit, da sie laut Vernant in einer anderen klassischen Darstellung einen anderen Namen trägt, Anesidora, die Göttin der Erde,[17] andererseits für Trägheit und Zerstreuung, schließlich ist sie ein *gastēr*, ein »unersättlicher Bauch, der den *bios* verschlingt, den Lebensunterhalt, den die Männer sich durch Arbeit verschaffen«.[18]

Erst bei Aischylos wird Prometheus zum Vater aller Techniken und Führer aller Künste (*didasklos technēs pasēs*),[19] wohingegen er zuvor lediglich derjenige war, der das Feuer stahl und im hohlen Stengel eines Narthex (Riesenfenchel) verbarg.[20] Und die Menschen selbst waren vor Prometheus' Erfindung der Technik wiederum keine empfindungsfähigen Wesen, schließlich sahen sie, ohne zu sehen, vernahmen, ohne zu hören, und lebten in Chaos und Verwirrung.[21] In Aischylos' *Der gefesselte Prometheus* erklärt der Titan, dass »[j]edwede Kunst [*technai*] dem Erdvolk von Prometheus her« kommt. Was genau ist aber mit diesen *technai* gemeint? Es würde zu weit führen, alle möglichen Bedeutungen des Wortes erschöpfend zu behandeln, doch lohnt es sich, Prometheus' eigenen Worten Beachtung zu schenken:

> Sodann die Zahl [*arithmon*], den höchsten Kunstgriff geistger Kraft, / Erfand ich für sie, der Schriftzeichen Fügung auch, / Erinnrung wahrende Mutter allen Musenwerks.[22]

Mit der Annahme eines universellen Promethianismus setzt man voraus, dass alle Kulturen der ursprünglich griechischen *technē* entstammten. In China aber stoßen wir bezüglich der Schöpfung des Menschen und des Ursprungs der Technik auf eine andere Mythologie, eine, in der keine prometheische Gestalt auftritt. Stattdessen wird darin von drei Urkaisern berichtet, die Herrscher vorzeitlicher Stämme (先民) gewesen seien: Fuxi (伏羲), Nüwa (女娲) und Shennong (神農).[23] Die weibliche Göttin Nüwa, die als halb menschlich, halb schlangenartig dargestellt wird, erschuf die Menschen aus Lehm.[24] Nüwas Bruder und späterer Ehemann Fuxi, eine halb drachenartige, halb menschliche Gestalt, erfand die *bagua* (八卦) – die auf einer binären Struktur basierenden Acht Trigramme. Mehrere klassische Texte dokumentieren jenen Prozess, demzufolge Nüwa den Himmel mittels Steinen von fünf verschiedenen Farben reparierte, um große Wassermassen daran zu hindern, alles zu überschwemmen, und Feuersbrünste einzudämmen.[25] Shennong wiederum hat eine ziemlich schwammige Identität und wird häufig auch mit zwei anderen Namen, Yandi (炎帝) und Lie Shan Shi (烈山氏), assoziiert.[26] In diesem Zusammenhang ist Shennong, was wörtlich »göttlicher Landmann« bedeutet, zugleich der Gott des Feuers, der nach seinem Tod zum Gott der Küche wird (das Schriftzeichen Yan [炎] besteht aus der Verdoppelung des Schriftzeichens für Feuer [火]. Historiker nehmen an, dass dies höchstwahrscheinlich dem Gebrauch des Feuers im Haushalt und weniger der Sonnenanbetung geschuldet ist).[27] Wie der Name bereits andeutet, erfand Shennong zudem Landwirtschaft, Medizin und andere Techniken. Laut dem *Huainanzi*, einem alten chinesischen Text, der aus einer Reihe wissenschaftlicher Debatten am Hof von Liu An, dem König von Huainan (179–122 v. Chr.), rund um das Jahr 139 v. Chr. hervorging, riskierte Shennong, sich selbst zu vergiften, indem er Hunderte Pflanzen kostete, um die Essbaren von den Giftigen zu unterscheiden. Der eingebrochene Himmel, den Nüwa reparieren musste, war das Resultat eines Krieges zwischen Yandis Nachfahren, dem Gott des Feuers Zhurong (祝融) und dem Gott des Wassers Gong Gong (共工).[28] Man beachte, dass die Götter der Landwirtschaft und des Feuers einem anderen mythologischen System entstammten und dass, obwohl sie Götter genannt werden, sie erst nach ihrem Tod als solche angesehen wurden – ursprünglich handelte es sich bei ihnen um Anführer alter Stämme. Im Gegensatz zur griechischen Mythologie also, in der sich der Titan gegen die Götter auflehnte, indem er den Menschen Feuer und Existenzmittel gewährte und sie auf diese Weise über die Tiere erhob, gab es innerhalb der chinesischen Mythologie keine derartige Rebellion und wurde auch keine solche Transzendenz erteilt; stattdessen wird diese Gabe der Güte der alten Weisen eingeräumt.

In einem Gespräch mit Vernant merkte der französische Sinologe Jacques Gernet an, dass die für die Entwicklung der griechischen Vernunft notwendige radikale Trennung zwischen der Götter- und der Menschenwelt in China nicht vollzogen wurde.[29] Zwar erreichte das Denken der Griechen China schlussendlich, kam jedoch zu spät, um noch prägenden Einfluss auszuüben – die Chinesen hatten »das Göttliche naturalisiert«.[30] Demgegenüber wies Vernant auf den Umstand hin, dass die für die griechische Kultur charakteristischen polaren Begriffe – Mensch/Götter, sichtbar/unsichtbar, unsterblich/sterblich, dauerhaft/veränderlich, mächtig/machtlos, rein/gemischt, sicher/unsicher – in China fehlten, und legte nahe, dass dies teilweise erklären könnte, weshalb es die Griechen waren, welche die Tragödie erfanden.[31]

Ich will mit all dem nicht allein auf die offensichtliche Tatsache hinweisen, dass es in China, Japan, Indien oder anderswo voneinander abweichende Schöpfung und Technik betreffende Mythologien gibt. Der Punkt ist vielmehr der, dass jede dieser Mythologien der Technik einen anderen Ursprung bescheinigt, dem jeweils unterschiedliche Beziehungen zwischen Göttern, Technik, Menschen und Kosmos zugrunde liegen. Von ein paar anthropologischen Versuchen, die Unterschiede zwischen den Kulturen zu erörtern, abgesehen, wurden diese Beziehungen innerhalb der Technik- und Technologiediskurse weitestgehend ignoriert oder ihre Auswirkungen nicht berücksichtigt. Meine These lautet daher, dass wir, erst indem wir den verschiedenen Entstehungsgeschichten der Technizität[32] nachspüren, verstehen können, was es heißt, von unterschiedlichen »Lebensformen« und also von unterschiedlichen Beziehungen zur Technik zu sprechen.

Die Bemühung, das Konzept der Technik zu relativieren, ficht bestehende anthropologische Ansätze sowie historische Untersuchungen an, die auf dem Vergleich der Entwicklung entweder einzelner technischer Objekte oder technischer Systeme (im Sinne Bertrand Gilles') innerhalb verschiedener Perioden von unterschiedlichen Kulturen beruhen.[33] Wissenschaftliches und technisches Denken entsteht unter kosmologischen Gegebenheiten, die in den niemals statischen Beziehungen zwischen dem Menschen und dessen sozialem Umfeld zum Ausdruck kommen. Aus diesem Grund möchte ich diese Konzeption der Technik *Kosmotechnik* nennen. So ist eines der charakteristischsten Beispiele chinesischer Kosmotechnik etwa die chinesische Medizin, welche die gleichen Prinzipien und Begriffe zur Beschreibung des Körpers anwendet, wie sie in der Kosmologie anzutreffen sind, als da wären *Yin* und *Yang*, *wu xing*, Harmonie und so weiter.

§2. Kosmos, Kosmologie und Kosmotechnik

An dieser Stelle ließe sich die Frage stellen, ob nicht Leroi-Gourhans Analyse der technischen Tatsachen die unterschiedlichen Technizitäten bereits hinreichend erklärt. Unzweifelhaft hat Leroi-Gourhan die technischen Tendenzen und die Diversifikation technischer Tatsachen in seinem Werk hervorragend dokumentiert, indem er verschiedene Abstammungslinien der technischen Evolution und die Einflüsse des Milieus auf die Herstellung von Werkzeugen und Produkten nachzeichnete. Doch Leroi-Gourhans Forschung stößt an eine Grenze (wobei diese zugleich die Stärke und Besonderheit seiner Untersuchung ausmacht), die sich aus seinem Fokus auf die Individualisierung technischer Objekte zu ergeben scheint, mithilfe derer er eine auf unterschiedliche Kulturen anwendbare technische Genealogie und technische Hierarchie konstruierte. Von diesem Gesichtspunkt aus betrachtet, lässt sich nachvollziehen, weshalb er sich bewusst auf eine Erklärung der technologischen Genese beschränkte, die auf der Erforschung der Entwicklung von Werkzeugen basierte: Wie er in dem dreißig Jahre nach der eigentlichen Veröffentlichung geschriebenen Nachwort zu *L'homme et la matière* beklagte, widmen die meisten klassischen Ethnographen der Technik ihr erstes Kapitel, nur um sich anschließend unumwunden den sozialen und religiösen Aspekten zuzuwenden. In Leroi-Gourhans Werk wird Technik hingegen in dem Sinne autonom, als sie als »Linse« fungiert, durch welche die Evolution des Menschen, der Zivilisation und der Kultur wieder geborgen werden kann. Es bringt jedoch Probleme mit sich, die Eigenheit technischer Tatsachen allein dem »Milieu« zuzuschreiben, und ich bezweifle, dass es möglich ist, die Frage der *Kosmologie* und damit der *Kosmotechnik* auszusparen.[34]

Gestatten Sie mir also zunächst, diese Frage in Form einer kantischen Antinomie zu stellen: (1) Technik ist anthropologisch universell, und da sie auf der Ausdehnung somatischer Funktionen sowie der Externalisierung des Gedächtnisses beruht, lassen sich die in verschiedenen Kulturen entstandenen Unterschiede dadurch erklären, inwieweit die gegebenen Umstände die technische Tendenz flektieren;[35] (2) Technik ist keine anthropologische Universalie; innerhalb verschiedener Kulturen werden Technologien durch das kosmologische Verständnis der jeweiligen Kulturen beeinflusst und verfügen lediglich innerhalb bestimmter kosmologischer Rahmungen über Autonomie – insofern ist Technik immer *Kosmo*technik. Die Suche nach einer Auflösung dieser Antinomie wird der Ariadnefaden unserer Untersuchung sein.

Zunächst möchte ich an dieser Stelle aber eine vorläufige Definition von Kosmotechnik anbieten: Kosmotechnik meint die Vereinigung kosmischer und moralischer Ordnung vermittels technischer Aktivitäten (auch wenn der Begriff *kosmische Ordnung* an sich tautologisch ist, bedeutet doch schließlich das griechische Wort *kosmos* bereits Ordnung). Das Konzept von Kosmotechnik gibt uns also unmittelbar ein konzeptionelles Werkzeug an die Hand, mithilfe dessen die herkömmliche Opposition zwischen Technik und Natur überwunden wird und eingesehen werden kann, dass die Aufgabe der Philosophie darin besteht, sich um die organische Einheit der beiden zu bemühen und diese Einheit zu affirmieren. Im weiteren Verlauf der Einführung werde ich diesem Konzept in den Arbeiten des Philosophen Gilbert Simondon sowie einiger zeitgenössischer Anthropologen, insbesondere Tim Ingold, nachspüren.

Im dritten Teil von *Die Existenzweise technischer Objekte* (1958) macht sich Simondon daran, eine spekulative Geschichte der Technizität zu umreißen, und bekräftigt damit, dass es keineswegs ausreichend sei, allein die technischen Entstehungsbedingungen von Objekten zu ermitteln; ebenso notwendig sei es, zu bedenken, dass ihre Existenz »eine der Eigenarten des Denkens und der Weise des Zur-Welt-Seins ist, dass in ihnen alles *organisch* miteinander verbunden ist«.[36] Die Genese der Technizität setzt laut Simondon mit einer »magischen« Phase ein, in der sich eine der Subjekt/Objekt-Spaltung vorangehende ursprüngliche Einheit findet. Diese Phase ist durch die Trennung von sowie die Kohäsion zwischen Grund und Figur charakterisiert. Simondon übernahm diese Begriffe aus der Gestaltpsychologie, worin die Figur nicht vom Grund abgelöst werden kann und es der Grund ist, der Gestalt verleiht, während die Gestalt dem Grund zugleich Grenzen setzt. Die Technizität der magischen Phase lässt sich somit als ein Kraftfeld begreifen, das durch »Schlüsselpunkte« (*pointes clés*), so Simondon – beispielsweise hohe Stätten wie Berge, große Felsen oder alte Bäume –, netzförmig verbunden ist. Der anfängliche magische Moment, der ursprüngliche Modus der Kosmotechnik, spaltet sich sodann in Technik und Religion, wobei Letztere, im ständigen Ringen um Einheit, eine Balance mit Ersterer zu bewahren sucht. Aus Technik und Religion ergeben sich wiederum theoretische als auch praktische Anteile: Aufseiten der Religion handelt es sich dabei um Ethik (theoretisch) und Dogma (praktisch), aufseiten der Technik um Wissenschaft und Technologie. Die magische Phase ist ein Modus, innerhalb dessen noch kaum zwischen Kosmologie und Kosmotechnik unterschieden wird, was daran liegt, dass der Kosmologie darin lediglich als Teil der Alltagspraxis Bedeutung zukommt. Ihre eigentliche Trennung tritt erst während der Neuzeit mit der Überlegung auf, das Studium der Technologie und jenes der Kosmologie (als Astronomie) stelle jeweils unterschiedliche Disziplinen dar – ein Indiz auf die völlige Loslösung der Technik von der Kosmologie und auf das Verschwinden jeglicher offenkundigen Konzeption einer Kosmotechnik. Und dennoch wäre es *falsch*, zu behaupten, es gebe in unserer Zeit keine Kosmotechnik. Denn die gibt es zweifellos: Es handelt sich um das, was Philippe Descola »Naturalismus« nennt, das heißt um den Gegensatz zwischen Kultur und Natur, der im Westen des 17. Jahrhunderts Oberhand gewann.[37] Im Rahmen dieser Kosmotechnik wird der Kosmos in Übereinstimmung mit dem, was Heidegger das *Weltbild* nennt, als ein ausbeutbarer Bestand angesehen. Angemerkt sei an dieser Stelle jedoch, dass für Simondon nach wie vor eine gewisse Möglichkeit besteht, eine unserer Zeit angemessene Kosmotechnik (auch wenn er den Begriff nicht verwendet) zu erfinden. So spricht Simondon in einem Interview bezüglich Mechanologie über die Fernsehantenne und beschreibt anschaulich, wie eine solche Konvergenz (zwischen moderner Technologie und natürlicher Geografie) auszusehen habe. Obwohl sich Simondon, soweit ich weiß, nicht weiter mit diesem Thema beschäftigt hat, wird es unsere Aufgabe sein, das, was er sagen wollte, zu vertiefen:

> Sehen Sie sich diese Fernseherantenne an, so wie sie ist […]. Sie ist steif und doch ausgerichtet; wir sehen, dass sie in die Ferne schaut und dass sie (Signale) von einem weit entfernten Sender empfangen kann. Mir scheint sie mehr als ein Symbol zu sein; es wirkt, als stelle sie eine Art Geste, eine beinahe magische Kraft der Intentionalität, eine zeitgenössische Form der Magie dar. In diesem Aufeinandertreffen zwischen dem höchsten Ort und dem Verbindungspunkt, dem Punkt der Übertragung von Hyperfrequenzen,

> liegt eine Art von »Konaturalität« zwischen dem menschlichen Netzwerk und der natürlichen Geografie der Region vor. Diese verfügt über eine poetische Dimension als auch über eine Dimension, die mit Bedeutung und dem Aufeinandertreffen von Bedeutungen zu tun hat.[38]

Rückblickend mag uns Simondons Aussage mit jener Unterscheidung von Magie und Wissenschaft, wie sie Lévi-Strauss in seinem ein paar Jahre später veröffentlichten Buch *Das wilde Denken* (1962) trifft, unvereinbar erscheinen. Magie, oder anders ausgedrückt die »Wissenschaft vom Konkreten«, lässt sich Lévi-Strauss zufolge nicht auf ein Stadium oder eine der Phasen technischer und wissenschaftlicher Entwicklung reduzieren;[39] bei Simondon hingegen nimmt die magische Phase, wie wir gesehen haben, die erste Stufe der Technizitätsgenese für sich in Anspruch. Ist die »Wissenschaft vom Konkreten« ereignisgetrieben und zeichenorientiert, so ist die Wissenschaft laut Lévi-Strauss strukturgetrieben und zielt auf einen Begriff ab. Entsprechend herrscht ihm zufolge eine Diskontinuität zwischen den beiden vor, die scheinbar jedoch nur insofern zulässig ist, als man ein außereuropäisches mythisches Denken mit europäischem wissenschaftlichem Denken vergleicht. Bei Simondon hingegen wahrt das Magische eine Kontinuität mit der Entwicklung von Wissenschaft und Technologie, sodass ich behaupten würde, es handle sich bei dem, worauf Simondon im dritten Teil von *Die Existenzweise technischer Objekte* anspielt, eindeutig um eine »Kosmotechnik«. Akzeptieren wir also, anstatt die Unterscheidung zwischen dem Magischen/Mythischen und der Wissenschaft sowie die Progression der einen zur anderen aufrechtzuerhalten, fürs Erste die Vorstellung einer Kosmotechnik, wird es uns möglich sein, zu verstehen, dass Ersteres, das heißt das Magische/Mythische, verstanden als »Organisation und […] spekulative[] Ausbeutung der sinnlichen wahrnehmbaren Welt in Begriffen des sinnlichen Wahrnehmens«,[40] gegenüber der Wissenschaft nicht notwendigerweise eine Regression darstellt.

Ein paar neuere Arbeiten haben nahegelegt, dass eine genauere Betrachtung nicht-westlicher Kulturen einen Ausweg aus dem modernen Dilemma signalisieren könnten, insofern sie einen Pluralismus der Ontologien und Kosmologien wiesen. Anthropologen wie Philippe Descola und Eduardo Viveiros de Castro etwa richten ihren Blick auf amazonische Kulturen, um die europäische Unterteilung von Natur/Kultur zu dekonstruieren. Ähnlich verfahren Philosophen wie François Jullien und Augustin Berque in ihren Bemühungen, die europäische Kultur mit der chinesischen und japanischen Kultur zu vergleichen, um dadurch einen tiefgründigen Pluralismus abzubilden, der sich nicht ohne Weiteres gemäß einfachen Schemata klassifizieren lässt, und um westliche Versuche zur Überwindung der Moderne neu zu interpretieren. In seiner bahnbrechenden Studie *Jenseits von Natur und Kultur* weist Descola nicht nur darauf hin, dass die im Okzident entwickelte Natur/Kultur-Aufteilung keineswegs Allgemeingültigkeit besitzt, sondern behauptet auch, dass es sich dabei lediglich um eine Randerscheinung handelt. Vielmehr lassen sich ihm zufolge vier Ontologien beschreiben: Naturalismus (die Natur/Kultur-Aufteilung), Animismus, Totemismus und Analogismus. Jede dieser Ontologien widme sich der Natur auf unterschiedliche Weise, und bei nicht-modernen Praktiken erkenne man, dass sich die seit der europäischen Moderne als selbstverständlich angenommene Trennung von Natur und Kultur nicht aufrechterhalten lasse.[41] Descola zitiert die Beobachtung des Sozialanthropologen Tim Ingold, dass Philosophen sich selten gefragt hätten, »[w]as [...] den Menschen zu einem Tier besonderer Art« mache, und stattdessen der für den Naturalismus typischen Frage »Was ist der Gattungsunterschied zwischen den Menschen und den Tieren?« den Vorzug gegeben hätten.[42] Wie Descola betont, treffe dies jedoch nicht allein auf Philosophen zu, denn auch Ethnologen verfielen dem naturalistischen Dogma, das auf der Singularität des Menschen sowie auf der Annahme, der Mensch unterscheide sich vermittels Kultur von anderen Lebewesen, beruht.[43] Im Naturalismus stoße man auf die Diskontinuität der Interiorität und die Kontinuität der Physikalität; im Animismus auf die Kontinuität der Interiorität und die Diskontinuität der Physikalität.[44] Zur Veranschaulichung geben wir hier Descolas Definition der vier Ontologien wieder:[45]

Ähnlichkeit der Interiorität, Unterschied der Physikalität	Animismus	Totemismus	Ähnlichkeit der Interiorität, Ähnlichkeit der Physikalität
Unterschied der Interiorität, Ähnlichkeit der Physikalität	Naturalismus	Analogismus	Unterschied der Interiorität, Unterschied der Physikalität

Diese vielfältigen Ontologien setzen unterschiedliche Naturkonzeptionen sowie unterschiedliche Formen der Partizipation voraus; und tatsächlich wird, wie Descola aufzeigt, der naturalistische Gegensatz zwischen Natur und Kultur in anderen »Natur«-Vorstellungen abgelehnt. Was Descola über Natur sagt, ließe sich ebenso über die Technik sagen, die bei Descola zur »Praxis« [*practice*] abstrahiert wird – ein Begriff, der die Trennung von Natur und Kultur umgeht. Sie jedoch »Praxis« zu nennen, verschleiert womöglich die Rolle der Technik; was auch der Grund ist, weshalb wir eher von Kosmotechnik denn von Kosmologie sprechen.

Obwohl er keinen der »Kosmotechnik« vergleichbaren Begriff verwendet, ist Ingold sich dieses Punktes zweifelsohne bewusst. So legt er im Rückgriff auf Gregory Bateson nahe, dass es eine Einheit zwischen Praktiken [*practices*] und der Umwelt, der sie angehören, gebe. Dies führt ihn schließlich zu dem Vorhaben einer empfindungsfähigen Ökologie,[46] die entsprechend den affektiven Relationen zwischen Menschen und ihren Umwelten vermittelt und gehandhabt wird. Ein Beispiel, das er in Bezug auf die Gesellschaft der Jäger und Sammler anführt, hilft, sein Verständnis von »empfindungsfähiger Ökologie« zu verdeutlichen: Wie Jäger-Sammler ihre Umwelt wahrnähmen, sei, wie er uns sagt, in ihre Praktiken eingebettet.[47] Ingold weist etwa darauf hin, dass das Volk der Cree im Nordosten Kanadas eine Erklärung dafür besitze, weshalb Rentiere leicht zu erlegen seien: Die Tiere böten sich »im Sinne des Wohlwollens oder sogar der Liebe dem Jäger gegenüber« an.[48] Die Begegnung von Tier und Jäger sei daher nicht bloß eine Frage des »Schießens oder Nichtschießens«, sondern vielmehr der kosmologischen und moralischen Notwendigkeit:

> In diesem entscheidenden Moment des Augenkontakts *fühlte* der Jäger die überwältigende Präsenz des Tieres; er fühlte sich, als wäre sein eigenes Wesen irgendwie mit jenem des Tieres verbunden oder vermischt – ein Gefühl, das der Liebe gleichkommt und das, im Bereich menschlicher Beziehungen, während des Geschlechtsverkehrs erfahrbar wird.[49]

Indem er den Seh-, Hör- und Tastsinn mithilfe Hans Jonas', James Gibsons und Maurice Merleau-Pontys neu denkt, versucht Ingold aufzuzeigen, dass, sobald wir uns neuerdings mit der Sinnesfrage beschäftigten, es uns möglich sei, uns die innerhalb der modernen technologischen Entwicklung gänzlich ignorierte empfindungsfähige Ökologie erneut anzueignen. Dennoch aber wird in dieser Auffassung des Menschen und der Umwelt die Beziehung zwischen Umwelt und Kosmologie nicht wirklich deutlich zum Ausdruck gebracht; und so läuft diese Art und Weise, Lebewesen zusammen mit ihrer Umwelt zu analysieren, Gefahr, sich innerhalb eines kybernetischen Feedback-Modells ähnlich dem von Bateson einzurichten und dadurch die absolut überwältigende und kontingente Rolle des Kosmos zu untergraben.

Simondon vertritt eine ähnliche Sicht auf die Beziehung zwischen Mensch und Außenwelt als Figur und Grund – ein funktionierendes Modell der Kosmotechnik, da der Grund durch die Figur begrenzt und die Figur durch den Grund ermächtigt ist. Während innerhalb des religiösen Denkens der Grund – infolge ihrer beider Losgelöstheit – nicht länger durch die Figur begrenzt ist und der unbegrenzte Grund als eine göttliche Macht empfunden wird, verwandelt sich im technischen Denken umgekehrt die Figur den Grund an und führt so zum Umsturz ihrer gegenseitigen Beziehung. Simondon stellt das philosophische Denken daher vor eine Aufgabe: eine Konvergenz zu schaffen, welche die Einheit von Figur und Grund neuerdings bekräftige[50] – was sich auch als Suche nach einer Kosmotechnik begreifen ließe. Untersuchten wir also beispielsweise die polynesische Navigation – die Fähigkeit, ohne modernes Gerät zwischen Tausenden Inseln zu navigieren – als Kosmotechnik, dürften wir uns nicht auf diese Fähigkeit [*ability*] als Fertigkeit [*skill*] konzentrieren, sondern eher auf die Figur-Grund-Relation, die diese Fertigkeit präfiguriert.

Der Vergleich zwischen den Arbeiten Simondons, Ingolds und anderer Ethnologen deutet auf zwei unterschiedliche Möglichkeiten hin, wie sich der Frage nach der Technik in China angenähert werden könnte. Während uns durch die erste die Methode zuteilwürde, eine das soziale und politische Leben bestimmende Kosmologie zu ergründen, würde bei der zweiten Möglichkeit das philosophische Denken zur Suche nach dem Grund der Figur, deren Zusammenhang aufgrund der zunehmenden Spezialisierung und Berufsaufgliederung in den modernen Gesellschaften immer unklarer zu werden droht. Die Kosmotechnik des alten China und das philosophische Denken, das sich im Laufe seiner Geschichte entwickelt hat, scheinen mir das andauernde Bemühen widerzuspiegeln, genau solch eine Vereinigung von Grund und Figur herbeizuführen.

Innerhalb der chinesischen Kosmologie stößt man neben jenem des Sehens, Hörens und Tastens noch auf einen weiteren Sinn. Er wird *Ganying* (感應) genannt, was wörtlich »Gefühl« und »Reaktion« bedeutet und häufig (etwa in den sinologischen Studien Marcel Granets und Angus Grahams) als »korrelatives Denken« aufgefasst wird;[51] ich ziehe es vor, ihn im Anschluss an Joseph Needham *Resonanz* zu nennen. *Ganying* erzeugt eine »moralische Stimmung« sowie ferner eine »moralische Verpflichtung« (in sozialer und politischer Hinsicht), die nicht allein das Produkt subjektiver Reflexion ist, sondern vielmehr der Resonanz zwischen Himmel und Mensch entspringt, insofern der Himmel den Grund der Moral bildet.[52] Das Vorhandensein einer solchen Resonanz beruht auf der Annahme einer Einheit zwischen Mensch und Himmel (天人合一), und daher impliziert *Ganying* (1) eine Homogenität aller Lebewesen sowie (2) eine Organizität der Relation zwischen Teil und Teil sowie zwischen Teil und Ganzem.[53] Diese Homogenität findet sich bereits in dem Kommentar *Xici* des *Zhouyi*,[54] worin es über den vorzeitlichen Bao Xi (ein anderer Name für Fuxi) heißt, er habe die Acht Trigramme erschaffen, um anhand dieser Homogenität über die Verbindung allen Seins nachzudenken:

> In vergangener Zeit war der aus der Sippe Bao Xi König über das Reich: Er schaute nach oben und betrachtete die *Bilder* am Himmel. Er schaute nach unten und betrachtete die *Formen* auf der Erde.

> Er betrachtete die *Muster* der Vögel und wilden Tiere und wie [diese] der Erde [unterschiedlich] *angepaßt* waren. Indem er im Nahen von seinem eigenen Leib nahm und in der Ferne von den Dingen, schuf er daraufhin zuerst die acht Zeichen, um [in gegenseitiger] Durchdringung zur Tauglichkeit der [im Geheimen wirkenden] Götter und Geister zu stehen und das nach seiner Weise mit der Veranlagung der zehntausend Wesen Übereinstimmende zu bewirken.[55]

Wörter wie »Bilder«, »Formen« und »Muster« sind wesentlich für das Verständnis der Resonanz zwischen Himmel und Mensch. Sie deuten eine Haltung gegenüber der Wissenschaft in China an, die (gemäß der organizistischen Lesart von Autoren wie Joseph Needham) von derjenigen Griechenlands abweicht, da es in China die Resonanz ist, die den Regeln und Gesetzen Autorität verleiht, wohingegen bei den Griechen, wie Vernant des Öfteren betont, die Gesetze (*nōmoi*) in engem Zusammenhang mit der Geometrie stehen. Wie aber wird diese Resonanz wahrgenommen? Sowohl Konfuzianismus als auch Daoismus postulieren ein kosmologisches »Herz« oder einen kosmologischen »Geist« [*mind*] (ausführlicher dazu in §18), die in der Lage sind, mit der äußeren Umwelt (z. B. im *Ch'un-ch'iu-fan-lu. Üppiger Tau des Frühlings-und-Herbst-Klassikers*)[56] wie auch mit anderen Lebewesen (z. B. in den Schriften Mengzis) zu harmonieren. Wir werden später noch sehen, wie es dazu kommt, dass gerade dieser Sinn zur Entwicklung einer moralischen Kosmologie beziehungsweise moralischen Metaphysik in China führte, die sich in der Vereinigung zwischen Himmel und Mensch ausdrückt. Wichtig für unser Argument ist an dieser Stelle zunächst jedoch bloß, dass eine derartige Vereinigung im Kontext der Technik zugleich als Vereinigung von *Qi* (器, wörtlich übersetzt: »Werkzeug«) und *Dao* (道, häufig mit »Tao« transkribiert) zum Ausdruck gebracht wird. So schließt im Konfuzianismus beispielsweise *Qi* ein kosmologisches Bewusstsein der Beziehungen zwischen Menschen und Natur mit ein, das in Ritualen und religiösen Zeremonien dargeboten wird. Wie wir in Teil 1 noch erörtern werden, beinhaltet der konfuzianische Klassiker *Liji* (das *Buch der Riten* [auch *Li Gi* transkribiert]) ein Kapitel mit dem Titel *Li Qi* (禮器, »Utensilien der Riten«

[auch *Li Ki* transkribiert]), das die Bedeutung technischer Objekte bei der Verwirklichung des *Li* (禮, »Ritus«) dokumentiert und dem zufolge sich die Moral nur mittels des ordnungsgemäßen Gebrauchs von *Li Qi* aufrechterhalten lässt.

Die Aufgabe von Teil 1 des vorliegenden Buches wird sein, dieses »korrelative Denken« Chinas sowie die dynamische Relation zwischen *Qi* und *Dao* näher zu beleuchten. Ich glaube nämlich, dass das kosmotechnische Konzept es uns erlaubt, den unterschiedlichen Technizitäten nachzuspüren, und dass es gleichzeitig dazu beiträgt, uns die Relationsvielfalt zwischen Technik, Mythologie und Kosmologie zu erschließen – um uns dadurch die aus verschiedenen Mythologien und Kosmologien übernommenen unterschiedlichen Relationen zwischen Mensch und Technik eingestehen zu können. Dass es sich bei einer dieser Relationen um den Promethianismus handelt, steht außer Frage; doch ihn deswegen als Universalie aufzufassen, wäre höchst problematisch. Es soll hier nicht darum gehen, für irgendeine Art von kultureller Reinheit einzutreten, geschweige denn eine solche als Ursprung vor Kontamination zu bewahren. Technik hat stets als Mittel der Kommunikation zwischen verschiedenen ethnischen Gruppen gedient, was jedwede Vorstellung eines absoluten Ursprungs unmittelbar infrage stellen sollte. Innerhalb unserer technologischen Epoche ist sie die treibende Kraft der Globalisierung – im Sinne einer konvergierenden Kraft, die durch den Raum wirkt, wie auch einer synchronisierenden Kraft in der Zeit. Dennoch gilt es, eine radikale Alterität zu beteuern, um der Homogenität Raum zu gewähren und dadurch verschiedene, auf traditionellen metaphysischen Kategorien basierende *episteme* herauszuarbeiten – eine Aufgabe, welche die Möglichkeit eröffnet, zur eigentlichen Frage nach dem Lokalen vorzudringen. Den Begriff *episteme* verwende ich dabei im Anschluss an Michel Foucault, dem zufolge damit eine soziale und wissenschaftliche Struktur bezeichnet wird, die als Ansammlung von Auswahlkriterien fungiert und den Diskurs der Wahrheit bedingt.[57] In *Die Ordnung der Dinge* führt Foucault eine Periodisierung dreier *episteme* im Abendland ein: Renaissance, Klassik und Moderne. Später überkam Foucault das Gefühl, seine Einführung des *episteme*-Begriffs habe in eine Sackgasse geführt, und er entwickelte ein allgemeineres Konzept, nämlich das des *Dispositivs*.[58] Der

Übergang von den *episteme* zum *Dispositiv* bildet einen strategischen Schritt hin zu einer immanenteren Kritik, die sich für Foucault auch auf zeitgemäßere Analysen anwenden ließ; während eines Interviews im Jahr 1977, ungefähr zum Zeitpunkt der Veröffentlichung des ersten Bandes seiner *Geschichte der Sexualität*, schlug Foucault rückblickend vor, die *episteme* als eine Form des *Dispositivs* zu definieren: als jenes »strategisches Dispositiv [...], das es gestattet, unter all den möglichen Aussagen diejenigen auszusieben, die nicht in einer wissenschaftlichen Theorie, sondern eines Feldes von Wissenschaftlichkeit annehmbar sein können, und von denen man wird sagen können: Dieses hier ist wahr oder falsch.«[59] Ich erlaube mir an dieser Stelle, den Begriff der *episteme* neu zu formulieren: Für mich handelt es sich dabei um ein *Dispositiv*, das angesichts der modernen Technologie auf der Grundlage traditioneller metaphysischer Kategorien neu erfunden werden kann, um von Neuem eine Lebensform einzuführen sowie das Lokale zu reaktivieren. Derartige Neuerfindungen lassen sich beispielsweise im Anschluss an die sozialen, politischen und ökonomischen Krisen beobachten, die in allen Epochen Chinas stattgefunden haben (und sicherlich könnten wir auch Beispiele aus anderen Kulturen dafür finden): im Anschluss an den Niedergang der Zhou-Dynastie (1122–256 v. Chr.), die Einführung des Buddhismus in China, die Niederlage des Landes in den Opiumkriegen etc. Zu diesen Zeitpunkten lässt sich die Neuerfindung einer *episteme* beobachten, welche wiederum das ästhetische, soziale und politische Leben bestimmt. Die von digitalen Technologien angetriebenen technischen Systeme (beispielsweise »Smart Citys«, das »Internet der Dinge«, soziale Netzwerke und groß angelegte Automatisierungssysteme), die dabei sind, die Gegenwart zu gestalten, führen tendenziell zu einem homogenen Verhältnis von Mensch und Technik – einem Verhältnis der intensiven Quantifizierung und Kontrolle. Dies aber macht es für verschiedene Kulturen umso wichtiger und dringlicher, über ihre eigene Geschichte und ihre eigenen Ontologien nachzudenken – denn nur so sind sie imstande, digitale Technologien einzuführen, ohne damit schlichtweg in eine homogene »globale« und »generische« *episteme* eingetaktet zu werden.

Der entscheidende Moment in der modernen chinesischen Geschichte vollzog sich Mitte des 19. Jahrhunderts mit den beiden Opiumkriegen, bei denen die Qing-Dynastie (1644–1912) nahezu vollständig von der britischen Armee besiegt wurde, was zur Öffnung Chinas als einer Quasikolonie für die westlichen Streitkräfte führte und die Modernisierung des Landes in Gang setzte. Als einer der ausschlaggebenden Gründe für diese Niederlage wurde von chinesischer Seite der Mangel an technologischer Kompetenz angesehen. In der Hoffnung, der Unausgewogenheit zwischen China und den westlichen Streitkräften ein Ende zu setzen, bestand für sie daher die dringliche Notwendigkeit einer raschen Modernisierung via technologischer Entwicklung. China war indes jedoch nicht in der Lage, die westlichen Technologien in jener Weise zu absorbieren, in der es sich die herrschenden chinesischen Reformer damals wünschten, was vor allem an der Fehleinschätzung und Unkenntnis gegenüber der Technologie lag. Schließlich hielten sie an dem rückblickend ziemlich »kartesianisch« wirkenden Glauben fest, dass es möglich sei, das chinesische Denken – den Geist – von den lediglich als Instrumente verstandenen Technologien zu trennen; sprich, dass Ersteres, der Grund, intakt bleiben könne, ohne aufgrund der Einführung und Implementierung der technologischen Figur affiziert zu werden.

Letztlich aber hat die Technologie einen solchen Dualismus untergraben und sich eher als Grund denn als Figur konstituiert. Seit den Opiumkriegen sind mehr als eineinhalb Jahrhunderte vergangen. China hat infolge von Regimewechseln und allerhand experimentellen Reformen weitere Katastrophen und Krisen durchlebt. Während dieser Zeit wurde viel über die Frage der Technologie und Modernisierung nachgedacht, und der Versuch, einen Dualismus zwischen denkendem Geist und technologischem Instrument aufrechtzuerhalten, hat sich als nicht haltbar erwiesen. Ernstlicher noch: Jede derartige Überlegung hat sich angesichts fortdauernder ökonomischer und technologischer Hochkonjunkturen in den letzten Jahrzehnten als ohnmächtig herausgestellt. An ihre Stelle ist eine Art Ekstase und Hype getreten, die das Land ins Ungewisse vorantreiben: Plötzlich findet sich China wie inmitten eines Ozeans, unfähig, eine Horizontlinie zu entdecken oder irgendein Ziel – jenes Dilemma, das Nietzsche in *Die fröhliche Wissenschaft* beschrieben hat und das nach wie vor ein treffendes Bild für die problematische Situation des modernen Menschen darstellt.[60] In

Europa hat man sich derweil verschiedene Konzepte wie »Postmoderne« oder »Posthumanismus« ausgedacht, um einen imaginären Exodus aus dieser Situation zu benennen; doch einen Ausweg zu finden, ohne der Frage der Technologie entgegenzutreten und sich geradewegs mit ihr auseinanderzusetzen, wird unter keinen Umständen gelingen.

Unter Berücksichtigung all der oben aufgeworfenen Fragen zielt dieses Buch darauf ab, die moderne Technologie neuerdings einer Untersuchung zu unterziehen – eine Untersuchung, die den Promethianismus nicht als elementare Voraussetzung ansieht. Die Arbeit selbst ist dabei in zwei Teile gegliedert. Teil 1 soll einen systematischen und historischen Überblick über das »technologische Denken« in China, verglichen mit seinem europäischen Gegenstück, liefern. Es dient als ungetrübter Ausgangspunkt, um zu verstehen, was hier auf dem Spiel steht, und um über die Dringlichkeit einer solchen Untersuchung nachzudenken. Teil 2 stellt eine Erkundung der historisch-metaphysischen Frage der modernen Technologie dar und beabsichtigt, neues Licht in jene Dunkelheit zu werfen, in der die Technologiefrage nach wie vor noch ihr Dasein in China fristet, speziell in Zeiten des Anthropozäns.

§3. Technologischer Bruch und metaphysische Einheit

Wie bereits in dem oben skizzierten kosmotechnischen Konzept angedeutet, beschränkt sich die hier vorgestellte Technologiebeschreibung nicht auf die historischen, sozialen und ökonomischen Ebenen; vielmehr müssen wir über diese Ebenen hinausgehen, um imstande zu sein, eine metaphysische Einheit wiederherzustellen. Unter »Einheit« verstehe ich jedoch keine politische oder kulturelle Identität, sondern eine Einheit zwischen Praxis und Theorie, genauer gesagt eine *Lebensform*, welche die Kohärenz (wenn auch nicht die Harmonie) einer Gemeinschaft gewährleisten kann. Denn die Fragmentierung der Lebensformen in europäischen wie außereuropäischen Ländern ist größtenteils auf eine Inkonsistenz zwischen Theorie und Praxis zurückzuführen. Doch im Osten offenbart sich diese Kluft nicht als bloße Störung, sondern vielmehr als die von Heidegger beschriebene »Entwurzelung« – als eine vollständige Diskontinuität. Die Transformation der mittels moderner Technologie hervorgerufenen Praktiken übertrifft die ehemals zutreffenden klassischen Kategorien. Wie ich in Teil 1 beispielsweise erläutern werde, verfügen die Chinesen über keine Entsprechung für jene Kategorien, welche die Griechen *technē* und *physis* nannten. Folglich löst die Triebkraft der Technologie in China die metaphysische Einheit von Praxis und Theorie auf und erzeugt einen Bruch, dessen Vereinigung nach wie vor aussteht. Hierbei aber handelt es sich gewiss nicht um etwas, das lediglich im Osten stattfindet. Wie Heidegger schrieb, liegt der Herausbildung der Kategorie »Technik« [*technology*] im Westen nicht länger das gleiche Wesen wie *technē* zugrunde. Die Frage nach der Technik sollte daher letztlich als Anlass dienen, der Seinsfrage nachzugehen – und, wenn ich das so sagen kann, eine neue Metaphysik hervorbringen; oder besser noch eine neue Kosmotechnik.[61] Heutzutage präsentiert sich eine derartige Vereinigung oder Gleichgültigkeit nicht als Suche nach einem Grund, sondern stellt sich selbst sowohl als *Urgrund* wie auch als *Ungrund* zur Schau: *Ungrund*, da sie offen für Alteritäten ist, und *Urgrund* als Grund, der sich der Assimilation widersetzt. Folglich sollten *Urgrund* und *Ungrund* als eine Einheit betrachtet werden, ähnlich wie Sein und Nichts. Denn streng genommen liegt in dem Streben nach Einheit das *Telos* der Philosophie, wie Hegel in seiner Abhandlung über Schelling und Fichte behauptete.[62]

Wie sich zeigen wird, liegt die Antwort auf die Frage nach der Technik in China nicht darin, eine detaillierte Geschichte der ökonomischen und sozialen Entwicklung der Technologien zu liefern – zumal Historiker und Sinologen wie Joseph Needham dies bereits auf unterschiedliche brillante Art und Weise getan haben –, sondern vielmehr in der Beschreibung der Transformation der Kategorie *Qi* (器) in ihrer Relation zu *Dao* (道). Lassen Sie mich diesen Punkt etwas genauer ausführen: Normalerweise werden Technik und Technologie im Chinesischen mit *jishu* (技術) und *keji* (科技) übersetzt. Der erste Begriff bedeutet »Methode« oder »Fertigkeit«; der zweite besteht aus den beiden Schriftzeichen 科 und 技, wobei *ke* (科) »Wissenschaft« (*ke xue*) bedeutet und *ji* (技) »Methode« oder »angewandte Wissenschaft«. Die Frage hierbei lautet nicht, ob diese Übersetzungen die Bedeutung der westlichen Wörter adäquat wiedergeben (zu beachten ist, dass es sich bei den Übersetzungen um neu geschöpfte Begriffe handelt); es geht vielmehr darum, ob sie den Eindruck erwecken, westliche Techniken besäßen eine Entsprechung innerhalb der chinesischen Tradition. Letztlich aber verschleiert der Eifer, mit dem diese chinesischen Neologismen zeigen wollen, dass »wir ebenso über diese Begriffe verfügen«, die eigentliche Technikfrage. Anstatt mich daher auf diese allenfalls irritierenden Wortneuschöpfungen zu verlassen, schlage ich vor, die Frage der Technik ausgehend von den klassischen philosophischen Kategorien *Qi* und *Dao* zu rekonstruieren und den diversen Wendepunkten nachzuspüren, an denen die beiden getrennt, wiedervereinigt oder sogar zur Gänze verworfen wurden. Denn das Verhältnis von *Qi* und *Dao* charakterisiert streng genommen das Technikdenken in China, das zugleich eine Vereinigung von moralischem und kosmologischem Denken innerhalb einer Kosmotechnik darstellt. Indem *Qi* und *Dao* miteinander verknüpft werden, dringt die Technikfrage bis zu ihrem metaphysischen Grund vor. Zugleich hat *Qi*, dadurch, dass es diese Beziehung eingeht, Anteil an der moralischen Kosmologie und greift entsprechend seiner eigenen Entwicklungsgeschichte in die metaphysische Systemrelation ein. Somit werden wir darlegen müssen, wie sich das Verhältnis von *Qi* und *Dao* im Laufe der Geschichte des chinesischen Denkens verändert hat, und zwar indem wir die kontinuierlichen Versuche, *Dao* und *Qi* wiederzuvereinigen (道器合一), mit ihren jeweils unterschiedlichen Nuancen und Konsequenzen betrachten: *Qi* erhellt *Dao* (器以明道), *Qi* befördert *Dao* (器以載道), oder *Qi* steht im Dienste des *Dao* (器為道用), *Dao* steht im Dienste des *Qi* (道為器用) und so fort. Weiter unten zeichnen wir diese Relationen von der Ära Konfuzius' und Laotses bis ins zeitgenössische China nach. Und schließlich werden wir zeigen, wie die Auferlegung eines oberflächlichen und reduktiven Materialismus zur vollständigen Trennung von *Qi* und *Dao* geführt hat; ein Ereignis, das als Zusammenbruch des traditionellen Systems verstanden und mitunter sogar als Chinas persönliches »Ende der Metaphysik« bezeichnet werden kann – auch wenn an dieser Stelle noch einmal betont werden sollte, dass das, was in europäischen Sprachen »Metaphysik« genannt wird, keineswegs mit der gebräuchlichen Übersetzung ins Chinesische, *xing er shang xue* (形而上學), gleichzusetzen ist, was genau genommen »das, was als Gestalt aufsteigt« bedeutet und als Synonym für *Dao* im

Yijing gebraucht wird.[63] Was Heidegger also das »Ende der Metaphysik« nennt, bedeutet unter keinen Umständen das Ende von *xing er shang xue* – denn für Heidegger ist es die Vollendung der Metaphysik, wodurch uns die moderne Technowissenschaft erst ermöglicht wird; demgegenüber ist *xing er shang xue* nicht in der Lage, moderne Technologie hervorzubringen, da es zum einen nicht denselben Ursprung wie die *metāphysikā* besitzt und das chinesische Denken, wie wir weiter unten, sobald wir uns dem neukonfuzianischen Philosophen Mou Zongsan widmen, näher erläutern werden, zum anderen immer schon dem Noumenon den Vorzug vor dem Phänomen gegeben hat – und gerade aufgrund dieser philosophischen Haltung konnte sich in China eine abweichende Kosmotechnik entwickeln.

Es ist jedoch keineswegs meine Absicht, dafür zu plädieren, dass die traditionelle chinesische Metaphysik ausreichend sei und wir schlechthin zu ihr zurückkehren sollten. Ganz im Gegenteil möchte ich aufzeigen, dass, derweil es unzureichend ist, die traditionelle Metaphysik schlicht wiederzubeleben, es entscheidend ist, sie als *Ausgangspunkt* zu nehmen, um andere Wege als jenen des affirmativen Promethianismus oder der neokolonialen Kritik für das Denken zu finden und damit die globale technologische Hegemonie anzufechten. Die abschließende Aufgabe wird darin bestehen, die *Dao-Qi*-Relation von Neuem zu erschaffen, indem man sie historisch positioniert und fragt, inwieweit eine solche Denkweise nicht nur bei der Gestaltung einer neuartigen chinesischen Philosophie der Technologie, sondern auch als Reaktion auf den aktuellen Zustand der technologischen Globalisierung ergiebig sein könnte.

Zwangsläufig wird diese Aufgabenstellung auch auf das herumspukende Dilemma der sogenannten »Needham-Frage« zu sprechen kommen müssen: Warum entstanden die moderne Wissenschaft und Technologie nicht in China? Im 16. Jahrhundert waren die Europäer von China fasziniert: von der Ästhetik und Kultur des Landes, aber auch von seinen fortschrittlichen Technologien. So war Leibniz etwa besessen von der chinesischen Schrift, insbesondere aufgrund seiner Feststellung, dass das *Yijing* in Übereinstimmung mit dem von ihm selbst vorgeschlagenen binären System organisiert ist. Demnach glaubte er, in den chinesischen Schriften einen fortgeschrittenen Modus der

Kombinatorik entdeckt zu haben. Nach dem 16. Jahrhundert lief der Westen der Wissenschaft und Technologie Chinas jedoch den Rang ab. Nach vorherrschender Auffassung liegt die Ursache dieses Wandels in der Modernisierung der Wissenschaft und Technologie in Europa während des 16. und 17. Jahrhunderts. Eine solche Erklärung ist in dem Sinne »akzidentiell«, als dass sie auf einem Bruch oder einem Ereignis beruht; wie wir aber näher auszuführen versuchen werden, gibt es vom metaphysischen Standpunkt aus möglicherweise noch eine andere Erklärung dafür.

Indem wir der Frage nachgehen, weshalb die moderne Wissenschaft und Technologie nicht in China entstanden sind, werden wir auf die unverbindlichen Antworten Needhams selbst als auch auf jene von den chinesischen Philosophen Feng Youlan (1895–1990) und Mou Zongsan (1909–1995) zu sprechen kommen. Mous Beantwortung ist die anspruchsvollere und spekulativere der beiden, und die von ihm vorgeschlagene Lösung erfordert eine Wiedervereinigung zweier metaphysischer Systeme: eines, das über die noumenale Welt nachsinnt und sie zum Hauptbestandteil einer moralischen Metaphysik macht; und eines, das sich tendenziell auf die phänomenale Ebene beschränkt und dadurch das Terrain für hochanalytische Aktivitäten liefert. Diese Lesart ist offensichtlich von Kant beeinflusst, und tatsächlich übernimmt Mou oftmals Kants Vokabular. Zudem erinnert Mou daran, dass ihn bei seiner erstmaligen Kant-Lektüre die Tatsache beeindruckt habe, dass das, was Kant das Noumenon nennt, im Zentrum der chinesischen Philosophie stehe und es der jeweilige Fokus auf Noumenon und Phänomen sei, der die Unterschiede zwischen chinesischer und europäischer Metaphysik kennzeichne.[64] Sich in Spekulationen über das Noumenon ergehend, neige die chinesische Philosophie dazu, die Aktivitäten intellektueller Anschauung voranzutreiben, unterlasse es dabei jedoch, sich mit der phänomenalen Welt zu befassen: Sie schenke der Letzteren allein deshalb Aufmerksamkeit, um sie als Sprungbrett zu verwenden, um »über die Gestalt hinaus« zu gelangen. Mou behauptet daher, dass eine Schnittstelle zwischen noumenaler und phänomenaler Ontologie rekonstruiert werden müsse, um das traditionelle chinesische Denken wiederzubeleben. Diese Verbindung könne nirgendwo anders als aus der chinesischen Tradition selbst herrühren, denn letztlich will Mou sie als Beweis dafür verstanden wissen, dass traditionelles chinesisches Denken *ebenso in der Lage ist*, moderne Wissenschaft und Technologie hervorzubringen, und dafür lediglich einer neuen Methode bedarf. Dies fasst das Aufgabenfeld des »Neuen Konfuzianismus«[65] bündig zusammen, der sich nach dem Zweiten Weltkrieg in Taiwan und Hongkong formierte und mit dem wir uns in Teil 1 (§18) auseinandersetzen werden. Mous Vorschlag aber bleibt ein idealistischer, da er *xin* (心, »Herz«) oder das noumenale Subjekt als die letztgültige Möglichkeit betrachtet: Laut ihm ist dieses mittels Selbstverleugnung befähigt, herabzusteigen, um zu einem Gegenstand des (phänomenalen) Wissens zu werden.[66]

Teil 2 des Buches dient als Kritik an Mous Ansatz und schlägt vor, als Alternative (oder besser als Ergänzung zu) dieser idealistischen Vision »zu den technischen Objekten selbst« zurückzugehen.[67]

§4. Modernität, Modernisierung und Technizität

Im Versuch, sich mit Mous Idee einer Schnittstelle zwischen chinesischem und westlichem Denken auseinanderzusetzen, ohne dabei seinem Idealismus zu erliegen, erweist sich in Teil 2, dass das zentrale Element dabei die Beziehung zwischen Technik und Zeit ist. Dafür wende ich mich Bernard Stieglers Neuformulierung der Geschichte der westlichen Philosophie unter dem Gesichtspunkt der Technizität in *Technik und Zeit* zu. Zeit aber stellte für die chinesische Philosophie niemals eine *wirkliche* Frage dar; wie die Sinologen Marcel Granet und François Jullien deutlich zum Ausdruck gebracht haben, sind die Chinesen der Zeitfrage niemals explizit nachgegangen.[68] Im Zuge von Stieglers Arbeit ergibt sich daher die Möglichkeit einer Untersuchung der Relation zwischen Technik und Zeit in China.

Ausgehend von den Arbeiten Leroi-Gourhans, Husserls und Heideggers versucht Stiegler, einer durch eine *technologische Unbewusstheit* geprägten Modernität ein Ende zu bereiten. Technologisches Bewusstsein meint dabei das Bewusstsein der Zeit, der eigenen Endlichkeit; gleichzeitig aber meint es auch ein Bewusstsein der Beziehung zwischen Endlichkeit und Technizität. Inwiefern die Relation zwischen

Technik und Anamnesis bereits seit Platon fest etabliert ist und im Zentrum der Seelenökonomie steht, legt Stiegler eindrücklich dar. Nach der Reinkarnation vergisst die Seele die Kenntnis der Wahrheit, die sie sich im vergangenen Leben angeeignet hat, und es ist die Suche nach der Wahrheit, die den grundlegenden Akt des Erinnerns oder der Rückbesinnung darstellt. Sokrates demonstriert dies bekanntermaßen im *Menon*, worin ein junger Sklave mithilfe technischer Werkzeuge (eine Zeichnung im Sand) in der Lage ist, geometrische Probleme zu lösen, von denen er keinerlei Vorkenntnisse besitzt.

Die Ökonomie der Seele im Osten hat jedoch wenig gemein mit einer solchen anamnetischen Zeitkonzeption. Denn wie es zu bedenken gilt, lassen sich, obwohl die kalendarischen Vorrichtungen der Kulturen einander ähneln, innerhalb dieser technischen Objekte nicht bloß unterschiedliche technische Abstammungslinien, sondern auch unterschiedliche Interpretationen der Zeit ausfindig machen, welche die Funktion und Perzeption dieser technischen Objekte im Alltagsleben konfigurieren. Dies ist weitgehend das Resultat des daoistischen und buddhistischen Einflusses, die sich gemeinsam mit dem Konfuzianismus zu dem zusammenschlossen, was Mou Zongsan den »synthetisch-rationalen Geist [綜合的盡理之精神]« im Gegensatz zum »analytisch-rationalen Geist [分解的盡理之精神]« der abendländischen Kultur nennt.[69] Innerhalb der im synthetisch-rationalen Geist implizierten noumenalen Erfahrung *gibt es* schlichtweg *keine Zeit* – oder genauer formuliert: Die Frage nach Zeit und Geschichtlichkeit stellt sich schlicht nicht. Bei Heidegger meint Geschichtlichkeit die von der Endlichkeit des Daseins und der Technik bedingte Hermeneutik, welche die retentionale Endlichkeit des Daseins infinitisiert, indem sie das exteriorisierte Gedächtnis von Generation zu Generation weiterreicht. Zwar begrüßte Mou Heideggers Kritik an Kant in *Kant und das Problem der Metaphysik*, worin Heidegger die transzendentale Einbildungskraft radikalisierte und zu einer Frage der Zeit erklärte. Gleichzeitig aber empfand Mou Heideggers Analyse auch als Einschränkung, da es für ihn gerade *xin* in der Eigenschaft als noumenales Subjekt ist, das tatsächlich imstande ist, zu »infinitisieren«. Mou stellte keinen materiellen Zusammenhang zwischen Technik und *xin* her, da er die Frage der Technik, bei der es sich für ihn lediglich um eine der Möglichkeiten der Selbstnegation des *Liangzhi* (Herz/Geist [Gewissen, Anm. d. Ü.]) (良知的自我坎陷) handelt, weitgehend ausklammerte. Auf diese mangelhafte Reflexion der Technikfrage, so vermute ich, lässt sich das Versagen des Neuen Konfuzianismus, auf das Problem der Modernisierung und der Frage der Historizität zu reagieren, zurückführen; es ist jedoch möglich und notwendig, diesen Mangel in ein *positives* Konzept umzuwandeln; eine Aufgabe, die, wie wir im Folgenden sehen werden, jener Aufgabe ähnelt, die sich Jean-François Lyotard stellte.

Diese Missachtung der Zeit und der damit einhergehende fehlende Historizitätsdiskurs innerhalb der chinesischen Metaphysik wurde von Keiji Nishitani (1900–1990), einem japanischen Philosophen der Kyôto-Schule, der während der 1930er-Jahre bei Heidegger in Freiburg studierte, festgestellt. Laut Nishitani nahm die östliche Philosophie das Konzept der Zeit nicht ernst und war infolgedessen nicht in der Lage, Konzepte wie Geschichtlichkeit – das heißt das Vermögen, als »geschichtliches Seiendes« zu denken – zu erklären. Und in der Tat ist dieses Problem ein höchst heideggersches: In der zweiten Abteilung von *Sein und Zeit* erörterte der Philosoph das Verhältnis von individueller Zeit und jenem zur *Geschichtlichkeit*. In Nishitanis Bemühung aber, Ost und West gemeinsam zu denken, treten zwei Probleme zutage und stellen ihn vor ein Dilemma. Erstens eröffnet Technologie für den japanischen Philosophen einen Weg in Richtung »Nihilität«, wie es auch die Arbeiten Nietzsches und Heideggers tun; doch in dem von Nishitani vertretenen Buddhismus zielt *Śūnyatā* (Leerheit) darauf ab, die Nihilität zu transzendieren; und Zeit verliert in solch einer Transzendenz jegliche Bedeutung.[70] Zweitens sind *Geschichtlichkeit* und darüber hinaus *Weltgeschichtlichkeit* nicht ohne ein retentionales System denkbar – das, wie Stiegler im dritten Band von *Technik und Zeit* zeigt, gleichfalls die Technik ist.[71] Das bedeutet, dass es nicht möglich ist, sich der Beziehung zwischen Dasein und Historizität bewusst zu sein, ohne sich der Beziehung zwischen Dasein und Technizität bewusst zu sein – sprich, geschichtliches Bewusstsein bedarf des technologischen Bewusstseins.

Wie ich in Teil 2 erläutern werde, funktioniert die Moderne gemäß einer technologischen Unbewusstheit, die sich aus dem Vergessen der eigenen Grenzen ergibt, wie es schon Nietzsche in *Die fröhliche*

Wissenschaft beschrieb: der »arme[] Vogel[], der sich frei gefühlt hat und nun an die Wände dieses Käfigs stößt! Wehe, wenn das Land-Heimweh dich befällt, als ob dort mehr *Freiheit* gewesen wäre – und es gibt kein ›Land‹ mehr!«[72] Dieses Dilemma ergibt sich nachgerade aus dem mangelnden Gewahrsein der vorhandenen Instrumente, ihrer Beschränkungen und Gefahren. Die Moderne endet mit dem Aufkommen eines technologischen Bewusstseins, unter dem sowohl das Bewusstsein über die Macht der Technologie als auch das Bewusstsein über die technologischen Bedingungen des Menschen zu verstehen ist. Um die von Nishitani und Mou Zongsan aufgeworfenen Fragen in Angriff zu nehmen, ist es daher notwendig, die Frage der Zeit und Geschichte mit jener der Technik zu verbinden, um uns so ein neues Terrain erschließen und ein Denken erkunden zu können, das den Abstand zwischen noumenaler Ontologie und phänomenaler Ontologie überbrückt.

Wenn wir aber darauf bestehen, dass eine chinesische Philosophie der Technologie diesen postheideggerschen (stieglerschen) Standpunkt einnimmt, laufen wir dann nicht Gefahr, abermals lediglich eine westliche Perspektive durchsetzen zu wollen? Nicht unbedingt, zumal die Suche nach einer neuen Konzeption der Weltgeschichte und einem kosmotechnischen Denken, das uns eine neue Weise ermöglicht, mit technischen Objekten und Systemen zu sein, von wesentlich größerer Bedeutung ist. Anstatt also kurzerhand Mous und Nishitanis Analysen zu verwerfen und mit jener Stieglers zu ersetzen, werfen wir deshalb die folgende Frage auf: Ist es möglich, Technik als ein Medium beider Ontologien zu betrachten, statt sie lediglich einer Ontologie zuzuschlagen? Für Nishitani lautete die Frage: Kann sich das absolute Nichts die Moderne zu eigen machen und damit eine neue Weltgeschichte konstruieren, die nicht durch die westliche Moderne beschränkt ist? Und für Mou: Kann das chinesische Denken die moderne Wissenschaft und Technologie durch eine Rekonfiguration des eigenen Denkens integrieren, die den Möglichkeiten dieses Denkens bereits innewohnt? Nishitanis Antwort führt zur Überlegung eines totalen Krieges als Strategie zur Überwindung der Moderne, was als Slogan der Kyôto-Schule vor dem Zweiten Weltkrieg aufgegriffen wurde. Darin lässt sich bereits das, was ich einen metaphysischen Faschismus nenne, erkennen, der sich aus einer Fehldiagnose der Modernefrage ergibt und den es um alles in der Welt zu vermeiden gilt. Mous Antwort demgegenüber gestaltete sich sehr viel affirmativer und positiver, auch wenn sie, wie wir in Teil 1 noch sehen werden, von chinesischen Intellektuellen weitgehend infrage gestellt wurde. Mir scheint es, als wären Mou wie auch Nishitani (wie auch ihre Schulen und die Epochen, in denen sie lebten) deshalb an der Überwindung der Moderne gescheitert, weil sie die Technikfrage nicht ernst genug genommen hatten. Doch dessen ungeachtet – oder gerade deshalb – werden wir ihre Arbeiten einer genaueren Prüfung unterziehen müssen, um uns Klarheit über diese Probleme zu verschaffen. Dabei lässt sich eine Sache jedoch bereits jetzt eindeutig konstatieren: Damit es zu einer Genesung des durch die moderne Technologie eingeführten metaphysischen Systems kommen kann, ist es keineswegs ausreichend, uns auf ein spekulatives, idealistisches Denken zu verlassen. Vielmehr ist es zwingend erforderlich, die Materialität der Technik (als ergon [ἔργον]) zu berücksichtigen, womit kein Materialismus im klassischen Sinne gemeint ist, sondern einer, der die Möglichkeiten der Materie an ihre Grenzen treibt.

Diese Aufgabe ist sowohl spekulativ als auch politisch. 1986 hielt Jean-François Lyotard auf Einladung Bernard Stieglers ein Seminar am IRCAM im Centre Pompidou in Paris, das später unter dem Titel »Logos und Techne, oder: die Telegraphie« veröffentlicht wurde.[73] Während des Seminars fragte Lyotard, ob es möglich sei, dass die neuen Technologien, anstatt lediglich retentionale Gebilde darzustellen, eine neue Möglichkeit des Denkens eröffnen könnten, die der japanische Zen-Buddhist Dōgen aus dem 13. Jahrhundert den »lichten Spiegel [明鏡]« nannte. Lyotards Frage steht im Einklang mit den Untersuchungen Mous und Nishitanis, da der »lichte Spiegel« im Wesentlichen das Herzstück des metaphysischen Systems des Ostens bildet. Gegen Ende seines Vortrags gelangte Lyotard zu folgendem Gedanken:

> Das ganze Problem besteht darin, ob durch den neuen Einschreibungs- und Speichermodus, der die neuen Technologien charakterisiert, der Durchgang ermöglicht und erlaubt (werden) wird. Zwingen sie die Synthesen – und zwar die konzipierten Synthesen – nicht noch tiefer in die Seelen hinein, als es je eine der vorherigen

> Technologien getan hat? Aber helfen sie gerade dadurch nicht auch dabei, unseren anamnetischen Widerstand zu verfeinern? Ich halte bei dieser vagen Hoffnung inne, die zu dialektisch ist, um ernsthaft zu sein. All das bleibt zu bedenken, zu versuchen.[74]

Weshalb ist Lyotard im Anschluss an diesen Vorschlag davor zurückgewichen und hat behauptet, dieser sei zu vage und zu dialektisch, als dass er ernst genommen werden könne? Lyotard näherte sich der Frage aus Mou Zongsans und Keiji Nishitanis entgegengesetzter Richtung: Er suchte nach einer Passage von West nach Ost. Doch Lyotards begrenztes Wissen über den Osten erlaubte es ihm nicht, noch weiterzugehen und bis zur Fragestellung der Weltgeschichte vorzudringen.

Wie bei vielen anderen seiner Zeit, insbesondere Bruno Latour, handelt es sich auch bei Lyotard um einen Vertreter des zweiten Versuchs europäischer Intellektueller, die Moderne zu überwinden. Der erste Versuch fand um die Zeit des Ersten Weltkriegs herum statt, als sich die Intellektuellen des Niedergangs des Westens wie auch der Krise bewusst wurden, die sich in den Bereichen Kultur (Oswald Spengler), Wissenschaft (Edmund Husserl), Mathematik (Hermann Weyl), Physik (Albert Einstein) und Mechanik (Richard von Mises) offenbarte. Parallel dazu erlebte Ostasien die erste Generation von Neukonfuzianern (Xiong Shili, der Lehrer Mou Zongsans, und Liang Shuming) als auch von Intellektuellen wie Liang Qichao und Zhang Junmai; die im höchsten Maße germanisierte Kyôto-Schule; sowie schließlich die zweite Generation von Neukonfuzianern in den 1970er-Jahren – allesamt waren sie bemüht, sich der gleichen Frage zu stellen. Doch wie bereits die erste Generation der Neukonfuzianer blieben auch alle übrigen unempfänglich gegenüber dem idealistischen Modernisierungsansatz und erkannten der Frage der Technik nicht den ihr angemessen philosophischen Status zu. In Europa werden wir nun Zeuge eines dritten, von Anthropologen wie Descola und (abermals) Latour unterstützten Versuches, der das Ereignis des Anthropozäns als Chance zur Überwindung der Moderne nutzen will, um einen ontologischen Pluralismus zu erschließen. Parallel dazu erleben wir auch in Asien die Bemühungen von Gelehrten, Wege für das Verständnis der Moderne zu finden, ohne sich dabei von einem europäischen Diskurs abhängig zu machen – allen voran die von Johnson Chang und anderen initiierte Inter-Asia-School.[75]

§5. Wozu der »ontologische Turn«?

Für Lyotard verbirgt sich hinter der von ihm gestellten Frage auch jene nach einem möglichen Widerstand gegen die herrschende technologische Hegemonie – das Produkt der okzidentalen Metaphysik. Und genau darin liegt auch die Aufgabe der Postmoderne jenseits ihrer ästhetischen Ausdrucksformen. Gewisse andere Denker wie Latour und Descola, die das Postmoderne meiden, fühlen sich hingegen zum »Nicht-Modernen« hingezogen, um sich dieser Aufgabe zu stellen. Doch gleich wie wir es nennen, verdient Lyotards Frage einmal mehr, ernst genommen zu werden. Und wie wir noch sehen werden, berührt diese Frage die Untersuchungen Nishitanis, Mous, Stieglers und Heideggers. Denn wenn eine Anthropologie der Natur möglich und notwendig ist, um nicht-moderne Denkweisen näher zu bestimmen, so sollte die gleiche Vorgehensweise auch für die Technik möglich sein. An diesem Punkt können und müssen wir uns mit dem zeitgenössischen europäischen Denken auseinandersetzen, das sich, wie es beispielsweise in der 2015 erschienenen Arbeit des französischen Philosophen Pierre Montebello, *Métaphysiques cosmomorphes, la fin du monde humain*, deutlich und symptomatisch zum Ausdruck gebracht wird, mit dem Programm zur Überwindung der Moderne befasst.[76]

Montebello bemüht sich, zu zeigen, wie die Suche nach einer postkantischen Metaphysik, Hand in Hand mit dem »ontologischen Turn« innerhalb der zeitgenössischen Anthropologie, uns – zumindest uns Europäer – aus jener Falle, in die uns die Moderne gelockt hat, führen könnte. Kants Metaphysik, wie Montebello es ausdrückt, basiere auf Grenzen. Bereits in der *Kritik der reinen Vernunft* habe Kant seine Leser vor der *Schwärmerei* oder dem »Fanatismus« der spekulativen Vernunft gewarnt und versucht, die Grenzen der reinen Vernunft abzustecken. Dabei brachte der Begriff »Kritik« für Kant keinerlei negative, sondern vielmehr eine positive Bedeutung mit sich, nämlich jene, die

Bedingungen der Möglichkeit des fraglichen Subjekts offenzulegen – die Grenzen, innerhalb derer das Subjekt wahrnehmen könne.

Diese Grenzziehung komme ein weiteres Mal zum Vorschein, sobald wir uns Kants Trennung zwischen Phänomen und Noumenon sowie seiner Weigerung widmeten, Menschen als zur intellektuellen Anschauung oder zur Anschauung des ›Ding an sich‹ fähig zu betrachten.[77] Für Kant besitzen menschliche Wesen lediglich sinnliche, den Phänomenen entsprechende Anschauungsformen. Montebellos Formulierung des Entstehens einer post-kantischen Metaphysik, wie sie im Denken von Whitehead, Deleuze, Tarde und Latour veranschaulicht wird, hängt von dem Versuch ab, eine derartige Metaphysik der Grenzen zu überwinden, weshalb sie zur notwendigen Infinitisierung rät. Die politische Gefahr des kantischen Erbes besteht darin, dass sich die Menschen immer weiter von der Welt lösen, ein Prozess, den Latour folgendermaßen formuliert hat: »Die Dinge an sich werden unzugänglich, während das transzendentale Subjekt sich symmetrisch dazu unendlich von der Welt entfernt.«[78] Mou Zongsans Kritik an Kant stimmt in dieser Hinsicht mit jener Montebellos überein, auch wenn Mou eine andere Methode vorschlägt, um über Infinitisierung nachzudenken – nämlich durch die Neuerfindung der kantischen intellektuellen Anschauung mittels aus der chinesischen Philosophie stammender Begriffe.

Montebello legt nahe, dass sich die Arbeit Quentin Meillassouxs als Einwand gegen die Grenzen der Moderne (das hier als Synonym für das kantische Vermächtnis einer Metaphysik der Grenzen steht) auszeichnet. Eines der zentralen Merkmale ebendieser Metaphysik der Grenzen, die Meillassoux infrage stellt, ist das, was er als »Korrelationismus« bezeichnet – die Übereinkunft, dass jeglicher Erkenntnisgegenstand lediglich in Bezug auf die Bedingungen gedacht werden kann, unter denen er sich einem Subjekt manifestiert. Dieses Paradigma, so Meillassoux, war innerhalb der westlichen Philosophie, etwa im Deutschen Idealismus und der Phänomenologie, zwei Jahrhunderte lang tonangebend. Die von ihm gestellte Frage lautet daher schlicht und einfach: Wie weit kann sich die Vernunft erstrecken? Kann die Vernunft einer Zeitlichkeit stattgeben, in der sie selbst aufhört zu sein, zum Beispiel indem sie Objekte einer anzestralen, der Menschheit vorausgehenden Epoche denkt?[79] Obwohl Montebello Meillassouxs Arbeit anerkennt, porträtiert er Meillassoux wie auch Alain Badiou zugleich strategisch als Vertreter eines gescheiterten Versuches, einer Endlichkeit zu entkommen, die sich allzu sehr auf das »mathematisch Unendliche« verlässt. Wenn Montebello hier von »Mathematik« spricht, meint er numerische Reduktion und missbilligt damit gemeinschaftlich die Mathematik (in diesem Sinne) wie auch den Korrelationismus:

> Das Monster mit zwei Köpfen behauptet im selben Atemzug sowohl eine Welt ohne Mensch, mathematisch, glazial, wüst, unbewohnbar, als auch den Mensch ohne Welt, gequält, gespenstisch, reiner Geist. Mathematik und Korrelation, weit davon entfernt, einander entgegengesetzt zu sein, vermählen sich in trübseligen Ehen.[80]

Es ist nicht unser Anliegen, Montebellos Urteil über Badiou und Meillassoux hier eingehender zu untersuchen. Was uns vielmehr interessiert, ist die von ihm vorgeschlagene Lösung, sich der »Vielfalt der Beziehungen, die uns in der Welt verorten«, zu versichern.[81] Dies lässt sich als Widerstand gegen ein auf mathematische Rationalität basierendes Denken verstehen, der die Geschichte der Kosmologie berücksichtigt, die wir im Hinblick auf den Fortschritt der Geometrie in ihrer Abkehr vom Mythos und ihrer letztendlichen Vollendung in der Astronomie analysieren können. Es scheint mir, dass sich diese Art des relationalen Denkens in Europa als Ersatz für ein substanzielles Denken herausbildet, das seit der Antike fortbestanden hat. Das zeigt sich deutlich im sogenannten »ontologischen Turn« der Anthropologie – etwa in Descolas Analyse der Relationen – wie auch in der Philosophie, wo Whiteheads und Simondons antisubstanzielles relationales Denken zunehmend an Bedeutung gewinnt. Darin hebt das Relationskonzept jenes der Substanz auf, das sich zu einer Gesamtheit der Relationen entwickelt. Diese Relationen verflechten sich beständig miteinander, um das Netz der Welt und unsere Beziehungen zu anderen Wesen zu entwerfen. Eine derartige Beziehungsvielfalt findet sich in vielen außereuropäischen Kulturen, wie die Arbeiten von Anthropologen wie Descola, Viveiros de Castro, Ingold und anderen beweisen. In diesen Beziehungsmultiplizitäten stößt man auf neue und unterschiedlichen

Kosmologien entsprechende Partizipationsformen, weshalb Montebello vorschlägt, besser über *Kosmomorphose* anstatt über Anthropomorphose nachzudenken – über den *Anthropos* hinauszudenken und unsere Praktiken dem *Kosmos* gemäß neu auszurichten. Wie wir oben gesehen haben, stellt der Naturalismus – neben Animismus, Analogismus, Totemismus, dem, was Viveiros de Castro »Perspektivismus« nennt, das heißt der perspektivische Austausch zwischen Mensch und Tier (sodass sich beispielsweise das Pekari als Jäger versteht und umgekehrt), und anderen – nur eine Kosmologie unter vielen dar. Viveiros de Castro gebraucht Deleuzes und Guattaris Begriff der Intensität, um eine neue Form der Partizipation, des »Andere-Werdens«, zu beschreiben, die Aufschluss über die Möglichkeit einer poststrukturalistischen Anthropologie liefert. Die Bedeutung von Viveiros de Castros Beitrag liegt in der Einführung einer neuen Form der Anthropologie, die nicht auf das Vermächtnis des lévi-straussschen Strukturalismus beschränkt bleibt. In seinen Augen kann uns der amerindianische Perspektivismus, insofern der westliche Relativismus (z. B. die Anerkennung multipler Ontologien) einen Multikulturalismus als öffentliche Ordnung voraussetzt, einen Multi-Naturalismus als kosmische Politik zuteilwerden lassen.[82] Im Gegensatz zum Naturalismus agieren diese anderen Formen der Kosmologie eher in Übereinstimmung mit den Kontinuitäten (z. B. den Intensitäten, dem Werden) als mit den Diskontinuitäten zwischen Kultur und Natur. Aus genau diesen Gründen schlage ich vor, das technologische Denken Chinas zu untersuchen, ohne den strukturalistisch-anthropologischen Ansatz von Sinologen wie A. C. Graham und B. I. Schwartz zu übernehmen.

Montebello argumentiert, dass eine Rückkehr zu einer profunderen Naturphilosophie in der Lage sei, das Anthropozän – das Symbol der Moderne schlechthin – zu überwinden, da diese eine neue Weise des *Zusammenseins* und des *Mitseins* wiederherstellen würde. In solch einer Naturvorstellung würde die Trennung von Kultur und Natur, wie sie sich im Naturalismus findet, vermieden. Die Beispiele, die sich Montebello sodann von Descola und Viveiros de Castro leiht, stehen sichtlich im Einklang mit dem Konzept des *Dao* als einem kosmologischen und moralischen Prinzip, das, wie ich unten darlegen werde, auf der Resonanz zwischen (und der Vereinigung von) Mensch und

Himmel gründet. Die auf dieser Resonanz basierende chinesische Kosmologie ist letztlich eine moralische Kosmologie – es ist diese kosmologische Auffassung, durch welche die Interaktion zwischen dem Menschen und der Welt sowohl hinsichtlich natürlicher Ressourcen als auch kultureller Praktiken (Familienhierarchie, Gesellschafts- und Staatsordnung, öffentliche Politiken und menschliche/nichtmenschliche Beziehungen) definiert wird. Und tatsächlich lassen sich in der Arbeit Descolas immer wieder Bezüge zur chinesischen Kultur entdecken, die dem Anschein nach den Arbeiten Julliens und Granets entstammen. Beim Lesen Granets etwa entdeckt Descola, dass während der europäischen Renaissance eher der Analogismus als der Naturalismus die vorherrschende Ontologie darstellte.[83] So gesehen handelt es sich beim Naturalismus lediglich um ein Produkt der Moderne; er ist von »fragile[m] Status« und »junge[m] Alter«.[84]

Dennoch bin ich skeptisch, ob diese Art der Rückkehr oder Neuerfindung des »Natur«-Konzepts, geschweige denn eine Rückkehr zu einer archaischen Kosmologie, ausreichend sein könnte, um mit der Moderne abzuschließen. Diese Skepsis ist im gleichen Maße epistemologisch wie politisch. So mobilisiert Montebello Simondon, um zu zeigen, dass Natur für das »Präindividuelle« steht und sie daher die Grundlage aller Individuationsformen bildet. Und wahrlich spricht Simondon von dieser

> präindividuellen Wirklichkeit, die das Individuum in sich trägt [und] als Natur bezeichnet werden könnte, wodurch in dem Wort »Natur« die Bedeutung wiederentdeckt würde, welche die vorsokratischen Philosophen ihm gegeben hatten […]. Natur stellt nicht das Gegenteil des Menschen dar, sondern die erste Stufe des Seins und die zweite Stufe wiederum den Gegensatz von Individuum und Milieu.[85]

Was aber meint Simondon, wenn er von »Natur« spricht? Wie ich an anderer Stelle gezeigt habe,[86] stellt das Vorhandensein zweier gesonderter Rezeptionsströmungen Simondons – als Naturphilosoph sowie als Technikphilosoph, basierend jeweils auf seinen beiden wissenschaftlichen Arbeiten *L'individuation à la lumière des notions de forme et d'information* und *Du mode d'existence des objets techniques* – ein Problem dar, schließlich war das, worum sich Simondon eigentlich bemühte, die Überwindung der Diskontinuitäten zwischen Natur, Kultur und Technik. Infrage steht also nicht nur die Interpretation Simondons, sondern vielmehr diese sogenannte »Natur« selbst: Und die Spannung zwischen »Natur« und den globalen technologischen Bedingungen wird sich nicht allein aufgrund einer Erzählung des »ontologischen Turns« in Luft auflösen.

Diese Beobachtung bringt uns zu der globalen technopolitischen Dimension, die ich diesem Diskurs beifügen möchte. Es ist nachvollziehbar, dass ein europäischer Philosoph der Meinung sein könnte, dass, sobald es Europa gelungen sei, sich von der Moderne zu distanzieren, andere Kulturen wiederum in der Lage sein würden, ihre unterbrochenen Kosmologien von Neuem aufzunehmen, und dass diese anderen, indem er das europäische Denken für andere Ontologien öffnete, dadurch von ihrer Abhängigkeit vom westlichen technologischen Denken bewahrt würden. An dieser Stelle aber scheint ein blinder Fleck zugegen: Wenn Montebello und andere einräumen, dass es sich beim europäischen Naturalismus um eine seltene und womöglich exzeptionelle Angelegenheit handelt, scheinen sie sich nicht des Ausmaßes bewusst, mit welchem diese Auffassung andere Kulturen mittels moderner Technologie und Kolonisation durchwaltet hat. Diese Kulturen, die über das vergangene Jahrhundert hinweg mit der europäischen Kolonisierung zu kämpfen hatten, mussten sich bereits großer Veränderungen und Transformationen unterziehen, sodass die globalen technologischen Bedingungen auch zu ihrem eigenen Schicksal geworden sind. Angesichts dieser perspektivischen »Verkehrung« erscheint jedwede »Rückkehr zur Natur« allenfalls fragwürdig.

Dieses Buch möchte eine andere Perspektive anbieten, indem es am Beispiel Chinas die »andere Seite« der Moderne beschreibt und hoffentlich ein paar Einblicke in das gegenwärtige Programm der »Überwindung der Moderne« oder des »Resets der Moderne« im Zeitalter der Digitalisierung und des Anthropozäns liefert. Dabei auf klassische Kategorien zurückzugreifen und das Konzept der Kosmotechnik ins Feld zu führen, bedeutet jedoch keinesfalls, sie als eigentliche »Wahrheit« oder als eine »Erklärung« heranzuziehen. Die heutigen wissenschaftlichen Erkenntnisse bestätigen, dass viele der klassischen Denkweisen mit irrigen Vorstellungen geradezu durchzogen sind, und in Anbetracht dessen mag ein gewisser Szientismus verständlicherweise sogar jedwede Erwägung der Seinsfrage und der Frage nach dem *Dao* gleichermaßen zurückweisen. Indes sollte von Neuem bekräftigt werden, dass ich mithilfe des Entwicklungsverlaufs, den dieses Buch umreißen wird, eine *Kosmotechnik* neu zu erfinden versuche, und nicht bloß zum Glauben an eine Kosmologie zurückkehren möchte. Auch geht es mir nicht darum, wieder Zugang zur Natur zu erlangen, wie es viele mittels der ionischen oder daoistischen Philosophie als einer Naturphilosophie zu tun bestrebt sind – stattdessen bin ich vielmehr darum bemüht, Technik und Natur wieder zusammenzuführen, wie es schon Simondon in seiner Arbeit über die Genese der Technizität vorgeschlagen hat.

§6. Ein paar Anmerkungen zur Methode

Bevor wir mit unserer Untersuchung beginnen, bedarf es ein paar Worte bezüglich ihrer Methode. Obwohl ich mich bemühe, die historischen Transformationen der *Qi-Dao*-Relation aufzuzeigen, ist mir doch bewusst, dass ihre Komplexität weit über die einfache Skizze hinausgeht, die ich hier anzubieten imstande bin; doch wäre es, gelinde gesagt, unmöglich, diese Dynamik in einem bescheidenen Essay wie dem vorliegenden erschöpfend abzuhandeln. Zudem gilt es, die Grenzen und Befangenheiten der Verallgemeinerungen und unkonventionellen Lesarten, die zu unternehmen sich dieses Buch verpflichtet fühlt, im Hinterkopf zu behalten; ein solches Projekt durchzuführen, ohne sie durchzuarbeiten, würde jedoch an seiner Aufgabe vorbeigehen. Ungeachtet dessen erhoffe ich mir, dass das, was ich im Folgenden darlegen werde, eine Inspiration für Wissenschaftler sein wird, die der Technikfrage sowohl aus europäischer als auch aus außereuropäischer Perspektive nachgehen wollen – etwas, das meiner Meinung nach in zunehmendem Maße notwendig wird.

Anstatt hier eine formale Methode bereitzustellen, ist es mir ein Anliegen, drei Dinge zu erläutern, die ich zu *vermeiden* gedenke: erstens eine Symmetrie der Konzepte, bei der man von sich entsprechenden Konzepten der europäischen und der chinesischen Philosophie ausgeht – beispielsweise die Äquivalente von *technē* und *physis* innerhalb der chinesischen Kultur zu identifizieren. Es ist wahr, dass nach Jahrzehnten des Fortschritts in der Übersetzung und der kulturellen Kommunikation die Begriffe der westlichen Philosophie mehr oder weniger sinngemäße Übersetzungen in der chinesischen Sprache gefunden haben. Jedoch birgt es Gefahr, diese als symmetrische Relationen zu verstehen. Denn das Streben nach Symmetrie würde uns letztlich dazu verpflichten, die gleichen Konzepte anzuwenden oder genauer gesagt zwei Arten von Wissen und Praxis unter vordefinierten Konzepten zu subsumieren. Asymmetrie bedeutet zunächst immer auch eine Affirmation der Differenz – aber nicht einer Differenz ohne Beziehung (z. B. Spiegelbilder, Reflexionen, Luftspiegelungen) – sowie die Suche nach einer durch diese Differenz bedingten Konvergenz. Folglich sollten sich die Leser bei meiner Untersuchung der Technikfrage in China, selbst dann, wenn ich das Wort Technik gebrauche, der sprachlichen Beschränkungen bewusst sein und bereit sein, sich auf ein anderes kosmologisches und metaphysisches System einzulassen. Aus diesen Gründen greife ich nicht auf die übliche Übersetzung von *technē* als *Gong* (工, »Arbeit«) oder *Ji* (技, »Fertigkeit«) zurück, die unsere Untersuchung zu einem rein empirischen Muster verkommen ließe, sondern setze bei einer systematischen Betrachtung von *Qi* (器) und *Dao* (道) an – Begriffe, die sich ihrerseits nicht auf Produkt beziehungsweise Werk (*ergon*) und Seele (*psychē*) reduzieren lassen. Diese Asymmetrie wird in dem Buch vorausgesetzt und methodisch aufgewendet. Leser mögen feststellen, dass ich gelegentlich Ähnlichkeiten herauszuarbeiten versuche, aber nur, um die zugrundeliegende Asymmetrie sichtbar zu machen.

Gleiches gilt für die Übersetzung von Lehrmeinungen wie Dualismus und Materialismus. Es wäre zum Beispiel falsch, *Yin-Yang* in dem Sinne als Dualismus zu verstehen, wie man diesen Begriff in Europa verwenden würde. Dualismus im europäischen Verständnis bezieht sich im Allgemeinen auf zwei gegensätzliche und diskontinuierliche Einheiten: Geist-Körper, Kultur-Natur, Sein-Nichtsein. Eine derartige Form des Dualismus ist in China nicht gängige Meinung, und *Yin* und *Yang* werden nicht als zwei diskontinuierliche Einheiten aufgefasst. In der chinesischen Metaphysik stellt es folglich praktisch kein Problem dar, anzuerkennen, dass das Sein, wie es bereits in den daoistischen Klassikern heißt, aus dem Nichts hervorgeht. In Europa wiederum ist die *creatio ex nihilo*, da sie wissenschaftlich unmöglich ist, allein einer göttlichen Macht vorbehalten: *ex nihilo nihil fit*. Erst mit Leibniz' Frage »Warum ist überhaupt etwas und nicht vielmehr nichts?«, die später von Heidegger aufgegriffen wurde, um damit die Bedeutung des Seins zu erläutern, wurde die Frage nach dem Sein in der westlichen Philosophie weiterführend dargelegt. Allgemeiner ausgedrückt, neigt das chinesische Denken eher dazu, sich mit der Kontinuität denn mit der Diskontinuität zu befassen. Diese Kontinuität wird durch Beziehungen hergestellt, wie sie beispielsweise in den Resonanzen zwischen Himmel und Mensch, zwischen Musikinstrumenten oder zwischen Mond und Blumen zu finden sind. Wie bereits erwähnt, wird dies häufig als »korrelatives Denken« bezeichnet.[87] Allerdings wurde dieser Diskurs von Granet und später von A. C. Graham entwickelt, die sich der strukturalistischen Anthropologie bedienen, um die beiden korrespondierenden Einheiten, etwa *Yin-Yang*, als Gegensätze zu konzipieren. Ich spreche daher lieber von einem »relationalen« als von einem »korrelativen« Denken, zumal das korrelative Denken der beiden von der strukturalistischen Anthropologie inspirierten Sinologen stets in einem Systematisierungsbestreben aufgeboten wird, dessen Ziel es letztlich ist, statische Strukturen zu unterbreiten.[88] Das relationale Denken aber ist in Wahrheit offener, als dies durch die beiden nahegelegt wird, da es dynamischer ist. Zwar schließt es tatsächlich einen korrelativen Assoziationsmodus mit ein, was heißt, dass ein Naturphänomen entsprechend geteilter, gemeinschaftlicher kosmologischer Kategorien – beispielsweise dem *wu xing* (»Fünf Wandlungsphasen« oder »Fünf Bewegungen«) – mit einem anderen in Beziehung gesetzt werden kann. Aber es kann auch politisch sein, etwa in dem Sinne, dass es sich dabei um eine Korrelation zwischen saisonaler Veränderung (als Ausdruck des himmlischen Willens) und der Staatspolitik handelt – so sollte man es beispielsweise unterlassen, Kriminelle im Frühling hinzurichten. Und zu guter Letzt kann das relationale Denken auch subtil und poetisch sein, etwa wenn es heißt, dass das Herz fähig sei, die subtilen Resonanzen zwischen Naturphänomenen zu erspüren, um so das *Dao* zu erreichen – etwas, das besonders innerhalb der Xin-Schule des Neokonfuzianismus gilt.

Zweitens vermeide ich es, von isolierten Konzepten auszugehen, als handelte es sich bei ihnen um statische Kategorien – eine Methode, die von vielen Sinologen praktiziert wird, mir jedoch einigermaßen problematisch erscheint, da sie zugleich unbewusst eine Art des kulturellen Essenzialismus statuiert. Konzepte können niemals unabhängig voneinander existieren: Ein Konzept existiert in Relation zu anderen Konzepten; überdies werden Konzepte im Laufe der Zeit entweder für sich oder in Hinsicht auf ein größeres System an Konzepten transformiert. Dies gilt speziell für das chinesische Denken, das, wie wir bereits angemerkt haben, im Wesentlichen einem relationalen Denken entspricht. Anstatt daher zwei Konzepte miteinander zu vergleichen, versuche ich, eine systematische Sichtweise einzunehmen und die Möglichkeit zu erschließen, eine *Genealogie* beider Konzepte innerhalb des Systems zu verorten. Wie wir noch sehen werden, müssen wir, sobald wir uns auf die Relation von *Dao* und *Qi* konzentrieren, sowohl ihre geschichtliche Trennung als auch ihre Wiedervereinigung als jene Abstammungslinie betrachten, mithilfe derer es uns gelingen kann, eine Philosophie der Technologie in China zu entwerfen. Ich hoffe, dass der Fall China als ein Beispiel dienen kann, um diese Differenz zu veranschaulichen, und infolgedessen zu einem Pluralismus der Technizität beiträgt.

Drittens möchte ich diese Arbeit von postkolonialer Kritik distanzieren. Das soll keineswegs bedeuten, postkoloniale Theorie finde darin keine Berücksichtigung, sondern vielmehr, dass ich eine Ergänzung liefern möchte, die das, was die postkoloniale Theorie tendenziell als gegenstandslos erachtet, aufwiegt. Die Stärke der postkolonialen Theorie liegt meines Erachtens darin, die Frage der Machtdynamik als Erzählungen effektiv neu zu formulieren und sich folgerichtig für andere oder abweichende Narrationen starkzumachen. Dies ließe sich zugleich jedoch als eine ihrer Schwächen verstehen, zumal dies unter anderem zur Folge hat, dass die Technikfrage unberücksichtigt bleibt – eine Frage, die sich meiner Meinung nach nicht auf die Problematik von Narrativen reduzieren lässt. Es wäre sogar geradezu bedenklich, eine derartige Reduktion durchzuführen, da dies die Anerkennung materieller Bedingungen erforderlich machen würde, ohne sich der materiellen Bedeutung ebendieser Bedingungen bewusst zu sein – so wie *Qi* etwa während der sozialen und politischen Reform in China nach der Qing-Dynastie (siehe §14) als für *Dao* unwesentlich erachtet wurde. Dementsprechend weicht der hier gewählte Ansatz von dem der postkolonialen Kritik ab, um sich einer materialistischen Kritik anzunähern. Dieser Materialismus soll jedoch keinen Gegensatz zu Geist und Materie darstellen; vielmehr zielt er darauf ab, die materielle Praxis und die materielle Konstruktion in den Vordergrund zu rücken, um zu einem kosmologischen und historischen Verständnis der Relation zwischen Tradition und Moderne, Lokalem und Globalem, Orient und Okzident zu gelangen.

Teil 1: Auf der Suche nach dem technologischen Denken Chinas

§7. *Dao* und Kosmos: Das Prinzip der Moral

Die Chinesen hatten der Technikfrage bereits während der ionischen Periode (770–221 v. Chr.) einen klassischen Text gewidmet, in dem wir nicht nur auf Merkmale verschiedener Techniken – Wagen- und Hausbau und dergleichen –, sondern auch auf den ersten theoretischen Technikdiskurs stoßen. In dem fraglichen Klassiker, dem *Kao Gong Ji* (考工記, Aufzeichnung der Techniken, 770–476 v. Chr.), lesen wir:

> Versehen mit dem vom Himmel bestimmten zeitlichen Ablauf, der von der Erde bereitgestellten Energie [氣, *ch'i*] und mit Materialien von guter Qualität sowie geschickten Techniken [*techniques*], kann mithilfe der Synthese der vier etwas Gutes hervorgebracht werden. [天有時, 地有氣, 材有美, 工有巧。合此四者, 然後可以為良]

Diesem Text zufolge gibt es also vier Elemente, die gemeinsam die Produktion bestimmen. Die ersten drei sind von Natur aus gegeben und daher nicht kontrollierbar. Das vierte Element, die Techniken, ist steuerbar – zugleich aber auch durch die anderen drei Elemente – Zeitplanung, Energie und Material – *bedingt*. Der Mensch stellt das letzte dieser Elemente dar, und seine Daseinsform ist situativ. Überdies sind die Techniken nicht disponibel; es handelt sich bei ihnen um etwas, das gelernt und weiterentwickelt werden muss.

Gleichermaßen verfügen selbstverständlich auch die Aristoteliker über ihre vier Ursachen: Formursache, Materialursache, Wirkursache und Zweckursache. Für sie beginnt die Herstellung mit der Gestalt (*morphē*) und endet mit der Verwirklichung dieser in der Materie (*hylē*). Das chinesische Denken aber hat sich gewissermaßen bereits über die Formfrage hinweggesetzt, um sich bei der Frage der »Energie« (*ch'i*, was im wörtlichen Sinne »Gas« bedeutet) einzufinden; und Technik ist dabei weniger der entscheidende Faktor, sondern dient vielmehr der Förderung von *ch'i*. In dieser energetischen Anschauung der Welt ist alles Seiende in einer kosmischen Ordnung miteinander verbunden, die mittels eines allen gemeinsamen Bewusstseins kommuniziert; und Technik bezieht sich auf die Fähigkeit, etwas »geschickt« zusammenzuführen, das mit dieser kosmischen Ordnung resoniert – was, wie wir sehen werden, letztlich eine *moralische Ordnung* darstellt.

In »Die Frage nach der Technik« bekräftigte Heidegger von Neuem Aristoteles' vier Ursachen und verknüpfte die Wirkursache [*causa efficiens*] mit der Möglichkeit der Entbergung. Technik, in Heideggers Auffassung der vier Ursachen, ist demnach an sich schon *Poiesis* [ποίησις] (sowohl als Produktion bzw. Hervorbringung wie auch als Poesie). Dieses Technikkonzept mag dem chinesischen allem Anschein nach ähneln, und dennoch besteht ein wesentlicher Unterschied: Anders als die chinesische Auffassung von Technik als Verwirklichung des »moralischen Wohls« des Kosmos, enthüllt Heideggers Interpretation der aristotelischen Technik die »Wahrheit« (*alítheia* [αλήθεια]), die Unverborgenheit von Sein. Bei dem, was Heidegger unter Wahrheit versteht, handelt es sich selbstverständlich nicht um eine logische Wahrheit, sondern vielmehr um eine Entbergung der Beziehungen zwischen dem *Dasein* und seiner Welt – eine Beziehung, die in der Wahrnehmung der vorhandenen Welt meist ignoriert wird. Trotz alledem kennzeichnen moralisches Streben und das Streben nach Wahrheit voneinander abweichende Tendenzen der chinesischen und der griechisch-deutschen Philosophie. Denn sowohl Griechenland als auch China verfügten über eigene Kosmologien, die wiederum ihrerseits Einfluss auf die kosmotechnischen Dispositionen der jeweiligen Länder nahmen. Wie schon der Philosoph Mou Zongsan (牟宗三, 1909–1995) insistierte, handelte es sich bei der chinesischen Kosmologie um eine moralische Ontologie und moralische Kosmologie, was bedeutet, dass sie ihren Ursprung nicht in einer Naturphilosophie, sondern in einer Moralmetaphysik hat, wie es bereits im (乾・文言) des *Yijing* heißt:

> Denn ein großer Mann umfaßt mit Himmel und Erde seine [Moral], umfaßt mit Sonne und Mond seine Helligkeit, umfaßt mit den vier Jahreszeiten seine Rangfolge, umfaßt mit Göttern und Geistern sein Glück und Unglück.[89]

Was innerhalb der konfuzianischen Kosmologie mit »Moral« gemeint ist, hat nichts mit heteronomen moralischen Gesetzen zu tun, sondern bezieht sich auf die Schöpfung (genau das ist auch die Bedeutung von *Qian*) sowie auf die Vervollkommnung der Persönlichkeit. Aus diesem Grund unterscheidet Mou die chinesische Moralmetaphysik von einer Metaphysik der Moral, da Letztere lediglich eine metaphysische Auslegung darstellt, derweil für Mou Metaphysik überhaupt erst auf Basis der Moral möglich ist.

Im Vergleich zur vorsokratischen und klassisch griechischen Philosophie schloss in China während des gleichen geschichtlichen Zeitraums weder die Seinsfrage noch die Frage nach *technē* die zentrale Fragestellung der Philosophie mit ein. Was den konfuzianischen und daoistischen Lehren gemeinsam war, war weniger »Sein« als vielmehr die Frage von »Leben« im Sinne eines moralischen und guten Lebens. Wie François Jullien in seiner *Philosophie des Lebens* zu zeigen bemüht war, führte diese Absicht in China zu einer völlig anderen philosophischen Mentalität.[90] Zwar lässt sich nicht bestreiten, dass es im alten China auch bestimmte Naturphilosophien gab, insbesondere im Daoismus und seiner darüber hinausgehenden »technischen« Weiterführung innerhalb der Alchemie. Doch erging sich diese Philosophie der Natur nicht in Spekulationen über die grundlegenden materiellen Elemente der Welt, wie es bei Thales, Anaximander, Empedokles und anderen der Fall war, sondern befasste sich mit einer organischen oder synthetischen Form des Lebens – organisch in dem Sinne, dass sie einer wechselseitigen Kausalität unterliegt, in der das Universum als eine Totalität von Relationen verstanden wird.[91] Im Konfuzianismus wird *Dao* als Kohärenz zwischen den kosmologischen und moralischen Ordnungen identifiziert; diese Kohärenz wird *ziran* (自然, »von selbst so«) genannt, was häufig mit »Natur« übersetzt wird. Im modernen Chinesisch verweist der Begriff auf die Umwelt, auf wilde Tiere, Pflanzen, Flüsse usw., die bereits gegeben sind; gleichzeitig aber bedeutet er auch, sich gemäß dem Selbst zu verhalten und zu handeln, ohne Prätention, oder die Dinge so sein zu lassen, wie sie sind. Dieses Selbst jedoch ist keine Tabula rasa, sondern geht aus einer bestimmten kosmischen Ordnung, dem *Dao*, hervor und wird von diesem genährt und beschränkt. Im Daoismus hingegen war »*Ziran* ist das Gesetz von *Dao* (道法自然)« sowohl Slogan als auch Prinzip einer Philosophie der Natur.[92] Diese beiden Konzepte des *Dao* im Konfuzianismus und Daoismus haben eine interessante Beziehung zueinander, da sie einerseits, den konventionellen Lesarten zufolge, scheinbar miteinander in Konflikt stehen: Der Daoismus (in den Texten Laotses (–531 v. Chr.) und Zhuangzis (370–287 v. Chr.)) ist jeglicher auferlegten Ordnung gegenüber überaus kritisch, wohingegen der Konfuzianismus versucht, verschiedene Formen der Ordnung anzuerkennen; andererseits scheinen sie sich gegenseitig zu ergänzen, als würde der eine nach dem »Was« und der andere nach dem »Wie« fragen. Wie ich im Folgenden darlegen werde, verkörpern indes beide das, was ich eine »moralische Kosmotechnik« nenne: ein relationales Denken des Kosmos und des Menschen, bei dem die Relation zwischen den beiden mittels technischen Seienden vermittelt wird. Dementsprechend beabsichtige ich nicht, diese Relationen zwischen *Dao* und Seiendem als eine Naturphilosophie zu deuten, als vielmehr sie als eine mögliche Philosophie der Technologie sowohl innerhalb des Konfuzianismus wie auch innerhalb des Daoismus zu verstehen. Entsprechend dieser parallelen Lesart steht das *Dao* in der chinesischen Philosophie daher für die höhere Seinsordnung; und Techniken müssen mit dem *Dao* vereinbar sein, um dessen höchsten Standard zu erreichen. Demgemäß wird dieser höchste Standard als die Vereinigung von *Dao* und *Qi* (道器合一) ausgedrückt. Wie wir bereits in der Einleitung angemerkt haben, bedeutet *Qi* im modernen Sinne »Werkzeug«, »Gerät« oder allgemeiner »technisches Objekt«. Frühe Daoisten wie Laotse und Zhuangzi glaubten, dass die »zehntausend Wesen« (*wan wu*, 萬物) aus dem *Dao* hervorgehen würden; Laotse schreibt,

> Einheit schuf Zweiheit, Zweiheit schuf Dreiheit, Dreiheit schuf die zehntausend Wesen. [道生一，一生二，二生三，三生萬物][93]

Dao ist folglich in Tausenden von Wesen als *de* (德, »Tugend«) präsent, und in solcherart Formen ist es nicht vom Seienden getrennt; es ist ihm immanent. Die herkömmliche Übersetzung von *de* als »Tugend« ist allerdings diskutabel, da *de* im *Daodejing* (beziehungsweise in anderen Schriften Laotses) nicht die Konnotation von Tugend oder moralischer Perfektion besitzt, sondern eher die ursprüngliche Harmonie der produktiven Kraft des Kosmos bezeichnet.[94] *Dao* ist, wie Zhuangzi sagt, überall und in jedem Lebewesen präsent, da das, was das Seiende erschafft, nicht getrennt von diesem Seienden ist (物物者與物無際). Zhuangzi zufolge nimmt die Präsenz des *Dao* im Sein die Gestalt von *ch'i* an (氣: wie bereits erwähnt, bedeutet das Wort wörtlich »Gas«, wird aber häufig auch mit »Energie« übersetzt).[95] Diese Beziehung zwischen *Dao* und Sein, beziehungsweise zwischen *Dao* und *ch'i*, wurde von dem Gelehrten der Wei-Jin-Dynastien Wang Bi (王弼, 226–249) zum Ausdruck gebracht, dessen Laotse-Kommentar jahrhundertelang und im Vorfeld der Entdeckung früherer Versionen als Grundlage für das Studium des Daoismus diente.[96] Wang Bi leitete vier analoge Paare ab, von denen jedes als in einer ähnlichen Relation stehend erachtet wird: (1) *Dao-Qi* (道器); (2) Nichts-Sein (無有); (3) Zentrum-Peripherie (本末) und (4) Körper-Instrument (體用).[97] Die Einheit jeden Paares verleiht der holistischen Sicht der chinesischen Philosophie eine konkrete Gestalt. In dieser Hinsicht herrschte ein Konsens: Obwohl ein Unterschied bestehe, beispielsweise zwischen *Dao* und *Qi*, könnten sie nicht wie zwei Entitäten voneinander getrennt werden.

Im Abschnitt »Wissen streift durch den Norden« verlautbart Zhuangzi, ähnlich wie Spinoza, dass das *Dao* allgegenwärtig sei:

> Meister Ostweiler befragte den Dschuang Dsï und sprach:
> »Was man das Dao nennt, wo ist es zu finden?«
> Dschuang Dsï sprach: »Es ist allgegenwärtig.«
> Meister Ostweiler sprach: »Du musst es näher bestimmen.«
> Dschuang Dsï sprach: »Es ist in dieser Ameise.«
> Jener sprach: »Und wo noch tiefer?«
> Dschuang Dsï sprach: »Es ist in diesem Unkraut.«
> Jener sprach: »Gib mir ein noch geringeres Beispiel!«

Er sprach: »Es ist in diesem tönernen Ziegel.«
Jener sprach: »Und wo noch niedriger?«
Er sprach: »Es ist in diesem Kothaufen.«
Meister Ostweiler schwieg stille.[98]

Daraus ließe sich leicht der Schluss ziehen, diese Konzeption des *Dao* umfasse auch eine Philosophie der Natur. Ferner dass diese Naturphilosophie, auch wenn es möglicherweise ein überraschender Anachronismus zu sein scheint, weniger Affinität zu dem aufweise, was wir über die ionische Philosophie wissen, als zu dem, was später bei Kant, Schelling und anderen Frühromantikern sichtbar wurde – nämlich ihrem organischen Formdenken. Im §65 seiner *Kritik der Urteilskraft* stieß Kant eine neuerliche Untersuchung der Frage der organischen Form an, die von der mechanischen Unterwerfung unter apriorische Kategorien abweicht; im Gegensatz zu Letzterer besteht diejenige Kants auf der Teil-Ganzes-Relation des Seienden sowie auf den wechselseitigen Beziehungen zwischen Teil und Ganzem. Kant wurde aufgrund seiner Recherchen über die Naturwissenschaften seiner Zeit auf diese Fragestellung aufmerksam, und das Konzept der organischen Form wurde schließlich von den Frühromantikern weiter ausgearbeitet. Innerhalb des daoistischen Denkens aber war diese Vorstellung des Lebens, der Natur und des Kosmos als organischem Wesen schon von Anfang an vorhanden, für das sie als Prinzip jeden Lebewesens dient.

Hinzu kommt, dass *Dao* weder ein besonderes Objekt noch das Prinzip einer spezifischen Objektgattung ist; es ist allem Seienden inhärent, entzieht sich zugleich jedoch jedweder Objektivation. *Dao* ist *das Unbedingte*, das den idealistischen Projekten des 19. Jahrhunderts zu eigen war, die sich darum bemühten, das absolute Fundament des Systems zu entdecken, das heißt einen *Grundsatz*, der vollkommen selbstständig ist. Für Fichte handelte es sich dabei um das Ich, das die Möglichkeit eines solchen Unbedingten darstellt; in Schellings früher Naturphilosophie verlagerte es sich vom Ich (als er noch ein Anhänger Fichtes war, von 1794 bis 1797) zur Natur (1799, im *Ersten Entwurf eines Systems der Naturphilosophie*). Im *Ersten Entwurf* greift Schelling Spinozas Unterscheidung zwischen *natura naturans* und *natura naturata* auf, wobei er Erstgenannte als endlose Produktivkraft der

Natur und Letztere als deren Produkt betrachtet. *Natura naturata* entsteht, sobald die Produktivkraft durch ein Hindernis beeinträchtigt wird, ebenso wie sich auch ein Wirbel bildet, wenn der Strom auf einen Widerstand trifft.[99] Dementsprechend ist das Unendliche dem endlichen Seienden wie die von Platon im *Timaios* beschriebene Weltseele eingeschrieben, die durch eine Kreisbewegung gekennzeichnet ist.[100] Eine weitere Fortführung der Philosophie des Organismus lässt sich schließlich in Whiteheads Schriften entdecken, die im China des frühen 20. Jahrhunderts großen Anklang fanden.[101] Auf diese Weise betrachtet, entspricht das *Dao* dem Unbedingten, das die bedingte Vollkommenheit alles Seienden, einschließlich der technischen Objekte, begründet. Gewiss muss das *Dao*, wie Dongguo Zi vermutete, in den allerhöchsten Formen oder Objekten der Welt gegeben sein; wie wir aber gesehen haben, zertrümmerte Zhuangzi dessen vermessene Illusionen, indem er *Dao* gleichzeitig in den niedrigsten und selbst in den verpöntesten Objekten des menschlichen Lebens verortete: Ameisen, Unkraut, tönernen Ziegeln und zuletzt Exkrementen. Das Streben nach dem *Dao* steht mit dem im Einklang, was Konfuzius »das Prinzip des Himmels« (天理) nennt; eine Formulierung, die auch Zhuangzi gebrauchte. In diesem konkreten Fall treffen sich das Natürliche und das Moralische, und die beiden Lehren nähern sich an diesem Punkt an: Leben bedeutet, eine subtile und teilhabende Beziehung zum *Dao* aufrechtzuerhalten, auch ohne sich dessen vollkommen bewusst zu sein.

§8. Technē als Gewalt

Wie diese überraschende Gegenüberstellung mit dem deutschen Idealismus veranschaulicht, weichen trotz gewisser Gemeinsamkeiten über die beiden Kulturen hinweg die Konzepte von Natur und Technik als auch ihre Beziehung zueinander im frühen griechischen und im chinesischen Denken stark voneinander ab. Das griechische Wort *physis* verweist auf das »Wachsen«, auf das »Hervorbringen«,[102] auf »den Prozess der natürlichen Entwicklung«;[103] die römische Übersetzung konnotiert zusätzlich die »Geburt«;[104] demgegenüber ruft *ziran* nicht zwangsläufig diese Produktivitätskonnotation hervor – sondern lässt sich auch auf Verfall und Stillstand anwenden. Für die alten Griechen imitiert Technik die Natur und vervollkommnet sie zugleich.[105] *Technē* vermittelt zwischen *physis* und *tychē* (Zufall oder Fügung). Diese Idee, dass Technik die Natur möglicherweise ergänzt und »perfektioniert«, könnte im chinesischen Denken unmöglich entstehen, da für sie Technik stets der kosmologischen Ordnung untergeordnet ist: Teil der Natur zu sein, heißt, moralisch gut zu sein, da sie eine kosmologische Ordnung voraussetzt, die zugleich einer moralischen Ordnung entspricht. Ferner gibt es für Chinesen zwar mit Sicherheit den Zufall, doch handelt es sich dabei weder um das Gegenteil von Technik, noch lässt er sich mittels der Technik bewältigen: Denn der Zufall ist ein Teil von *ziran*, und folglich kann man sich ihm weder widersetzen noch seiner Herr werden. Auch bedarf es keiner Gewalt, um die Wahrheit zu entbergen, wie Heidegger über die klassische griechische Konzeption behauptete; der Wahrheit kann nur durch Harmonie konkrete Form gegeben werden, nicht aber lässt sie sich, wie es bei *technē* der Fall ist, durch äußere Mittel aufspüren.[106]

Heidegger charakterisiert solch notwendige Gewalt als die metaphysische Bedeutung von *technē* sowie von der griechischen Auffassung des Menschen als technisches Seiendes. Bereits 1935, in der Vorlesung *Einführung in die Metaphysik*, entwickelt Heidegger eine Interpretation von Sophokles' *Antigone*, die zugleich darum bemüht ist, den Gegensatz zwischen der Philosophie Parmenides' und Heraklits, einem Denker des Seins gegenüber einem Denker des Werdens, zu beseitigen.[107] Was jedoch an Heideggers Lesart in *Einführung in die Metaphysik* auffällt, ist, wie Rudolf Boehm deutlich gemacht hat,[108] dass *technē* darin den Ursprung des Denkens bildet. Dies steht im Widerspruch zur konventionellen Deutung von Heideggers Werk, derzufolge die Frage nach dem Sein einen Ausweg aus der Geschichte der Metaphysik darstellt, bestimmt durch die Geschichte der Technik, die mit Platon und Aristoteles einsetzte. In seiner *Einführung in die Metaphysik* weist Heidegger zudem darauf hin, dass in der ersten zitierten Strophe der *Antigone* der Mensch *τὸ δεινότατον* [*to deinotaton*] ist, das Unheimlichste des Unheimlichen: »Vielfältig ist das Unheimliche, nichts doch über den Mensch hinaus Unheimlicheres ragend sich regt« (το δεινον [*to deinon*] wird von Hölderlin mit *Ungeheuer* übersetzt; Heideggers Auslegung fasst die drei Worte in eins: *Unheimlich, Unheimisch* und *Ungeheuer*).[109] Für die alten Griechen durchmisst δεινον die gegensätzlichen Aus-einander-setzungen des Seins. Die Spannung zwischen Sein und Werden ist hierbei das maßgebliche Element. Laut Heidegger wird das Unheimliche in zweierlei Hinsicht gebraucht: Zum einen wird es hinsichtlich der *Gewalttätigkeit* gesagt, jenen Akt der Gewalt (die *Gewalt-tätigkeit*), in dem das Wesen des Menschen als *technē* beruht: Menschen sind Dasein, das die Grenzen überschreitet; indem es das tut, erkennt sich das Dasein des Menschen als nicht länger heimisch, es wird *unheimlich.*[110] Bei dieser mit *technē* assoziierten Gewalt handelt es sich weder um Kunst noch um Technik im modernen Sinne, sondern um Wissen – eine Form des Wissens, die das Sein im Seienden in Gang setzen kann.[111] Zum anderen wird von δεινον bei überwältigenden Kräften wie jenen des Meeres und der Erde gesprochen. Dieses Überwältigende offenbart sich in dem Wort *dikē* [*δίκη*],[112] das normalerweise mit »Gerechtigkeit« übersetzt wird. Heidegger übersetzt es mit »Fug«, da *iustitia*, das lateinische Wort für Gerechtigkeit, »einen ganz anderen Wesensgrund als die *δίκη [hat], die aus der* ἀλήθεια west«:[113]

> Wir übersetzen es [δίκη] mit Fug. Wir verstehen hier Fug zuerst im Sinne von Fuge und Gefüge; sodann Fug als Fügung, als die Weisung, die das Überwältigende seinem Walten gibt; schließlich Fug als das fügende Gefüge, das Einfügung und Sichfügen erzwingt.[114]

Das Spiel mit dem Wort Fuge und dessen Ableitungen – *Gefüge, Fügung, fügende Gefüge, Verfügung, Einfügung, sich fügen* – geht in der englischen Übersetzung gänzlich verloren. Diese Kognaten verdeutlichen, dass für Heidegger *δίκη* – für gewöhnlich als »Gerechtigkeit« im juristischen und moralischen Sinne übersetzt – zuerst eine Fuge, eine Struktur, meint, und erst im Anschluss ein Arrangement, das auf etwas hin ausgerichtet ist – wer aber richtet es aus? *Glückliche Fügung* wird im Englischen oftmals mit »fortunate coincidence« übersetzt, und doch handelt es sich dabei nicht um ein vollkommen kontingentes Ereignis, sondern um eines, das aus äußeren Kräften hervorgeht.

Und schließlich meint es eine nötigende Kraft, der sich der Genötigte unterwerfen muss, um Teil der Struktur zu sein. Es ist genau dieser Punkt, an dem sich der *Gegensatz zwischen technē* und *dikē*, der »Gewalttat« des griechischen Daseins und der »Übergewalt des Seins«, beobachten lässt.[115] »Gewalttaten« wie Sprache, Hausbau, Segeln etc. sollten, wie Heidegger betont, nicht anthropologisch, sondern mythologisch verstanden werden:

> Die Gewalttätigkeit des dichterischen Sagens, des denkerischen Entwurfs, des bauenden Bildens, des staatschaffenden Handelns ist nicht eine Betätigung von Vermögen, die der Mensch hat, sondern ist eine Bändigung und Fügung der Gewalten, kraft deren das Seiende sich als ein solches erschließt, indem der Mensch in dieses einrückt.[116]

In dieser Konfrontation liegt für Heidegger der Versuch, sich das laut den Vorsokratikern entzogene Sein zu erschließen. Es handelt sich um eine notwendige Konfrontation, da das »Da-sein des geschichtlichen Menschen heißt: Gesetzt-sein als die Bresche, in die die Übergewalt des Seins erscheinend hereinbricht, damit diese Bresche selbst am Sein zerbricht.«[117] In diesem *Theater der Gewalt* ergibt sich der Angriff des Menschens auf das Sein aus einer Dringlichkeit, die durch das Sein, durch das, was die *physis* verwaltet, bedingt. Diese *Auseinandersetzung* zwischen *technē* und *dikē* lässt sich Heidegger zufolge als Parmenides' »Seiendes im Ganzen« verstehen, dem sowohl »Denken« als auch »Sein« angehören; zugleich entspricht es aber auch voll und ganz den Lehren Heraklits, laut denen »im Blick aber zu behalten, not ist, die Aus-einander-setzung wesend als zusammenbringend und Fug als Gegenwendiges …«[118] Diese Konfrontation ist eine Erschließung des Seins als *physis*, *logos* und *dikē* und setzt das Sein im Seienden ins Werk; folgerichtig schließt Heidegger daraus, »[*a*]*ls Geschichte* bestätigt sich werkhaft das Überwältigende, das Sein«.[119]

Für die alten Griechen besaßen, wie Vernant betont, weder *dikē* noch *nōmos* [νόμος] eine absolut systematische Konnotation. In *Antigone* beispielsweise ist das, was Antigone *nōmos* nennt, nicht gleichbedeutend mit dem, was Kreon unter diesem Begriff versteht.[120] Die in der *Einführung in die Metaphysik* angeführte Übersetzung von *dikē* als *Fug* wird 1946 in *Der Spruch des Anaximanders* wieder aufgegriffen. Darin spricht sich Heidegger gegen die von Nietzsche und dem Altphilologen Hermann Diels nahegelegte Übersetzung von *dikē* als *Buße* oder *Strafe* aus und schlägt stattdessen einmal mehr vor, *dikē* als *Fug*, die *fugend-fügende Fug*, und *adikia* [*ἀδικία* als *Un-Fug* zu übersetzen. Nietzsches Übersetzung lautet folgendermaßen: »Woher die Dinge ihre Entstehung haben, dahin müssen sie auch zu Grunde gehen, nach der Notwendigkeit; denn sie müssen Buße zahlen und für ihre Ungerechtigkeiten gerichtet werden, gemäß der Ordnung der Zeit.«[121] Heideggers Neuinterpretation von Anaximanders Fragment ist ein Versuch, die an einen Abgrund gelangte Geschichte des Seins wiederzugewinnen. Wie Lesern Heideggers bekannt sein dürfte, konstituiert der ontologische Unterschied zwischen Sein und Seiendem sowie ihre Dynamik eine Geschichte der abendländischen Metaphysik, in der die Seinsvergessenheit und das Anwesen, die Präsenz des Seienden im Ganzen zu dem führen, was er die »Eschatologie des Seins« nennt.[122] Seiende als bloße Anwesenheit sind im Un-Fug, sind aus der Fuge; daher wandelt Heidegger Nietzsches Übersetzung des zweiten Teils des Fragments zu »gehören lassen sie Fug [διδόναι … δικην] somit auch Ruch eines dem anderen (im Verwinden) des Un-Fugs« ab.[123] Heidegger verknüpft das Wort *Ruch* (dessen ursprünglicher Sinn sich nicht länger ermitteln lässt) mit der Ordnung, dem Fug, *dikē*. Er erwähnt auch das mittelhochdeutsche Wort *rouche*, das Sorgfalt und Sorge bedeutet, ohne weiter darauf einzugehen.[124] Der Un-Fug wird verwunden, um Ordnungen ins Leben zu rufen – zugunsten des Anwesens des Anwesenden. Es handelt sich um den Versuch, die Erfahrung des Seins als Entbergung eines solchen überwältigenden Fugs wiederzuerlangen, anstatt sie als bloß anwesende Seiende zu bestimmen. Der Punkt, auf den wir an dieser Stelle Nachdruck legen möchten, liegt in der Notwendigkeit, die *dikē* des Seins durch die Gewalt der *technē* zu entbergen. Der Heidegger von 1946 sprach nicht länger wie noch im Jahr 1936 über die Gewalt der Technik, sondern gebrauchte ein viel gemäßigteres Wort, *verwinden*, und wandte sich am Rätsel des Seins dem »Dichten« zu. Dieses Dichten aber stellte keine Abkehr von der Technik dar, sondern bestand vielmehr darin, zur Technik als *poiesis* zurückzukehren.

Was Heideggers Analyse allmählich also nahezulegen scheint, ist, dass die griechische Relation zur Technik aus einer Kosmologie hervorgeht und dass das Wissen um die Technik einer Reaktion auf den Kosmos entspricht, einem Versuch, sich zu fügen, nach Fug oder womöglich nach Harmonie zu streben.[125] Was aber kennzeichnet diesen Fug? Insbesondere eine parallele Lektüre von Heideggers Lesart des Anaximander als Philosoph des Seins und Vernants Interpretation von Anaximander als sozialpolitischem Denker offenbart etwas Bezeichnendes hinsichtlich der Rolle, welche die griechische »kosmotechnische« Relation zur Geometrie hier spielt. Denn wenn wir uns auf die altgriechische Moraltheorie beziehen, steht im geometrischen Sinn das Gesetz (*nōmos*) in engem Verhältnis zur *dikē*. *Dikē* bedeutet, dass etwas in die göttliche Ordnung eingefügt werden kann, was auf eine geometrische Projektion hindeutet:

> Die *nomoi*, die Gesamtheit der von den Gesetzgebern eingeführten Regeln, werden als menschliche Lösungen dargestellt, mit denen bestimmte Wirkungen erreicht werden sollen: soziales Einvernehmen, Gleichheit der Bürger. Gültig sind diese *nomoi* allerdings nur, wenn sie sich nach einem Modell geometrischer Ausgewogenheit und Harmonie richten, das einen mehr als menschlichen Aspekt besitzt und einen Aspekt der göttlichen *Dikē* darstellt.[126]

Was Vernant an dieser Stelle aufzeigt, ist eine Korrelation von Kosmologie und Sozialphilosophie in Anaximanders Denken. Für Anaximander ist die Erde unbeweglich (im Gegensatz zu jener Kosmologie, die Hesiod in der *Theogonie* skizziert, in der die Erde als schwebend betrachtet wird), da sie sich in der Mitte (*meson* [μέσον]) befindet und durch andere Kräfte im Gleichgewicht gehalten wird. Das Konzept des *apeiron* [ἄπειρον], des Unbegrenzten, stellt Anaximander zufolge kein Element dar, wie es für Thales noch mit Wasser der Fall war; andernfalls würde es schließlich alle anderen Elemente überwältigen oder zerstören.[127] Vernant liefert uns an dieser Stelle seine Interpretation von *to kratos* [το κράτος]: Obwohl *kratein* [κρατεῖν] prinzipiell ein Gefühl der Dominanz vermittelt, kennzeichnet es in Anaximanders Kosmologie zugleich ein unterstützendes und ausgleichendes Element. Das Sein als Ganzes, als eins, ist das Mächtigste; und der einzig mögliche Weg, egalitäre Beziehungen zwischen unterschiedlichen Wesen zu gewährleisten, besteht darin, ihnen *dikē* aufzuerlegen:

> So ist die Regierung des Unbegrenzten [*aperion*] nicht mit einer *monarchía* vergleichbar wie etwa die, die Zeus bei Hesiod oder die das Wasser und die Luft bei denjenigen Philosophen ausüben, die einem dieser Elemente die Macht zuschreiben, über das ganze Universum zu herrschen (*krateín*). Das Unbegrenzte [*aperion*] herrscht vielmehr souverän wie ein allgemeines Gesetz, das allen Einzelnen ein und dieselbe *díke* auferlegt, das jede Macht in ihre Schranken verweist [...].[128]

Diese Relation drückt sich beispielsweise in der altgriechischen Stadtentwicklung aus, wo die *agora* [ἀγορά] mit einer kreisförmigen Kontur das Herzstück der Stadt bildet – bedenken wir, dass der Kreis die perfekteste geometrische Form darstellt. Die *agora*, die wie die Erde in der Mitte (*meson*) liegt, ruft ein geometrisches Imaginäres der Macht hervor: eine Macht, die keinem Einzelwesen, etwa Zeus, beizumessen ist, sondern allen. Hippodamus, ein Architekt, der ein Jahrhundert nach Anaximander lebte, baute das zerstörte Milet entsprechend einem Plan wieder auf, der darauf abzielte, den urbanen Raum wie ein Schachbrett, das »sich ganz auf den zentralen Platz der agorá hin ausrichtet«,[129] zu rationalisieren.

Diese Synthese von Heideggers Verständnis der ursprünglichen Bedeutung von Technik in Relation zur *dikē* und Vernants Untersuchung der Beziehung zwischen Gesellschaftsstruktur und Geometrie weist auf die Tatsache hin, dass Geometrie sowohl für die Technik als auch für die Gerechtigkeit grundlegend war – und wir sollten nicht vergessen, dass die Geometrie in der Schule Thales' als die wesentliche Lehre galt. Charles H. Kahn erinnert uns zudem daran, dass sowohl für Anaximander als auch für Pythagoras »die Ideen der Geometrie in ein viel größeres Bild des Menschen und des Kosmos eingebettet sind«.[130] Dieser Fug ist nicht an sich gegeben; er wird allein in der Konfrontation, in der Auseinandersetzung zwischen der Überwältigung des Seins und der Gewalt von *technē* entborgen. Wäre es also angebracht, Heideggers Rückkehr zur ursprünglichen *technē* als eine Suche nach dem Geist der altgriechischen Kosmotechnik zu betrachten?[131]

§9. Harmonie und Himmel

Demgegenüber stoßen wir in Abwesenheit dieser Konzeption vom »Unheimlichsten des Unheimlichen« des Menschen, der Gewalt der *technē* und der Übergewalt des Seins im chinesischen Denken auf Harmonie – doch könnten wir ebenso gut sagen, dass dieser Fug für die Chinesen in einer anderen Art der Beziehung zwischen den Menschen und anderen kosmologischen Wesen liegt, einer Beziehung, die weniger auf Krieg (*polemos* [πόλεμος]) und Streit oder Zank (*eris* [ἔρις]) denn auf *Resonanz* beruht. Worin aber besteht die Eigenart einer solchen Resonanz? Im *Buch der Lieder* [詩經, *Shījīng*] (zusammengestellt zwischen dem 11. und dem 7. Jahrhundert v. Chr.) finden wir beispielsweise bereits eine kurze Beschreibung der Relation zwischen der Sonnenfinsternis und dem Fehlverhalten des Königs You von Zhou (周幽王, 781–771 v. Chr.).[132] Ebenso gibt es im *Zouzhuan* [左傳] (400 v. Chr.), einem Kommentar zur klassischen chinesischen Chronik *Frühlings- und Herbstannalen* [春秋], eine Schilderung der Relation zwischen der Sonnenfinsternis und dem Tod des Königs.[133] Im *Huainanzi* [淮南子] (125 v. Chr), einem Buch, von dem es heißt, es sei von Liu An, dem König von Huainan, geschrieben worden, und das versucht, die gesellschaftspolitische Ordnung zu definieren, stoßen wir auf viele Beispiele, die sich auf die Relation zwischen dem *Dao* der Natur (wie es sich im Himmel ausdrückt) und dem Menschen stützen. Wie verschiedene Autoren ausgeführt haben, wurde der Himmel im alten China sowohl als anthropomorpher Himmel als auch als der Himmel der Natur verstanden. In den konfuzianischen und daoistischen Lehren handelt es sich beim Himmel um keine Gottheit; vielmehr ist es ein moralisches Wesen. Die Sterne, Winde und andere Naturphänomene sind Anzeichen der Beweggründe des Himmels, der Objektivität und Universalität verkörpert; und menschliche Aktivitäten haben diesen Prinzipien zu entsprechen.

Wie wir sehen werden, flektiert dieses Naturverständnis auch das zeitliche Denken. Granet und Jullien weisen beide darauf hin, dass man in China den Zeitausdruck nicht als linear oder mechanisch, sondern saisonal, im durch den Wandel des Himmels angezeigten Sinne, verstehen sollte. Im folgenden Beispiel aus dem Kapitel des *Huainanzi* mit dem Titel »Himmlische Zeichen« [天文志] liefern die verschiedenen Winde im Laufe des Jahres Hinweise auf die unterschiedlichen politischen, sozialen und intellektuellen Aktivitäten, einschließlich Opfergabe und die Hinrichtung von Kriminellen:

> Was sind die acht Winde?
> Fünfundvierzig Tage nach dem Eintreten der Wintersonnenwende stellt sich der Reguläre (Nordost-)Wind ein.
> Fünfundvierzig Tage nach dem Eintreten des Regulären Windes stellt sich der Strahlend Opulente (Ost-)Wind ein.
> Fünfundvierzig Tage nach dem Eintreten des Strahlend Opulenten Windes stellt sich der Wolkenlos Strahlende (Südost-)Wind ein.
> Fünfundvierzig Tage nach dem Eintreten des Wolkenlos Strahlenden Windes stellt sich der Sonnige (Süd-)Wind ein.
> Fünfundvierzig Tage nach dem Eintreten des Sonnigen Windes stellt sich der Kühlende (Südwest-)Wind ein.
> Fünfundvierzig Tage nach dem Kühlenden Wind stellt sich der Changhe-(West-)Wind ein.
> Fünfundvierzig Tage nach dem Changhe-Wind stellt sich der Buzhou-(Nordwest-)Wind ein.
> Fünfundvierzig Tage nach dem Buzhou-Wind stellt sich der Weitgehend Aufwendige (Nord-)Wind ein.
> Wenn der Reguläre Wind eintritt, entlasse jene, die kleinerer Vergehen wegen inhaftiert sind, und schicke jene (ausländischen Eindringlinge) fort, die festgenommen waren.
> Wenn der Strahlend Opulente Wind eintritt, berichtige die Grenzen der Lehensgüter und setze die Felder instand.
> Wenn der Wolkenlos Strahlende Wind eintritt, verteile Geschenke aus Seidentuch und schicke Botschafter zu den Herren des Landes.
> Wenn der Sonnige Wind eintritt, erweise den Männern von Rang Ehre und belohne die Verdienstvollen.
> Wenn der Kühlende Wind eintritt, lege Zeugnis ab über die Wirkmächtigkeit der Erde und bringe Opfer in den vier Außenbezirken.

> Wenn der Changhe-Wind eintritt, verwahre die suspendierten (Glocken) und die hängenden (Schornsteine); *guqin* und *se* (Saiteninstrumente) (müssen) unbesaitet (sein).
> Wenn der Buzhou-Wind eintritt, setze die Paläste und Wohnstätten instand und bessere die Deiche und Wände nach.
> Wenn der Weitgehend Aufwendige Wind eintritt, verschließe die Tore und Brücken und vollstrecke die Strafen.[134]

Was hinter dem ganzen Diskurs des *Huainanzi* steht, wie er etwa in den Kapiteln »Jahreszeitliche Regeln« [时则训] oder »Untersuchung der verborgenen Dinge« [覽冥訓] sicherlich deutlicher wird, ist die Vorstellung einer Resonanz zwischen Mensch und Himmel, die real und nicht ideell oder rein subjektiv ist und bei der es um mehr geht als um eine Frage der Zeichen oder Omen. Diese Resonanz lässt sich am Besten mithilfe der beiden Musikinstrumente *guqin* und *se* veranschaulichen, die miteinander eine Harmonie hervorbringen. Für die Konfuzianer ist die Resonanz zwischen Mensch und Himmel nicht rein subjektiv, sondern so gegenständlich und konkret wie die Resonanz dieser beiden Musikinstrumente.

Im Han-Konfuzianismus wurde das Konzept der Resonanz zwischen Himmel und Mensch weiter ausgearbeitet, wo es schließlich als Legitimation der Autorität und der konfuzianischen Lehren diente. Zu jener Zeit, die das *Huainanzi* behandelt, erfuhren laut Historikern sowohl Daoismus als auch Konfuzianismus einen Rückgang und wurden von bestimmten abergläubischen Formen des Denkens kontaminiert[135] – abergläubisch in dem Sinne, dass diese Schulen auf übersinnliche, mysteriöse Kräfte vertrauten, die mitunter unvereinbar mit den konfuzianischen Lehren waren, etwa die Huang-Lao-Schule (黄老) – ein Kombinat aus Daoismus und der Yin-Yang-Schule, das auf der Schwelle stand, zur Sekte zu werden. Es war in diesem Zusammenhang, dass Dong Zhongshu (董仲舒, 179–104 v. Chr.), der bedeutendste Konfuzianer der Han-Dynastie, das Konzept der »Resonanz zwischen Himmel und Mensch [天人感應]« in Anspruch nahm.[136] Dongs Beitrag ist ein Quell des Disputs, da er einerseits den Konfuzianismus zur wichtigsten Doktrin des politischen Denkens und sogar der chinesischen Kultur machte, was tiefgreifende Auswirkungen haben sollte; andererseits haben ihn viele Historiker dafür kritisiert, das abergläubische Denken von *Yin-Yang* und *wu xing* in den Konfuzianismus eingeführt und infolgedessen den Konfuzianismus von einem Diskurs über die menschliche Natur oder *Xin Xing* (心性) zu einem Diskurs über den gesetzmäßigen Himmel umgestaltet zu haben, was dem Kaiser effektiv die Autorität verlieh, seinen politischen Willen durchzusetzen.[137] Nichtsdestotrotz ähnelt Dongs Ansatz, die Beziehung zwischen Himmel und moralischer Ordnung zu verstehen, jenem im *Huainanzi*. *Yin* und *Yang* werden in Hinsicht auf den moralischen Nutzen und die Strafe verstanden, in Übereinstimmung mit Sommer und Winter. Auch wenn sich die meisten Historiker darüber einig sind, dass Dongs Interpretation nicht authentisch konfuzianisch sei, und einräumen, dass seine Theorie im Dienste des Feudalismus stand, ist es von großer Bedeutung, anzuerkennen, dass diese von ihm ausgemalte Relation von Mensch und Himmel nicht aus dem Nichts hervorgegangen ist; sie wird bereits in den frühen Klassikern wie dem *Zhuangzi* und *Laozi* (besser bekannt unter dem Namen *Daodejing*) angedeutet, worin sie durch eine moralisch-kosmologische Naturauffassung autorisiert wird – nämlich der Vereinigung von Mensch und Himmel (天人合一). Dieser Punkt lässt sich besser verstehen, wenn wir uns Dongs Vorschläge an den Kaiser vor Augen führen:

> Wenn der Kaiser etwas erreichen will, ist es ratsam, den Himmel zu befragen. Die Weise des Himmels gründet auf dem *Yin-Yang*. *Yang* ist die Tugend [*de*], *Yin* ist die Strafe. Die Strafe entspricht der Tötung, die Tugend entspricht der Rechtschaffenheit [*yi*]. Daher verweilt *Yang* im Sommer und beschäftigt sich mit dem Wachstum; *Yin* verweilt im Winter und sammelt sich in der Leere […].

Im Gegensatz also zu den frühen griechischen Denkern, die versuchten, die Frage nach *dikē* mithilfe der von Heidegger beschriebenen Auseinandersetzung zwischen Mensch und Himmel zu begreifen, und anders als die griechischen Herrscher, die versuchten, *dikē* anzuordnen, um die Maßlosigkeit des Menschen zu überwinden – einen Geist, den wir in den altgriechischen Tragödien antreffen –, scheinen die alten Chinesen den Kosmos mit einer tiefgründigen Moralität ausgestattet zu haben, die sich in einer Harmonie ausdrückt, der das politische und gesellschaftliche Leben zu folgen haben und der der Kaiser als Mittler zwischen dem Himmel und seinem Volk dient: Er muss seine Tugend kultivieren, indem er die Klassiker studiert und sich seiner konstant selbst besinnt (durch die Resonanz mit anderen), um die Dinge in die gebührende, sowohl dem Himmel als auch seinem Volk dienliche Ordnung zu bringen:[138]

> Ich hörte, der Himmel sei der Ursprung aller Lebewesen […], darum folgen die Weisen dem Himmel, um den Weg [*Dao*] zu eröffnen, daher besitzen sie Liebe für alle und beziehen keinen Standpunkt aus ihrem eigenen Interesse […]. Der Frühling entspricht dem lebhaften Augenblick des Himmels, wenn der Kaiser seine Tugend [*de*] kultiviert; der Winter entspricht dem zerstörerischen Augenblick des Himmels, wenn der Kaiser seine Strafen vollstreckt. Demzufolge entspricht die Resonanz zwischen Himmel und Mensch dem Weg [*Dao*], seit alters her bis in die Gegenwart.[139]

Der kosmologische Konfuzianismus verlor gegen Ende der Han-Dynastie (206 v. Chr–220 n. Chr.) aus unterschiedlichen Gründen an Bedeutung, von denen Naturkatastrophen die signifikantesten darstellten. Schließlich hieße eine Äquivalenz zwischen kosmologischer und moralischer Ordnung eben auch, dass eine kosmologische Unordnung unmittelbar eine moralische Unordnung nach sich ziehe, und während dieser Zeit ereigneten sich zahlreiche Naturkatastrophen. Schlimmer noch, es war eine Phase, in der überaus häufig Sonnenflecke auftraten. All dies hatte zur Folge, dass der kosmologische Konfuzianismus infrage gestellt und seine Glaubwürdigkeit ruiniert wurde. Wie die Historiker Jin Guantao und Liu Chingfeng aufgezeigt haben, führte das Scheitern des kosmologischen Konfuzianismus zur ersatzweisen Übernahme von Laotses und Zhuangzis Denkweise hinsichtlich der Natur und der Freiheit, die Wert auf das »Nicht-Handeln«, »Nicht-Eingreifen« legt.[140] Dies ist als *wei jin xuan xue* (魏晋玄學) bekannt, wobei es sich bei *xuan xue*, wörtlich »rätselhaftes Lernen«, um einen Begriff handelt, der eine Form des Denkens beschreibt, das irgendwo zwischen Metaphysik im westlichen Sinne und Aberglaube liegt. Aus diesem Grund befanden schließlich einige Philosophiehistoriker das während dieser Zeit entstandene Denken für oberflächlich; später (§16.1) werden wir sehen, wie der Begriff *Xuan Xue* eingesetzt wurde, um chinesische Intellektuelle, die sich das Denken Henri Bergsons und Rudolf Euckens zu eigen gemacht hatten, zu diskreditieren. An dieser Stelle möchten wir jedoch betonen, dass, obwohl der kosmologische Konfuzianismus letztlich an Bedeutung verlor, die Tragweite der Relation zwischen Himmel und Moralität erhalten geblieben ist. Denn wie etwa der französische Physiokrat François Quesnay in seinem Essay *Le Despotisme de la Chine* von 1767 anmerkte, flehte im Jahr 1725 der chinesische Kaiser nach einer Naturkatastrophe den Himmel an, dass es seine Schuld und nicht die des Volkes gewesen sei; da es schließlich seine Tugend sei, die sich als »unzureichend« herausgestellt habe, sollte er derjenige sein, der bestraft werde.[141] Und in der Tat ist diese Form der Staatsführung noch heute präsent, wie die Tränen und Reden des Generalsekretärs oder des Ministerpräsidenten beim Besuch von Natur- oder Industriekatastrophenorten bezeugen – zum Beispiel beim Erdbeben in Sichuan 2008, als der Premierminister Wen Jiabao den Schauplatz besuchte und seine Tränen im Fokus der medialen Aufmerksamkeit standen.

Ungeachtet der heftigen Kritik an Dongs Einverleibung von daoistischen und *Yin-Yang*-Elementen in den Konfuzianismus, die als Korruption der »reinen« konfuzianischen Lehren betrachtet wurden, wurde die Einheit zwischen Kosmos und Moral in der Geschichte der chinesischen Philosophie weiterhin bejaht. Diese Korrelation von natürlichen Phänomenen und dem Verhalten des Kaisers oder dem Aufstieg und Fall des Kaiserreichs mag uns abergläubisch erscheinen, jedoch lohnt es sich, zu betonen, dass die zugrundeliegende Gesinnung, die auch lange nach Dong noch fortbesteht, weit über jene bloße Korrelation hinausgeht, die man vermuten würde – beispielsweise zeigt sie sich auch in der Kartierung der Anzahl an Sonnenfinsternissen und Katastrophen im Kaiserreich. Die Gleichsetzung von Moral und kosmischer Ordnung zieht ihre Legitimation nicht allein aus der Exaktheit einer solchen Korrelation, sondern vielmehr aus dem Glauben, es bestehe eine Einheit zwischen dem Himmel und dem Menschen, welche als eine Art Autoaffektion verstanden werden kann.[142] Sie impliziert eine Untrennbarkeit von Kosmos und Moral innerhalb der chinesischen Philosophie. An diesem Punkt erscheint es aufschlussreich, sich Mou Zongsans Kritik an Dong zu widmen. In seinen 中國哲學十九講 [*Neunzehn Vorlesungen über die chinesische Philosophie*] prangerte Mou Dongs Denken als kosmozentristisch an, insofern für Dong der Kosmos der Moral vorausgehe und der Kosmos dementsprechend zur Erklärung der Moral verkomme.[143] Mous Kritik ist zweifellos berechtigt; doch wäre es in irgendeiner Weise logischer, die Moral dem Kosmos voranzustellen? Moral kann erst etabliert werden, sobald der Mensch bereits in-der-Welt ist, und in-der-Welt-sein gewinnt nur in Anwesenheit einer Kosmologie oder von himmlischen Prinzipien seine tiefreichende Bedeutung – andernfalls würde es sich dabei lediglich um so etwas wie die von Jakob von Uexküll beschriebene Tier-*Umwelt*-Relation handeln. Wenige Seiten später bekräftigt schließlich auch Mou, dass im *Buch von Maß und Mitte* (中庸) und im *Yizhuan* (易傳) die »kosmische Ordnung der moralischen Ordnung entspricht«.[144] In Mous Deutung der gesamten neokonfuzianischen Tradition steht demnach die Einheit der kosmischen und moralischen Ordnung stets im Zentrum, und das, obwohl für Mou, wie wir noch sehen werden (§18), aufgrund seiner Affinität zum Werk Kants *xin* (»Herz«) als der absolute Anfang gesetzt wird. Worum es uns vorerst jedoch geht, ist zu zeigen, dass die Einheit zwischen Kosmos und Moral charakteristisch für die altchinesische Philosophie ist und dass sie im zur Zeit der späten Tang-Dynastie entstehenden Neokonfuzianismus weiterentwickelt wurde.

§10. *Dao* und *Qi*: Tugend wider Freiheit

Im chinesischen Denken ist das *Dao* jeglichem technischen und instrumentellen Denken überlegen, und sein Ziel besteht mitunter darin, die Begrenzungen technischer Objekte zu überschreiten – das heißt, sie vom *Dao* leiten zu lassen. Im Gegensatz dazu scheinen die alten Griechen ein eher instrumentelles Verständnis von *technē* als Mittel zum Zweck besessen zu haben, zumindest war dies bei den Aristotelikern der Fall. Der Fall Platon wiederum erscheint komplexer. Ob *technē* in den Dialogen Platons eine Rolle im moralischen und ethischen Leben spielt, ist nach wie vor Gegenstand der Debatte unter Altphilologen. Es wird angenommen, dass sich *technē* von der indoeuropäischen Wurzel *tek* ableitet, was so viel bedeutet wie »das Zusammenfügen der Holzarbeiten […] eines Hauses«.[145] Für die Vorsokratiker kommt diese Wurzel der Bedeutung von *technē* am nächsten, und wie Heinimann sagt, hat »[j]ede Techne […] ihre ganz bestimmte Aufgabe und Leistung«.[146] Jörg Kube merkt an, dass bei Homer das Wort *technē* einzig in Verbindung mit dem Gott Hephaistos oder dem Zimmerhandwerk Verwendung findet, sonst jedoch mit keiner anderen Arbeit, was vermutlich daran liegt, dass andere Praktiken wie Medizin, Wahrsagerei und Musizieren erst noch eigenständige Berufe werden mussten.[147] Bei Platon lässt sich eine signifikante Modifizierung des Wortsinns beobachten, der nun in einen engen Zusammenhang mit einem anderen Wort, *aretē* [ἀρετή], gestellt wird, was im Allgemeinen »Vortrefflichkeit« und »Tugend« im Besonderen bedeutet.[148] Vernant stellt fest, dass das Wort *aretē* bereits zu Solons Zeiten (640–558 v. Chr.) einen Wandel durchlaufen habe, bei dem seine Beziehung zum Krieger im aristokratischen Milieu auf eine andere, im religiösen Milieu angesiedelte Vorstellung der Selbstkontrolle übertragen worden sei: korrektes Verhalten, das aus einer langen und strengen *askesis* resultiert und darauf abzielt, *koros* (Sattheit), *hybris* (Hochmut) und *pleonexia* (Habsucht), den drei Torheiten, zu widerstehen. Der »menschliche Kosmos« (die *Polis*) ist als harmonische Einheit konzipiert, in der die *aretē* der *sōphrosynē* (Besonnenheit, Mäßigung) entspricht und *dikē* einem allgemeinen Gesetz.[149] Wie Vernant sagt, steigen »[m]it Solon […] *Dikē* und *Sōphrosynē* vom Himmel herab und lassen sich auf Erden, auf der Agora, nieder.«[150] Die Tugend-*technē* stellt eine der zentralen Untersuchungen in Platons Suche nach einer *technē* aller *technai*, die sich lernen und lehren lässt, und nach *dikē* als der höchsten aller Tugenden dar.[151] Jede *technē* ist, wie Antiphon behauptet, ein Behelf zur Überwindung von in Herstellungsprozessen auftretenden Zufallsereignissen (*tychē*) und Fehlern: »Wir unterwerfen durch *technē* die Dinge, die uns durch *physis* bezwingen«.[152] Dieses Motiv wird in Platons Dialogen mehrfach wiederholt. Insbesondere in *Protagoras* ist Sokrates voller Bewunderung für Prometheus und stimmt mit dem titelgebenden Helden in der Notwendigkeit von Messwerten (*metrētikē technē*) zur Beschränkung des Hedonismus sowie der Beseitigung von *tychē* überein.[153] In *Gorgias* stimmt Sokrates Polos' Behauptung zu, »Erfahrung bewirk[e], dass unser Leben nach Maßgabe von Kunstfertigkeit [*technē*] geführt [werde], Mangel an Erfahrung bewirk[e], dass es von Zufall [*tychē*] bestimmt« sei.[154] Die Beziehung zwischen Kosmos (Ordnung) und Geometrie wird in den späteren Passagen des *Gorgias* noch deutlicher, wenn Sokrates Kallikles erzählt, dass laut den Weisen, welche die Geometrie zu ihrem Untersuchungsgegenstand gemacht hatten,

> Himmel und Erde und Götter und Menschen die Gemeinschaft zusammenhält und Freundschaft und Ordnung, Besonnenheit und Gerechtigkeit. Und dieses Ganze nenne sie deshalb »Weltordnung« [Kosmos] [...]. [Dir aber ist] entgangen, dass die geometrische Gleichheit bei Göttern und Menschen große Bedeutung hat; du aber meinst, dass man sich darum kümmern müsse, immer mehr zu haben. Denn um Geometrie kümmerst du dich nicht.[155]

Auch im *Timaios* ist das Ganze, das heißt das Universum, »nach dem durch Nachdenken [λόγῳ, *logō*] und Vernunft [φρονήσει, *phronísei*] zu Erfassenden und stets sich Gleichbleibenden auferbaut [δεδημιούργηται, *dedēmiourgētai*]«,[156] was sich vor allem daraus ergibt, dass das, wonach Platon permanent strebt, einer *technē* der Gerechtigkeit (*dikē*, *dikaiosynē*), einem Grund, der für das Selbst und für die Gemeinschaft angemessen ist, entstpricht; eine *technē*, bei der es sich in dieser Hinsicht nicht bloß um eine bestimmte Technik [*technique*] unter anderen handelt, sondern um die Technik [*technics*] aller *technai*.

Für die alten Griechen impliziert *technē* daher eine *poiētikē*, die ein ordnungsgemäßes, ein gutes Ende bewirkt. In Platons *Phaidros* stoßen wir schließlich auf eine Unterscheidung von *technai* und *technēmata*, wobei Letzteres schlicht und einfach »Techniken« [*techniques*] bedeutet: Ein Arzt, der jemanden heilen kann, beispielsweise indem er die Körpertemperatur senkt oder hebt, habe die *technē* zwar gemeistert, doch wenn er nicht weiß, bei wem und in welchen Fällen dieses Mittel anzuwenden sei, habe er »nichts von der Kunst [*technē*]« verstanden.[157]

Technē, die auf das Gute abziele, sei nicht unmittelbar gegeben, da sie weder eine angeborene noch eine von einer göttlichen Kraft verliehene Gabe (wie die Dichtung) sei. Sie ist vielmehr etwas, das gemeistert werden müsse. Insbesondere im zweiten Buch von *Der Staat* (374d–e) berichtet uns Sokrates, dass

> kein […] Werkzeug den, der es bloß in die Hand nimmt, zum Handwerker (*dēmiourgos*) oder Athleten macht und es für den überhaupt keinen Nutzen hat, der nicht die Kenntnis eines jeden erfaßt und nicht genügend Übung darin erworben hat […]. Je wichtiger also das Amt [*ergon*] der Wächter ist, desto […] größere Kunstfertigkeit [*technē*] und Sorgfalt erfordert es.[158]

Da sie für die Interpretation von Platon und Aristoteles bedeutsam ist und somit zugleich auch ein umfassendes Verständnis der von der griechischen Philosophie überlieferten technischen Frage vermittelt, bedarf es noch ein paar mehr Worte über die Beziehung zwischen *technē* und *aretē*, deren Verhältnis ein wichtiger Streitpunkt unter Altphilologen bleibt. Ohne hier in diese Debatte einsteigen zu wollen, möchte ich lediglich einen kurzen Überblick darüber liefern. Dazu könnte es sogar durchaus interessanter sein, mit der folgenden Frage zu beginnen: Was ist *nicht technē*? Vernant differenziert die *technē* von der *Praxis*, eine Unterscheidung, die wohl der Logik der Herausforderung Kritias' folgt, die dieser Sokrates stellt, wenn er behauptet, dass die *technē* als *poiesis* stets ein Produkt, ein Werk (*ergon*), bewirke, wohingegen die *Praxis*, das *Tun*, ihren Zweck in sich selbst besitze.[159] Dies erscheint zwar mehr als fragwürdig; allerdings deutet es auch die Komplexität von Platons *technē*-Konzept an. So verfügen zum Beispiel die Sophisten über *technē*, jedoch handelt es sich nicht um eine *technē* der Produktion (*poiētikē*), sondern um eine *technē* der Akquisition (*ktētikē*).[160] Das andere, was gegenläufig zur *technē* steht, ist *emperia* (εμπειρία), die Empirie, die häufig mit »Erfahrung« umschrieben wird, zumal sie angeblich Illusionen und Fehlern unterliegt. Und auch die Dichtkunst entspricht keiner *technē*, wenn auch auf eine andere Weise: Bei einem begabten Dichter handelt es sich nicht um den eigentlichen Verfasser, sondern um einen Kanal für eine göttliche Kraft (*thēia moira*).[161] Somit lässt sich, wie Nussbaum gezeigt hat, erkennen, dass ein gemeinsamer Sachverhalt bei der Unterscheidung von *technai* und Nicht-Technik in dem Ziel der *technē* besteht, *tychē* zu überwinden und – wie der Demiurg im *Timaios* – der Garant der Ordnung, des Gleichmaßes zu werden. In welchem Verhältnis steht dies nun aber zur Tugend? Der Einfachheit halber möchte ich die Relation zwischen *technē* und *aretē* folgendermaßen zusammenfassen:

Technē als Analogie der aretē: In verschiedenen Dialogen versucht Sokrates, Analogien zwischen *technē* und *aretē* herzustellen: Tapferkeit im *Laches*, Besonnenheit im *Charmides*, Frömmigkeit im *Euthyphron*, Gerechtigkeit in *Der Staat*, Weisheit im *Euthydemos*.[162] Im *Charmides* aber stellt Kritias Sokrates dafür infrage, die Besonnenheit (*sōphrosynē*) mit anderen *technai* wie Heilkunde oder Baukunst zu vergleichen, schließlich bewirke die Besonnenheit, gleich der Rechenkunst und Geometrie, kein Produkt, kein Werk (*ergon*), wohingegen die Heilkunde auf Gesundheit und die Baukunst auf Wohnungen abziele.[163]

Aretē als Ziel der technē: Dieser Punkt ist nicht umgehend ersichtlich, denn obwohl Sokrates die Medizin bei vielen Gelegenheiten als Beispiel für *technē* heranzieht, wird *technē* in anderen Fällen wiederum als neutral (weder zwangsläufig gut noch schlecht) erachtet. Eine Passage im *Gorgias* scheint diesen Sachverhalt jedoch auf verblüffende Weise zum Ausdruck zu bringen: Auf Polos' Frage hin antwortet Sokrates, dass die Kochkunst keine Kunstfertigkeit [*technē*] sei, sondern lediglich in der Erfahrung bestehe, Gefälligkeit und Lust zu erzeugen.[164] Der Grund, der dafür angegeben wird, lautet, dass das Kochen einer Fälschung oder »Schmeichelei« der Medizin entspreche, »weil es auf das Angenehme abziel[e], ohne das Beste«, »die Gesundheit im Körper«, im Auge zu haben.[165]

Aretē als technē: David Roochnik behauptet, diese Relation zeige sich in der mittleren Phase von Platons Schriften, beispielsweise in den Büchern II bis X von *Der Staat*,[166] wo Gerechtigkeit als eine philosophische *technē*, eine Ermessung der Proportionen, verstanden wird, wie sie auch zu Beginn des *Timaios* ins Feld geführt wird oder im Mythos, wo Zeus, angesichts der Unvollständigkeit der von Prometheus an den Menschen herangetragenen *technai*, dem Menschen Respekt (*aidôs*) und Gerechtigkeit (*dikē*) als *politikē technē* übermittelt.[167]

Diese *technē-aretē*-Relation fällt in Aristoteles' Klassifizierung des Wissens im Buch VI seiner *Nikomachischen Ethik* in sich zusammen. Unterschied man, wie einige Philologen argumentiert haben, zu Platons Zeiten noch nicht systematisch oder allgemein zwischen *epistēmē* und *technē* – schließlich bringe *technē* nicht zwangsläufig ein *ergon* hervor, weshalb die *epistēmē* in manchen Fällen als eine Form von *technē* verstanden werden könne[168] –, wird in Aristoteles' *Nikomachischer Ethik* *technē* streng von der sich auf das Wissen um das Unveränderliche beziehenden *epistēmē* geschieden; ebenso von der *Phronesis*, der praktischen Klugheit, und zwar aus einem vertrauten Grund, auf den wir bereits zuvor gestoßen sind: *technē* bewirkt, anders als die *Praxis*, ein Werk, ein Produkt. Aristoteles bekräftigt diese Differenzierung: »Hervorbringen [*poiēton*] und Handeln [*praktikon*] sind zwei verschiedene Tätigkeiten [...]. Daher ist auch keines im anderen mit enthalten«.[169] *Technē*, in diesem Zusammenhang oft mit »Kunst« übersetzt, stellt somit hier eine Form der Produktion dar, in der etwas entgegen allen anderen Möglichkeiten, sprich gegen den Zufall, bewerkstelligt wird. Aristoteles führt Agathons Äußerung an, wonach »Kunst [...] den Zufall [liebt]; dieser wieder liebt die Kunst.«[170] An dieser Stelle sei darauf hingewiesen, dass *technē* – ungeachtet, ob es sich um einen Prozess des Hervorbringens oder um eine Form der Praxis handelt – als eine Zusicherung, als ein Mittel zur Vortrefflichkeit und Tugend betrachtet wird, wie das Wort *aretē* bereits signalisiert. Der zweihundert Seiten umfassende Kommentar, den Heidegger dem Buch VI der *Nikomachischen Ethik* in seiner unter dem Titel *Platon. Sophistes* veröffentlichten Vorlesung von 1924/25 widmet, wirbelt diese ehrbare Klassifikation allerdings durcheinander. Die *technē*, versichert er im Anschluss an Platon, sei kein »Herstellen« oder »Verfertigen«, sondern ein »Sehen«, ein »Erfassen des Wesens« der fraglichen oder künftigen Dinge. Wie Heidegger sagt, hat

> [d]erjenige also, der über die ἐμπειρία verfügt, [...] hinsichtlich des Erfolgs meist den Vorzug vor dem, der nur über den λόγος verfügt. Ja, dieser versagt oftmals sogar in der Ausführung. Und dennoch, trotz dieses Mangels bzw. Versagens, wird der τέχνη bzw. dem τεχνίτης ein Vorzug zugesprochen: daß er nämlich σοφώτερος sei. Die σοφία geht hier also nicht auf das Mehr an Fertigkeit – die auf dem Probieren beruht –, sondern auf das Mehr des aufdeckenden Sehens dessen, worauf sich das Verrichten bezieht. Das μάλλον geht in die Richtung des Mehr an hinsehendem Verstehen, des Mehr an eigenständigem, lediglich aufdeckendem Betrachten.[171]

Des Weiteren weist Heidegger darauf hin, dass Aristoteles' in den gleichen Passagen des sechsten Buches *sophia (σοφία) als Vortrefflichkeit (aretē)* der *technē* bezeichnet[172] und Philosophie somit nichts weiter als das Streben nach dieser Vortrefflichkeit darstellt. Hierbei wird Aristoteles' Klassifizierung nicht strikt nachvollzogen – stattdessen kommt Heidegger wieder auf die *technē* Platons zu sprechen. An diesem Punkt vermengt Heidegger Platons und Aristoteles' Ansichten miteinander, doch einzig, um darauf hinzuweisen, dass *technē* – ungeachtet, ob es sich um einen Prozess des Hervorbringens oder um eine Form der *Praxis* handelt – als eine Zusicherung, als ein Mittel zur Vortrefflichkeit und Tugend betrachtet wird, wie das Wort *aretē* bereits signalisiert.

Nach diesem kurzen Überblick über das Konzept von *technē* bei Platon und Aristoteles müssen wir uns nun Heideggers Lesart ihrer Metaphysik als *Abfall* und *Fall* zuwenden.[173] Insofern es sich bei den frühen griechischen Gelehrten wie Parmenides, Heraklit und Anaximander um das handelt, was Heidegger anfängliche Denker nannte – in dem Sinne, dass sie eher über den Anfang als über die Gegenwart nachgedacht haben –, und insofern für sie keine eindeutige Unterscheidung zwischen Sein und Seiendem bestand, entdeckt Heidegger bei Platon und Aristoteles eine Passage, die ausgehend von der Prä-Metaphysik in die eigentliche Metaphysik resultiert – eine Passage, welche die Geschichte der Metaphysik als Geschichte der Ontotheologie prägte. Es ist diese von Platon und Aristoteles begonnene und bei Hegel und Nietzsche zu Ende geführte Metaphysik,[174] die letztlich zum

Gestell als dem Wesen der modernen Technologie führt. Der amerikanische Heideggerforscher Michael Zimmerman nennt sie »produktionistische Metaphysik«,[175] da sich eine solche Metaphysik von Anfang an mit der Produktion oder dem Technischen beschäftigt und schließlich bei der »Machenschaft« und dem *Gestell* endet. Ontotheologie bringt zwei Fragen mit sich: Erstens, was ist das Seiende an sich (Ontologie)? Zweitens, was ist das höchste Seiende (Theologie)? Die Idee des Guten (*hētou agathou idea*) bei Platon stellt einen solchen ontotheologischen Anfang dar, schließlich handelt es sich dabei um das, was »intelligible Dinge intelligibel macht« und »dem, was bekannt ist, Wahrheit/Enthüllung [verschafft,] sowie [um das, was] jenem, der weiß, die Fähigkeit zu wissen verleiht«.[176] Es kennzeichnet sie eine Determiniertheit des Wesens (*ousia*), indem sie die vielen dem einen, sprich der Idee, unterordnet; und in diesem Sinne ist »die Idee« auch »das Gute«, da sie schließlich die Ursache von allem ist und entsprechend von Aristoteles *to theion* [τὸ θεῖον], das Göttliche, genannt wird:[177]

> Seit der Auslegung des Seins als *ιδέα* ist das Denken auf das Sein des Seienden metaphysisch, und die Metaphysik ist theologisch. Theologie bedeutet hier die Auslegung der »Ursache« des Seienden als Gott und die Verlegung des Seins in diese Ursache, die das Sein in sich enthält und aus sich entläßt, weil sie das Seiendste des Seienden ist.[178]

Die Ontotheologie entwickelte sich sodann in der neuplatonischen Metaphysik und der christlichen Philosophie weiter und führte schließlich zur Seinsvergessenheit und Seinsverlassenheit – der Epoche des *Bestands*.[179] Diese Geschichte der Ontotheologie und produktionistischen Metaphysik blieb in China offenbar aus, und tatsächlich stoßen wir innerhalb der chinesischen Kosmotechnik auf ein völlig anderes Verhältnis zwischen Technik und Tugend, auf eine andere Form des »Zusammengehörens« oder der »Versammlung« als jene, die Heidegger anstrebte, auf eine, die auf einer organischen, von einem moralischen und kosmologischen Bewusstsein geleiteten Form gründet. Bevor ich aber dieses Konzept näher erläutere, möchte ich noch einmal auf die Relation der beiden grundlegenden Kategorien der chinesischen Philosophie *Qi* und *Dao* zurückkommen. Wie wir bereits gesagt haben, bedeutet *Qi* (器) »Werkzeug«, doch eigentlich gibt es drei verschiedene Wörter mit dieser Bedeutung, zwischen denen im täglichen (insbesondere im modernen) Chinesisch nicht eindeutig unterschieden wird:

Ji (機) – das, was den Auslöser kontrolliert (主發謂之機。从木幾聲。).
Qi (器) – von Hunden bewachte Behälter (皿也。象器之口，犬所以守之。).
Xie (械) – Schäkel, auch *Qi* genannt, was »haltend« bedeutet; man sagt, dass das, was umfasst, *Xie* ist und das, was nicht umfassen kann, *Qi* (桎梏也。从木戒聲。一曰器之總名。一曰持也。一曰有盛爲械，無盛爲器。).

Zwei verschiedene Komposita, 機器 (*Jī Qì*) und 機械 (*Jī Xiè*), verweisen auf Maschinen, und die Wörter sind untereinander austauschbar. Selbst im Wörterbuch klassischer Etymologie (說文解字) besteht in diesem Punkt Unklarheit: Beispielsweise wird uns in dem Eintrag zu *Qi* mitgeteilt, dass es ein Behälter sei; in dem Eintrag zu *Xie* wird *Qi* jedoch als Synonym für *Xie* bezeichnet, dennoch besagt das Wörterbuch auch, dass *Xie* ein Behälter sei. An dem Piktogramm von *Qi* – vier Münder oder Öffnungen mit einem Hund in der Mitte – lässt sich erkennen, dass *Qi* eine virtuelle spatiale Form andeutet, während *Xie*, mit dem Schriftzeichen für Holz (木) auf der linken Seite, auf tatsächliche materielle Werkzeuge verweist und auch in engem Zusammenhang mit Folterinstrumenten steht. *Qi* besitzt das Piktogramm von vier Quadraten, die einen Hund (犬) umschließen, als ob der Hund den Raum überwachen und die Behälter beaufsichtigen würde. Die vier Quadrate können ebenso als das Zeichen für »Mund« (口) erscheinen und stehen somit im Zusammenhang mit dem Leben (Trinken, Essen). *Ji* wiederum ist einfacher zu verstehen, zumal es die unmissverständlichste maschinelle Bedeutung besitzt: die, etwas anderes auszulösen und in Bewegung zu setzen.

Die spatiale Form von *Qi* ist jedoch in dem Sinne technisch, als dass sie Gestalten anordnet. Im *Xici*, einem Kommentar zum *Yijing*, lesen wir, dass »das, was als Gestalt aufsteigt, *Dao* [heißt]. Was als Gestalt niedersinkt, heißt *Qi*.«[180] (»形而上者謂之道，形而下者謂之器«.) Im gleichen Text lesen wir, dass wenn »es sichtbar geworden [war], so nannten sie es ›Bild‹ [Phänomen]. Hatte es Gestalt angenommen, so nannten sie es ›*Qi*‹.«[181] (»如見乃謂之象，如形乃謂之器«.) Es ist wichtig, zu beachten, dass *Xing er Shang* (形而上, »was als Gestalt aufsteigt«) verwendet wird, um das Wort »metaphysisch« zu übersetzen; und *xing er shang xue* (形而上學) bezeichnet dessen Erforschung – Metaphysik. *Dao* ist also das, was Gestalt und Phänomen bzw. Erscheinung verleiht; es ist das, was über ihnen steht, als ein übergeordnetes Seiendes. Dennoch meint *Dao* nicht die »Naturgesetze«, wie sie im Europa des 17. Jahrhunderts aufgefasst wurden; es handelt sich vielmehr um das Unbegreifliche, das noch wissbar sein könnte. Der Kommentator Zheng Xuan (鄭玄, 127–200) sagt in seiner die Schriften Laotses mit dem *Yijing* verknüpfenden Lesart, dass »das Universum in seinem Ursprung über keine Gestalt verfügt. Nun finden wir Gestalten vor, weil Gestalten aus dem Formlosen kommen. Das ist der Grund, weshalb es im *Xici* lautet, ›das, was als Gestalt aufsteigt, [heißt] Dao‹«.[182] Zugleich ist *Qi* ein Behälter, ein Trägerelement, doch nicht nur ein physisches; auch trägt es die Bedeutung der Spezifität und Großzügigkeit. In den Gesprächen des Konfuzius heißt es an einer Stelle »*junzi bu qi* (君子不器)«, wobei *junzi* der idealen Persönlichkeit des Konfuzius entspricht. Dieses Satzglied wird häufig mit »Der Edle lässt sich nicht wie ein Werkzeug behandeln« übersetzt,[183] was bedeutet, dass er sich nicht auf eine spezifische Aufgabe beschränkt; es ließe sich jedoch auch so lesen, dass der Satz besagt, dass die Großzügigkeit des Edlen entfesselt sei. In diesem Sinne wäre *Qi* das gebundene, endliche Seiende, das entsprechend dem unendlichen *Dao* in Erscheinung tritt.

Indem wir uns der Relation zwischen *Dao* und *Qi* widmen, lässt sich eine Philosophie der Technologie in China neu formulieren. Nun hat diese Relation eine subtile Ähnlichkeit mit der oben behandelten *technē-aretē*-Relation – zugleich ist sie insofern sehr verschieden davon, als sie eine andere, einigermaßen andersgeartete Kosmotechnik aufweist, eine Kosmotechnik, die auf der Suche ist nach einer auf dem organischen Austausch zwischen Kosmos und Moral basierenden Harmonie. Das brillante Buch des chinesische Technikphilosophen Li Sanhu, 重申傳統：一種整體論的比較技術哲學研究[184] das, ohne zu übertreiben, als der erste Versuch bezeichnet werden kann, sich um eine genuine Verständigung zwischen dem technologischen Denken in China und im Westen zu bemühen, fordert eine Rückkehr zum Diskurs über *Qi* und *Dao*. Li versucht zu zeigen, dass *Qi* in seinem ursprünglichen (topologischen und spatialen) Sinn eine Öffnung zum *Dao* darstellt. Demgemäß umfasst das chinesische technische Denken eine holistische Sichtweise, in der sich *Qi* und *Dao* wiedervereinigen, um eins zu werden (道器合一); sprich, die beiden grundlegenden philosophischen Kategorien *Dao* und *Qi* sind untrennbar miteinander verbunden: *Dao* benötigt *Qi* als Trägerelement, um in sinnlicher Gestalt manifest zu werden; *Qi* benötigt *Dao*, um vollendet (im Daoismus) oder heilig (im Konfuzianismus) zu werden, da *Dao* die Bestimmung von *Qi* einer Privation unterzieht.

§10.1 Qi und Dao im Daoismus: Pao Dings Messer

Während die Tugendtechnik für Platon grundsätzlich eine Frage des Maßes, eine Vernunftübung bei ihrer Suche nach einer Gestalt ist, die Selbstverwaltung und Regierung der Polis ermöglicht, stellt *Dao* als Technik im *Zhuangzi* das ultimative Wissen bar eines Maßes dar, da es sich dabei um *ziran* handelt. Die Daoisten streben nach *ziran* und sehen *ziran* als das überragendste Wissen an, nämlich jenes von *wu wei* (無為, »Nicht-Handlung«). Dementsprechend lautet das daoistische Prinzip der Regierungsführung *wu wei zhi zhi* (無為之治), was so viel bedeutet wie regieren, *ohne* zu intervenieren. Dabei handelt es sich weder um Pessimismus noch um Passivismus, sondern vielmehr um ein Sein-Lassen der Dinge, das den Dingen Raum zum Wachsen gewährt, und zwar in der Hoffnung, das Seiende möge sich und sein Potenzial voll entfalten – ein wichtiger Punkt in Guo Xiangs (郭象, 252–312) Kommentar des *Zhuangzi*.[185] Anders als Wang Bi, dem Kommentator des *Yijing* und des *Daodejing* während der Wei- und Jin-Dynastie, der glaubte, dass *Wu* (無, »Nichts«) das Fundament des *Dao* sei, und anders als diejenigen im Anschluss an Wang Bi, die glaubten, dass es sich bei der Grundlage um *you* (有, »Sein«, »Es gibt«) handeln sollte, warf Guo Xiang einer solchen Gegenüberstellung Aussichtslosigkeit vor, da das Sein nicht aus dem Nichts kommen und ein

Seiendes nicht jegliches Seiende hervorbringen könne. Stattdessen schlug er vor, das Fundament von *Dao* in Bezug auf *ziran* zu verstehen – dem Prinzip des Kosmos zu folgen, ohne unnötige Intervention.[186]

Um das Wesen der daoistischen Kosmotechnik besser verstehen zu können, wollen wir uns an dieser Stelle der Geschichte des Metzgers Pao Ding widmen, wie sie im *Zhuangzi* erzählt wird. Pao Ding ist unübertrefflich darin, Rinder zu zerlegen, doch liegt ihm zufolge der Schlüssel zum guten Metzgertum nicht in der Beherrschung der Fertigkeit, sondern vielmehr in der Erkenntnis des *Dao*. Auf die Frage des Prinzen Wen Hui hinsichtlich des *Dao* der Rinderschlachtung weist Pao Ding darauf hin, dass es nicht unbedingt ausreiche, ein gutes Messer zu besitzen; wichtiger sei es, das *Dao* in der Kuh zu erfassen, sodass man die Klinge nicht dazu benutze, den Knochen und Sehnen zu trotzen, sondern an ihnen entlanggleite, um in die dazwischenliegenden Spalten vorzudringen. Hier greifen die wörtliche Bedeutung von »*Dao*« – »Weg« oder »Pfad« – und dessen metaphysischer Sinn ineinander:

> Das *Dao* ist's, was dein Diener liebt. Das ist mehr als Geschicklichkeit. Als ich anfing, Rinder zu zerlegen, da sah ich eben nur Rinder vor mir. Nach drei Jahren hatte ich's soweit gebracht, daß ich die Rinder nicht mehr ungeteilt vor mir sah. Heutzutage verlasse ich mich ganz auf den Geist und nicht mehr auf den Augenschein. Der Sinne Wissen hab' ich aufgegeben und handle nur noch nach den Regungen des Geistes. Ich folge den natürlichen Linien nach, dringe ein in die großen Spalten und und fahre den großen Höhlungen entlang. Ich verlasse mich auf die (anatomischen) Gesetze. Geschickt folge ich auch den kleinsten Zwischenräumen zwischen Muskeln und Sehnen, von den großen Gelenken ganz zu schweigen.[187]

Daher, schließt Pao Ding, verlasse sich ein guter Metzger nicht auf die ihm zur Verfügung stehenden technischen Objekte, sondern auf das *Dao*, insbesondere da das *Dao* wesentlicher sei als das *Qi* (»Werkzeug«). Ein guter Metzger, ergänzt Pao Ding, wechsle sein Messer einmal im Jahr, weil er durch Sehnen schneide; ein stümperhafter Metzger wechsle sein Messer alle paar Monate, weil er damit direkt durch die Knochen hacke; Pao Ding hingegen habe sein Messer nun schon seit neunzehn Jahren nicht gewechselt und die Schneide sehe dennoch wie mit dem Wetzstein geschliffen aus. Denn sobald Pao Ding auf Schwierigkeiten stoße, gehe er ganz langsam mit dem Messer weiter und taste sich zur richtigen Stelle vor.

Prinz Wen Hui, der die Frage gestellt hatte, antwortet, dass er »die Worte eines Kochs gehört und [...] die Pflege des Lebens gelernt« habe; und tatsächlich ist diese Geschichte in der Rubrik »Pflege des Lebensprinzips« enthalten. Mehr noch, es ist die Frage nach dem »Leben« und weniger die nach der Technik, die im Zentrum der Geschichte steht. Insofern darin ein Konzept der »Technik« zu entdecken ist, handelt es sich um eines, das losgelöst ist vom technischen Objekt: Obwohl das technische Objekt nicht bedeutungslos ist, lässt sich die Perfektionierung der Technik nicht mithilfe der Perfektionierung eines Werkzeugs oder einer Fertigkeit zu verwirklichen suchen, schließlich kann Perfektion nur durch *Dao* erlangt werden. Wird es getreu einem instrumentellen Anlass verwendet – etwa den Funktionen wie »Hacken« und »Schneiden« –, führt das Messer Aktionen aus, die allein zur unteren Ebene seiner Wesenheit gehören. Wird das Messer allerdings vom *Dao* geführt, wird es durch die »Privation« der ihm von einem Schmied auferlegten funktionalen Bestimmungen perfektioniert. Jedes Werkzeug unterliegt einer technischen und sozialen Bestimmung, die es mit seinen fachbezogenen Funktionen ausstattet – zum Beispiel hat das Küchenmesser mit seiner scharfen Klinge eine technische Bestimmung und eine soziale Bestimmung für den kulinarischen Gebrauch. »Privation« meint hier, dass Pao Ding die gewollt integrierten Eigenschaften des Messers – dass es scharf genug ist, um zu schneiden und zu hacken – nicht ausnutzt, sondern es einer zusätzlichen Nutzung zuführt, um sein Potenzial (scharf zu sein) völlig auszuschöpfen. Pao Dings Messer schneidet nie durch Sehnen, ganz zu schweigen davon, dass es nie an die Knochen stößt: Stattdessen sucht es nach den Höhlungen und dringt mit Leichtigkeit ein; auf diese Weise verrichtet das Messer die Aufgabe, das Rind zu schlachten, ohne sich selbst zu gefährden – das heißt, stumpf zu werden und anschließend ausgetauscht werden zu müssen –, und verwirklicht sich so selbst gänzlich als Messer.

Das Wissen vom Leben besteht demnach aus zwei Teilen: ein allgemeines Lebensprinzip zu verstehen und sich von funktionalen Bestimmungen frei zu machen. Dies könnte als eines der höchsten Prinzipien des chinesischen Technikdenkens betrachtet werden. Jedoch dürfen wir nicht außer Acht lassen, dass *Dao* nicht allein das *Prinzip des Seins* ist, sondern auch die *Freiheit zu sein*. Innerhalb dieser speziellen Auffassung des *Dao* führt das *Dao* die Technik also womöglich nicht zu ihrer Vollendung; tatsächlich könnte es sogar sein, dass das *Dao* infolge der Technik untergraben oder auch pervertiert würde. Diese Sorge finden wir in einer weiteren Geschichte des *Zhuangzi* mit dem Titel »Der Ziehbrunnen«, in der die Figur Zigong[188] (die sich den Namen mit einem Geschäftsmann und einem der berühmtesten Schüler Konfuzius' teilt) auf einen alten Mann trifft, der damit beschäftigt ist, per Hand Wasser aus einem Brunnen in seinen Garten zu transportieren. Als Zigong sieht, wie sich der alte Mann »aufs äußerste ab[müht] und […] doch wenig zustande« bringt, greift er ein:

> »Da gibt es eine Einrichtung, mit der man an einem Tag hundert Gräben bewässern kann. Mit wenig Mühe wird viel erreicht. Möchtet Ihr die nicht anwenden?«
> Der Gärtner richtete sich auf, sah ihn an und sprach: »Und was wäre das?«
> Dsï Gung sprach: »Man nimmt einen hölzernen Hebelarm, der hinten beschwert und vorn leicht ist. Auf diese Weise kann man das Wasser schöpfen, daß es nur so sprudelt. Man nennt es einen Ziehbrunnen.«
> Da stieg dem Alten der Ärger ins Gesicht, und er sagte lachend: »Ich habe meinen Lehrer sagen hören: Wenn einer Maschinen benützt, so betreibt er all seine Geschäfte maschinenmäßig; wer seine Geschäfte maschinenmäßig betreibt, der bekommt ein Maschinenherz [*ji xin*, 機心]. Wenn einer aber ein Maschinenherz in der Brust hat, dem geht die reine Einfalt verloren. Bei wem die reine Einfalt hin ist, der wird ungewiß in den Regungen seines Geistes.

Ungewißheit in den Regungen des Geistes ist etwas, das sich mit dem wahren *Dao* nicht verträgt. Nicht daß ich solche Dinge nicht kennte: ich schäme mich, sie anzuwenden.«

Dsï Gung errötete und wurde verlegen. Er blickte zur Erde und erwiderte nichts.

Es verging eine Weile, dann fing der Gärtner wieder an: »Wer seid Ihr denn eigentlich?«

Dsï Gung sprach: »Ich bin ein Schüler des Kung Dsï [Konfuzius].«[189]

Angesichts dessen, dass es sich hierbei um ein dramatisches Aufeinandertreffen eines Schülers Konfuzius' und eines von Zhuangzi handelt, könnte man dies als Verhöhnung des ersteren Lehrmeisters lesen, der mit seinen politischen Aktivitäten zugange war und also selbst als derjenige angesehen wird, »dem [...] die reine Einfalt verloren« ging. Ferner werden hier Maschinen als Tricks aufgefasst; Geräte, die das Einfältige und Reine verkomplizieren, wodurch eine Form des Lebens verdorben wird. Maschinen bedürfen einer Form des logischen Denkens, die das *Dao* von seiner reinen Form abweichen lässt, was wiederum zu innerer Unruhe führt. *Jin xin* (機心) indes wird mit dem von der Übersetzung empfohlenen »Maschinenherz« nicht optimal wiedergegeben – besser wäre »berechnender Verstand«. Der alte Mann beteuert, über die Existenz dieser Maschinen im Bilde zu sein und dass sie auch seinem Lehrer bekannt seien, dass sie sich aber schämten, sie anzuwenden, und also diese bestimmte Technik [*technique*] ablehnten. Was Zhuangzi mit dieser Geschichte sagen will, ist, dass man es vermeiden sollte, ein derartiges logisches Denken das Leben betreffend zu entwickeln, da man sonst vom Weg abkommt und einhergehend damit die Freiheit verliert; wenn jemand stets im Sinne von Maschinen denkt, werde er eine maschinelle Form des logischen Denkens entwickeln.

Um diesen Abschnitt abschließen zu können, müssen wir noch einräumen, dass es im *Phaidros* zwei Passagen gibt, die diesen beiden Geschichten aus dem *Zhuangzi* durchaus ähneln, gleichzeitig aber auch signifikante Unterschiede dazu aufweisen. Platon erinnert an eine Kunst, die Pao Dings Metzgerfertigkeit ähnlich scheinen mag: Nachdem er zwei Vorträge gegen Lysias' Argument, »man müsse eher einem

Nichtverliebten als einem Verliebten seine Gunst schenken« [227c], gehalten hat,[190] äußert sich Sokrates zur Kunst der Rhetorik. Er erklärt Phaidros, dass es zwei Prinzipien gebe, »deren Kraft sich jemand kunstmäßig aneignen« [265c] könne:

> Das vielfach Zerstreute durch Zusammenschau auf eine Idee zu führen [und diese] wieder nach Begriffen zu zerlegen, nach Gliedern, wie sie gewachsen sind, ohne daß man versucht, nach Art eines schlechten Kochs irgendeinen Teil zu zerbrechen [...].[191]

Sokrates betont an dieser Stelle die Notwendigkeit, Kenntnis über die Natur der Dinge zu erlangen, da auch ein Arzt die Natur des Körpers und ein Rhetoriker die Natur der Seele sondieren müsse. Ein Rhetoriker, der Kenntnis über die Seele habe, sei in der Lage, die Seelen entsprechend ihrer unterschiedlichen Arten durch die Wahl andersgearteter Worte zu leiten. Für Platon müssen Künste wie Rhetorik und Medizin die Natur der Dinge kennen, andernfalls laufen sie Gefahr, bloß »nach Gewohnheit und Übung [...] Kraft [zu] verschaffen«.[192] Zhuangzis Erzählungen hingegen befassen sich mehr mit einer Weise des Lebens; gut zu leben heißt nicht, sich dem »Schwierigen« oder dem »Extrem« auszusetzen, etwa indem man sich die unmögliche Aufgabe zu eigen macht, innerhalb des eigenen endlichen Leben grenzenloses Wissen zu erlangen, sondern zu lernen, unter Beherzigung des *Dao* zu leben, was, wie der Metzger unmissverständlich betont, für ihn mehr darstellt als nur die Kenntnis der Anatomie.

Bei der zweiten Begebenheit innerhalb von Platons Text handelt es sich um die berühmte, von Sokrates erzählte Geschichte des ägyptischen Gottes Theuth, dem Erfinder der Zahl und der Rechnung, der Messkunst, der Sternkunde und der Buchstaben. Theuth kommt zum König von Ägypten, Thamus, und zeigt seine Künste vor. Als jedoch die Reihe an den Buchstaben ist, widerspricht der König Theuth und beanstandet, dass die Buchstaben in Wahrheit den gegenteiligen Effekt bewirkten, den Theuth ihnen zuschreibt: Statt dem Gedächtnis behilflich zu sein, förderten die Buchstaben das Vergessen. Wie Thamus zu Theuth sagt:

> Von der Weisheit aber verleihst du deinen Schülern den Schein, nicht die Wahrheit. Denn wenn sie vieles von dir ohne Unterricht gehört haben, so dünken sie sich auch Vielwisser zu sein, da sie doch größtenteils Nichtwisser sind, und sie sind lästig im Umgang, da sie statt Weise Dünkelweise geworden sind.[193]

Hierbei handelt es sich selbstredend um die Inspiration für Derridas berühmte Erörterung der Pharmakologie,[194] wonach Technik zugleich Gift als auch Heilmittel ist, was Bernard Stiegler als Grundlage für ein politisches Programm aufgegriffen hat.[195] Unsere Aufmerksamkeit aber soll an dieser Stelle dem nuancierten Unterschied zwischen Thamus' Technikkritik und Zhuangzis Warnung gelten. Platon möchte sagen, dass man durch das Vertrauen auf die Schrift viele Dinge erfahren könne, nicht aber notwendigerweise ihre Wahrheit begreifen würde. Beispielsweise kann man ein Buch übers Schwimmen lesen oder sich ein Video darüber ansehen, doch bedeutet dies nicht, dass man deshalb schwimmen kann. Dies ist ein Argument über »Erinnerung« und »Anamnese« als Bedingung der *Wahrheit*: Buchstaben schließen diesen Anamneseprozess lediglich kurz. Demgegenüber stellt Zhuangzis Argument eher eine direkte Ablehnung jeglichen vom *Dao* abweichenden Kalküls dar; mittels dieser Verweigerung versucht Zhuangzi weniger, sich der Realität oder Wahrheit zu versichern, als vielmehr erneut die Freiheit zu bekräftigen.

§10.2 Qi und Dao im Konfuzianismus: Die Erneuerung des Li

Im Daoismus kann die Einheit von *Dao* und *Qi* demnach also anhand von Pao Ding und seinem Messer veranschaulicht werden. Die Perfektionierung des technischen Werkzeugs entspricht zugleich einer Perfektionierung des Lebens und Seins, da es vom *Dao* gelenkt wird. Im Konfuzianismus stoßen wir hingegen auf ein anderes Verständnis von *Qi*, das sich, obwohl beide das gleiche Anliegen hinsichtlich des Kosmos und der Gestalt des Lebens verfolgen, scheinbar von jenem im Daoismus unterscheidet. Das *Qi* nimmt darin oftmals Bezug auf die in Ritualen beziehungsweise *Li* (禮) verwendeten Instrumente. Und tatsächlich entspricht nach Ansicht des Etymologen Duan Yucai

(段玉裁, 1735–1815) die rechte Seite des Zeichens für *Li*, das heißt 豊, *Qi*; des Weiteren stammt nach Angaben eines weiteren Etymologen, Wang Guo Wei (王國維, 1877–1927), der obere Teil von 豊 aus dem Piktogramm für aus Jade hergestellten Instrumenten.[196] In Zeiten der moralischen Korruption und Unordnung bestand Konfuzius' Aufgabe darin, das *Li* wieder zu erneuern. Einer naiven materialistischen Lesart des frühen 20. Jahrhunderts zufolge – naiv in dem Sinne, dass sie auf einem einfachen Gegensatz zwischen dem Geistigen und dem Materiellen beruht – wäre dies einer Restauration des Feudalismus gleichgekommen. Genau aus diesem Grund bezichtigten die chinesischen Marxisten während der Kulturrevolution den Konfuzianismus als Rückschritt und Hindernis für den Kommunismus.

Li (gemeinsam mit *ren* (仁), »Wohlwollen« oder »Menschlichkeit«) stellt eines der Schlüsselkonzepte innerhalb Konfuzius' Lehre dar. Das Konzept von *Li* ist ein zweifaches: Zum einen verfügt es über eine formale Bedeutung, nach der *Li* sowohl die mithilfe der künstlichen Objekte *Li Qi* (禮器) markierten Machthierarchien als auch die Anzahl an Opfern während eines Rituals festlegt. Während der Zhou-Dynastie bezog sich *Li Qi* auf verschiedene *Qi* mit jeweils unterschiedlichen Funktionen: Kochgeräte, Gegenstände aus Jade, Musikinstrumente, Geschirr für Wein, Geschirr für Wasser etc. Die *Qi* aus Jade und Bronze waren Hinweise auf die Identität und den Rang innerhalb der sozialen Hierarchie, einschließlich des Königs und des Adels.[197] *Qi* aber weist auch auf einen Geist oder »Gehalt« hin, der nicht von diesem formalen Aspekt zu trennen ist. Dieser Gehalt entspricht Konfuzius zufolge einer Art von Kultivierung und Praxis, die das moralische Empfindungsvermögen fördert. Im Kapitel »*Qu Li*« (曲禮) des *Liji* (禮記, *Buch der Riten*) sagt Konfuzius, dass der »rechte Weg und die Geisteskraft, Menschlichkeit und Gerechtigkeit […] ohne Sittlichkeit unvollkommen [bleiben]. Bildung und Erziehung, Ordnung der Gewohnheiten bleiben ohne die Sitte unvollständig.«[198] Daraus lässt sich ableiten, dass die Moral – d. h. die Beziehung zum Himmel – nur mit der Praxis von *Li* aufrechterhalten werden kann.

Das *Liji* enthält auch ein Kapitel über *Qi* (»*Liqi*« [禮器]), in dem es heißt, *Li* müsse »stimmen zu des Himmels Zeiten, sich richten nach den Gaben der Erde, folgen den Geistern und Göttern, eins sein mit dem Sinn der Menschen und [die zehntausend Wesen] in klare Richtung bringen«.[199] Man könnte behaupten, *Qi* diene dem Konfuzianismus dazu, die Moralkosmologie mithilfe des Rituals zu stabilisieren und wiederherzustellen – etwas, worauf wir im folgenden Beispiel aus dem Kapitel »Liyun« (»Die Geschick des *Li*«) einen flüchtigen Blick erhaschen können:

> So wird beim Opfer der »dunkle Wein« (Wasser) im innern Raum [wo die Angehörigen der Toten unterhalten werden] dargebracht, der Met und grünliche Wein unter der [Eingangs-]Tür, der rötliche Wein in der äußeren Halle und der abgeklärte Wein unten an den Stufen. Man bringt [auch] die Opfertiere dar und bereitet die Tiegel und Platten vor, stellt Zithern, Harfen, Flöten, Klingsteine, Glocken und Pauken auf, und durch Gebete [des Hauptverantwortlichen der Opferhandlung für die Geister] und Segensprüche [der Angehörigen des Verstorbenen] ruft man die oberen Götter herab und die heimgegangenen Ahnen. So kommt [auch] das Verhältnis von Fürst und Diener zurecht, Vater und Sohn werden sich in Aufrichtigkeit zugetan, die Brüder wohnen einträchtig beieinander, hoch und nieder kommen in Berührung, Gatte und Gattin haben ihren Platz. Das heißt den Segen des Himmels ererben.[200]

Wie der Philosoph Li Zehou (1930–) und andere behaupten, ist es sogar möglich, dieses Ritual bis auf die frühesten chinesischen Dynastien Xia, Shang und Zhou (2070–771 v. Chr.) und die damit in Zusammenhang gebrachten schamanischen Riten zurückzuverfolgen. Während der Zhou-Dynastie formalisierte der Kaiser die schamanischen Riten zu *Li*, weshalb sie als *Zhou Li* bekannt sind. Konfuzius bemühte sich, diese *Zhou Li* als einen Widerstand gegen politische und soziale Korruption wieder in Stellung zu bringen.[201] Deshalb legte Li Zehou nahe, dass *Zhou Li* von Konfuzius »vergeistigt« und von den Neokonfuzianern der Song- und Ming-Dynastie anschließend »philosophisiert« wurde, dass aber in diesem langen Prozess der Geist der Riten – als da wäre die Vereinigung des Himmels und der Menschen – erhalten geblieben sei:

> Man arbeitet die Gebetsanrufe aus. Der »dunkle Wein« wird [bei jeder Opferung] gespendet, Blut und Haare [des Opfers] werden dargebracht, das rohe Fleisch wird auf Platten dargestellt. Dann wird das Opferfleisch gekocht, rauhe Matten werden ausgebreitet als Unterlage, grobes Linnen wird benützt zum Bedecken der Opfer. Man kleidet sich in farbige Seide. Mehl und Wein wird gespendet, die gebratenen und gerösteten Opferstücke werden dargebracht. Der Fürst und seine Gattin bringen abwechselnd die Opfer dar, *um zu erfreuen die Lebensgeister und die Körperseelen. Das heißt die Übereinstimmung mit den Heimgegangenen.* Dann zieht man sich zurück und kocht das übrige. Man zergliedert die Hunde, Schweine, Rinder und Schafe. Man füllt die runden und viereckigen Körbe (für Früchte), die hölzernen Bambusplatten sowie die ehernen Kessel für die Brühen. Der Gebetspriester trägt die Worte des ehrfürchtigen Sohnes [des Betenden] vor, der Segenspriester antwortet mit den Worten des liebenden Vaters [des angebetenen Vorfahren]. Das bringt großes Heil. Das ist die höchste Vollendung der Sitte.[202]

Während Li Zehou zu Recht auf die Verbindung zwischen dem *Li* und Schamanismus hinweist, ist es trotz alledem notwendig, daran zu erinnern, dass neben dem Konfuzianismus auch die während derselben Epoche in China aufkommenden Religionen Daoismus und Mohismus eine Rationalisierung erkennen ließen, die einen Bruch mit dem Schamanismus markierte.[203] Es ist möglich, dass der formale Aspekt von *Li* dessen Gehalt dominiert, und Konfuzius war sich dieses Problems bewusst. Um diese Inanspruchnahme des Gehalts durch die Form abzuwenden, betonte er, dass es sich bei *Li* um eine im Wesentlichen moralische Praxis handle, die von der individuellen Reflexion ausgehe und sich, geleitet vom *Dao*, zu den äußeren Bereichen wie Familie und Staat ausbreite. Dies entspricht dem berühmten Glaubenssatz des *neisheng waiwang* (内聖外王, »innere Weisheit – äußeres Königtum«). Dieser folgt einem linearen Entwicklungsverlauf, wie er in dem konfuzianischen Klassiker *Da Xue* (大學, »Das große Lernen« oder »Universität«) angedeutet wird: »Akzeptanz der Dinge« (格物), »Erweiterung des Wissens« (致知), »Treue […] üben« (誠意), »seinen Geist aus[]richten« (正心), »an sich selber arbeiten« (修身), »das Haus in

Ordnung bringen« (齊家), »das Land regierungsfähig« machen (治國) und schließlich »Frieden unter dem Himmel« herrschen lassen (平天下).[204] Im Kapitel XII der *Gespräche* des Konfuzius lesen wir:

> Yan Hui wollte wissen, was sittliches Verhalten [*ren*] sei.
> Konfuzius antwortete ihm: »Sich selbst überwinden, die eigenen Wünsche und Begierden bezwingen, sich von Anstand und Höflichkeit und guten Sitten [*Li*] leiten lassen, das ist sittliches Verhalten [*ren*]. Wer nur einen Tag so handelt, wird schon von allen ob seines guten Verhaltens gelobt. Es hängt von uns selbst ab, das Rechte [*ren*] zu tun. Oder muß man sich dabei etwa auf andere verlassen?«
> Yan Hui bat um eine Erläuterung. Da sprach Konfuzius: »Was sittenwidrig [d. h. nicht *Li*] ist, darauf schaue nicht und das höre nicht; so etwas sage weder, noch tue es.«[205]

Li meint dementsprechend sowohl eine Reihe an Einschränkungen als auch eine Praxis, welche die Ordnung der Dinge sicherstellt, sodass die Vollkommenheit des Individuums zur Vollkommenheit des Staates führt. *Dao* ist immanent, doch erkennt man es nur mittels Selbstbesinnung und durch die Anwendung von *Li*. (In den *Gesprächen* befragt der Herrscher im Staate Wei Linggong Konfuzius während einer Unterhaltung »zu Regeln der militärischen Taktik«. Konfuzius erwidert, dass er einzig über die Regeln des Anstands [*Li*] etwas wisse, nicht aber über militärische Regeln, und verlässt am nächsten Tag den Staat Wei.[206]) Worum aber handelt es sich bei dieser Ordnung, die *Li* zu gewährleisten versucht? Eine grob vereinfachende Lesart mag womöglich zu dem Schluss kommen, dass es sich um eine gesellschaftlich konstruierte Ordnung zugunsten der herrschenden Klasse handle. Dies ist nicht unbedingt falsch, zumal Konfuzius deutlich macht, dass *Qi* und *Ming* (名, »Name«) sachgemäß platziert werden müssen, um die Ordnung aufrechtzuerhalten. Im *Zuo Zhuan* (400 v. Chr.) heißt es, ein Kommandant, Yi Xu, habe den König des Staates Wei (魏),[207] Sun Huanzi, während des Krieges gerettet, um seiner eigenen Gefangennahme zu entgehen. Sun wollte Yi Xu als Zeichen seiner Dankbarkeit Städte zum Geschenk machen, doch Yi Xu lehnte ab, bat stattdessen darum, »wie ein Staatsfürst am Hofe mit Musikinstrumenten empfangen und mit Sattelgurt und Saumzeug eines Prinzen bekleidet werden zu dürfen«.[208] Konfuzius bedauerte die Bewilligung dieser Bitte und sprach: »Ach! Es wäre besser gewesen, ihm viele Städte zu verleihen. Es sind allein besondere Gebrauchsgegenstände und Namen, die niemand anderem zugestanden werden können [als jenen, denen sie gehören], mit denen ein Herrscher sich besonders verbunden fühlen muss«.[209] Wie Konfuzius erklärt, handelt es sich hierbei nicht um eine reine Formalität: Seine Argumentation lautet, dass *Qi* und *Ming* dafür sorgen, dass sich diejenigen, die *Ming* und *Qi* tragen, korrekt verhielten:

> [Der richtige Gebrauch der] Namen ist es, wodurch er sich des Vertrauens [des Volkes] versichert; dieses Vertrauen ist es, wodurch er die Gegenstände [*Qi*] bewahrt; diese Gegenstände sind es, wodurch die zeremoniellen Rangunterschiede verborgen bleiben; diese zeremoniellen Unterschiede sind essenziell für die Praxis der Rechtschaffenheit; es ist die Rechtschaffenheit, die zum Vorteil [des Staates] gereicht; und es ist dieser Vorteil, der die Ruhe des Volkes bewahrt. Die Beachtung dieser Dinge bedingt eine [gute] Regierung.[210]

Zusammenfassend lässt sich festhalten, dass im Konfuzianismus *Qi* seine Verwendung innerhalb eines formalen Rahmens findet, diese Verwendung jedoch lediglich der Bewahrung der Moral und der himmlischen Ordnung sowie der Kultivierung einer bedeutsamen Persönlichkeit dient; im Daoismus hingegen spielt *Qi* keine dermaßen entscheidende Rolle, zumal es möglich ist, das *Dao* zu erlangen, indem man sich natürlich oder dem *ziran* entsprechend verhält. *Dao* ist metaphysisch, da es formlos ist; und in diesem Sinne entspricht das Metaphysische dem Nicht-Technischen, dem Nicht-Geometrischen. Auch wenn es im Konfuzianismus formalisierte Ordnungen gibt, sind sie allein deshalb vorhanden, um dieses übermächtige, formlose (bzw. »was als Gestalt aufsteigt«) *Dao* zu bewahren. Beim Formlosen handelt es sich um *tian* (der Himmel) und *ziran*, und es ist das Formlose, das über den höchsten Grad an Freiheit verfügt. Man könnte behaupten, dass die Konfuzianer und die Daoisten unterschiedliche Weisen haben, nach dem *Dao* zu streben, und dass sie aufgrund dessen nicht im

Widerspruch zueinander stehen, sondern einander vielmehr komplementieren. Mou Zongsan schlägt sogar vor, Daoismus als »praktische Ontologie« und Konfuzianismus als »moralische Metaphysik« zu charakterisieren,[211] und zwar in dem Sinne, dass der Konfuzianismus die »Was«-Fragen stellt (Was ist der Weise [聖], die Weisheit [智], das Wohlwollen [仁] und die Rechtmäßigkeit [義]?), wohingegen der Daoismus fragt, wie man diese erreichen könne.[212] Für die Daoisten besteht die Ablehnung des mechanisch-logischen Denkens in der Ablehnung einer kalkulatorischen Form des Denkens, um innerhalb des Friedens des inneren Geistes bleiben zu können. Man könnte sagen, sie verweigerten sich jeglicher Effizienz, um sich auf eine Öffnung, einen Durchlass vorzubereiten – eine Lesart des *Zhuangzi*, die oberflächlich betrachtet mit dem übereinstimmt, was der späte Heidegger als *Gelassenheit* bezeichnete, was auch erklären könnte, weshalb die heideggersche Technologiekritik eine dermaßen große Resonanz unter chinesischen Wissenschaftlern gefunden hat, seit Heidegger *Gelassenheit* als einen möglichen Exodus von der modernen Technologie beteuerte.

Hier zeigt sich also die Ambivalenz des *Dao*: Einerseits steht es für die Vollendung der Technik im Namen der Natur; andererseits wird es auch als Widerstand des Geistes gegen die Technik begriffen, der stets das Potenzial innewohnt, es zu verunreinigen. Dabei mag es scheinen, dass Heideggers Vorstellung von der Wahrheit als *a-letheia* oder *Un-verborgenheit* als ein Zugang zu dem Offenen dem *Dao* äußerst nahekommt; wie wir jedoch noch sehen werden, sind sie grundlegend verschieden. Und tatsächlich ist diese grundlegende Differenz einer der Gründe, warum es notwendig ist, sich abweichende Technikgeschichten vorzustellen.

§10.3 Anmerkungen zur stoischen und daoistischen Kosmotechnik

Bisher haben wir versucht, ein kosmotechnisches Denken in China zu umreißen, haben es mit dem griechischen Konzept von *technē* verglichen, teilweise unter Zuhilfenahme Heideggers. Es wäre allzu gewagt, zu behaupten, Heidegger sei im Grunde auf der Suche nach einer Kosmotechnik gewesen, doch lässt sich nicht leugnen, dass die

Frage der *physis* und des Seins eine tiefgreifende Beziehung zwischen dem Menschen und dem Kosmos berührt. Die Kosmotechnik, die ich oben in den Traditionen des Konfuzianismus und des Daoismus skizziert habe, mag manchen Lesern der hellenistischen Philosophie im Anschluss an Aristoteles vergleichbar erscheinen; insbesondere die Lehre der griechisch-römischen Stoiker über das Leben im Einklang mit der Natur besitzt eine deutliche Affinität zur daoistischen Naturaspiration (wie oben angemerkt, bewahrt Heidegger Stillschweigen über die Stoiker, und das, obwohl die stoische Kosmologie der ionischen näher zu sein scheint als der aristotelischen).[213] Zweifellos gibt es jedoch auch Unterschiede, die wir an dieser Stelle kurz zu erläutern versuchen werden. Aber mehr noch als bloß die Unterschiede aufzuzählen, möchte ich hier das in der Einleitung entwickelte Konzept der Kosmotechnik, das von der durch die Technik vermittelten Relation zwischen dem Kosmos und der Moral abhängt, wiederholen und aufzeigen, wie sich eine solche Kosmotechnik auch im Stoizismus identifizieren lässt.

Eine eingehende Lektüre der Stoiker erlaubt es uns, die Rolle zu sehen, welche die im Daoismus in ein äußerst schlechtes Licht gerückte *Rationalität* in ihrem Denken spielt. Sowohl stoische als auch daoistische Kosmotechnik legt nahe, dass wir im Einklang mit einer »Natur« – beziehungsweise mit *physis* und *ziran* – leben, und insistiert darauf, dass technische Objekte lediglich Mittel zu einem übergeordneten Zweck seien: für die Stoiker zu *eudaimonia* (εὐδαιμονία), für die Daoisten zu *xiao yao* (逍遙, »frei und leicht«)[214] und für die Konfuzianer zu *tan dang* (坦蕩, »Edelmut«). Im ersten Kapitel des *Zhuangzi* mit dem Titel »Freies und leichtes Wandern« (»*xiao yao you*«) beschreibt Zhuangzi mithilfe einer Illustration des daoistischen Philosophen Liezi, was er unter Freiheit versteht:

> Wer es aber versteht, das innerste Wesen der Natur sich zu eigen zu machen und sich treiben zu lassen von dem Wandel der Urkräfte, um dort zu wandern, wo es keine Grenzen gibt, der ist von keinem Außending mehr abhängig.
> So heißt es: der höchste Mensch ist frei vom Ich; der geistige Mensch ist frei von Werken; der berufene Heilige ist frei vom Namen.[215]

Nur wenn man der Natur folge und sich nicht an etwas binde, von dem man zunehmend abhängig werde, könne man frei sein. In den *Gesprächen* (Kapitel VII,37) erzählt uns Konfuzius:

> Der Edle [*junzi*] ist ausgeglichen und innerlich ruhig [*tan dang dang*, ohne Sorgen, unbekümmert von Konflikten und Widersprüchen]; der Gemeine hingegen ist innerlich verkrampft und lebt stets in Nöten und Ängsten.[216]

Ein *junzi* zu sein, bedeutet, wie der Meister sagt, den Willen des Himmels zu kennen (Kapitel II,4):

> Als ich fünfzehn war, war mein ganzer Wille aufs Lernen ausgerichtet. Mit dreißig Jahren stand ich fest. Mit vierzig hatte ich keine Zweifel mehr. Mit fünfzig kannte ich den Willen des Himmels. Als ich sechzig war, hatte ich ein feines Gehör, um das Gute und das Böse, das Wahre und das Falsche herauszuhören. Mit siebzig konnte ich den Wünschen meines Herzens folgen, ohne das Maß zu überschreiten.[217]

Bevor man den Willen des Himmels erkennen kann, muss man studieren, und erst nachdem man sich dem Lernen gewidmet hat, wird man offen und frei.

In *The Art of Living* entwirft John Sellars einen Kontrast zwischen Aristoteles' Inbesitznahme von Sokrates und jener durch die Stoiker. So bemüht sich laut Sellars Aristoteles in seiner Interpretation von Platon, die Beziehung zwischen Philosophie und *logos* hervorzuheben. Im ersten Buch der *Metaphysik* präsentiert Aristoteles Sokrates daher als jemanden, der sich von der Natur abkehrt zugunsten einer Ethik, die sich mit dem Allgemeinen und Definitionen beschäftigt.[218] Sellars argumentiert, Aristoteles rede dadurch die Rolle, welche die Philosophie als *askēsis* in Sokrates' Leben und Lehren gespielt habe und die eine Inspiration für den Stoiker Zenon gewesen sei, klein. Der Grund dafür, so Sellars, sei, dass Aristoteles' eigenes philosophisches Interesse in höherem Maße dem *logos* gegolten habe.[219] Eigentlich aber erwidere Sokrates in *Gorgias* auf Kallikles' Frage bezüglich der Bedeutung von »sich selbst beherrschen«, dass es dabei um *sōphron* (»Besonnenheit«) und *enkratē heautou* (»Selbstbeherrschung«) gehe, sprich, die Lüste und Begehrlichkeiten im Inneren zu beherrschen.[220] In *Alkibiades I* sagt Sokrates zudem, dass der erste Schritt, sich um sich selbst zu kümmern, darin bestehe, der berühmten delphischen Inschrift zu gehorchen, nämlich »Erkenne dich selbst« (*gnothi seauton*):[221] Für sich zu sorgen heiße, für seine Seele in der gleichen Weise zu sorgen, wie die Gymnastik für den Körper sorge. In der *Apologie des Sokrates*, als Verteidigung wider die gegen ihn erhobenen Anschuldigungen, ruft Sokrates:

> [A]ls ein Athener, aus der größten und für Weisheit und Macht berühmtesten Stadt, schämst du dich nicht, für Geld zwar zu sorgen, wie du dessen aufs meiste erlangst, und für Ruhm und Ehre, für Einsicht aber und Wahrheit und für deine Seele, daß sie sich aufs beste befinde, sorgst du nicht, und hieran willst du nicht denken?[222]

Insofern also die Pseudokünste auf Vergnügungen abzielten, zielten die wahren Künste auf das, was am besten für die Seele sei[223] – etwas, das sich nicht besser veranschaulichen lässt als mit dem in Platons *Symposion* beschriebenen Bild, auf dem Sokrates mit dem jungen und schönen Alkibiades in den Armen schläft, ohne dass auch nur das geringste Anzeichen sexueller Erregung ausgewiesen würde.[224]

Aristoteles' Interesse am Logos und an Kontemplation liefert uns eine andere Definition der *eudaimonia* als jene der Stoiker. In seiner *Rhetorik* definiert Aristoteles Glückseligkeit als »das rechte Handeln, das der Tugend entspringt«, bestehend aus inneren (Gütern der Seele und des Körpers) und äußeren Gütern (edle Abkunft, Freunde, Reichtum und Ehre).[225] In der *Nikomachischen Ethik* (Buch 1, Kapitel 2) beschreibt Aristoteles *eudaimonia* als das *Telos* der Staatskunst; und noch im gleichen Abschnitt wird *eudaimonia* – für gewöhnlich als »Glück« übersetzt – mit »gute[m] Leben und gute[m] Handeln« in eins gesetzt.[226] Für Aristoteles ist Glück mit Tugend verbunden, kann durch diese jedoch nicht garantiert werden. Sieben Kapitel später erklärt er, was er unter Tugend versteht: Tugend werde durch das letztgültige Ziel definiert, das der Handlung selbst innewohne – beispielsweise in der Heilkunst sei es die Gesundheit, in der Kriegskunst der Sieg, in der Baukunst das Haus. Aristoteles folgert daher, dass »[w]enn es also für alle denkbaren Handlungen ein einziges Ziel gibt, so ist dies das Gut, das der Mensch durch sein Handeln erreichen kann. Gibt es dagegen mehrere Ziele, so sind diese die erreichbaren Güter.«[227] Die Tugend ist kein Garant für Glück, da der Mensch, anders als Pflanzen und Tiere, mit rationalen Prinzipien ausgestattet ist. Rationalität wiederum ist das, was über bloße Funktionalität hinausgeht und das erstrebenswerteste Gut sich zum Ziel macht. Das menschliche Gut, sagt Aristoteles, »stellt sich dar als ein Tätigsein der Seele im Sinne der ihr wesenhaften Tüchtigkeit [*aretē*]. Gibt es aber mehrere Formen wesenhafter Tüchtigkeit, dann im Sinne der vorzüglichsten und vollendetsten.«[228] Thomas Nagel macht geltend, dass dieser Schritt eine Bekräftigung der Vernunft gegenüber anderen, ihr förderlichen Funktionen wie Wahrnehmung, Fortbewegung und Begehren darstellt, während die Vernunft nicht auf diese Funktionen angewiesen ist.[229]

Das Verhältnis zwischen Aristoteles und den Stoikern ist nach wie vor Gegenstand der Diskussion. Anthony A. Long hat gezeigt, dass Aristoteles' Konzeption der *eudaimonia* unmittelbar Einfluss auf die Stoiker hatte, und David E. Hahm wies nach, dass die stoischen Kosmologien stärker von Aristoteles beeinflusst wurden als von Platons *Timaios*. Ein wesentlicher Unterschied jedoch, auf den sich die Altphilologen einigen können, liegt darin, dass, anders als Aristoteles, für den das äußere Gut eine Rolle in der Verwirklichung der *eudaimonia* spielt, den Stoikern zufolge *eudaimonia* zur Gänze in der ethischen Tugend besteht: Gut oder schlecht, Vergnügen oder dessen Abwesenheit sind unwesentlich.[230] Und darin liegt das wichtigste Axiom der Stoiker: Wie von Zenon definiert, beruht es darauf, »folgerichtig zu leben«; was Kleanthes zu »folgerichtig mit der Natur zu leben« und Chrysippos zu »in Folgerichtigkeit mit der Erfahrung dessen zu leben, was von der Natur her kommt« macht.[231] Julia Annas bezeichnet diese Natur als »kosmische Natur«:[232] Einmal mehr findet die Tugend ihr vollendetes Vorbild in der Organisation des Universums, und der Mensch ist Teil der kosmischen Natur, sodass der Kosmos das vollendete Vorbild der Tugend darstellt, und zwar in einer Weise, die dem chinesischen Denken des *Dao* vergleichbar erscheint. Wie aber kommen die Stoiker von *physis* zur Moral? Beim stoischen Kosmos handelt es sich um einen begrenzten, sphärischen Körper, umgeben von unendlicher Leere. Eine gebräuchliche Lesart besagt, dass sie sich dem heraklitischen Modell des Kosmos anschließen, welches ihn als durch die Vermischung von Materie und Feuer, was Atem und vitaler Wärme entspricht, erzeugt ansieht. Der Kosmos wiederholt sich in einem identischen Zyklus, in dem das Feuer in andere Elemente verwandelt wird und wieder zu sich selbst zurückkehrt. Es findet sich eine Logik im Kosmos, die durch die Vernunft hervorgebracht wird, und die Vernunft »kann keinen [Kosmos] hervorbringen, der besser oder schlechter wäre«.[233] In Ciceros *Vom Wesen der Götter* stoßen wir auf eine präzise Beschreibung des Übergangs vom Physischen zur Moral, in der die Vernunft göttlich wird:

> Wenn der Geist dies alles [d. h. die Phänomene der Natur, Anm. d. Ü.] gesehen hat, schreitet er weiter zur Erkenntnis der Götter, aus der die Frömmigkeit entsteht, mit der die Gerechtigkeit und die übrigen Tugenden verknüpft sind; daraus endlich entsteht das glückselige Leben, das demjenigen der Götter ebenbürtig und ähnlich ist. Nur in der Unsterblichkeit, auf die für das vollkommene Leben nichts ankommt, bleibt es hinter den himmlischen Wesen zurück.[234]

Die Vermittlung zwischen den beiden Bereichen beruht auf der Grundidee dessen, was die Stoiker *oikeiosis* [οἰκείωσις] nennen. Die stoische Moralität ist keine Kategorie moralischer Verpflichtung, auch wenn Selbstreflexion und Selbstbeschränkung mit ihr einhergehen; um in Übereinstimmung mit der Natur zu leben, bedarf es sowohl der Kontemplation als auch der Interpretation. Interpretation meint zum einen, sich mittels Kontemplation in Beziehung zu dem Seienden zu setzen, und zum anderen, ihnen Wert beizumessen. Dabei handelt es sich nicht um beliebige Werte, wie Émile Bréhier betonte: »Wert ist nicht, was Maß gibt, sondern das, was gemessen werden soll; das, was das Maß gibt, ist das Sein selbst [...], mit anderen Worten: Axiologie setzt Ontologie voraus und ersetzt sie nicht«.[235]

Gábor Betegh hat nahegelegt, dass die Stoiker, insbesondere Chrysippos, die kosmische Natur glaubhaft in das Fundament ihrer ethischen Theorie integriert hatten. Beteghs Position steht im Widerspruch zu Julia Annas' Argument in *The Morality of Happiness*, demzufolge die ethische Theorie der Stoiker »vor« und »unabhängig von« ihren physikalischen und theologischen Doktrinen entwickelt wurde. Sollte dies wahr sein, irrten wir uns – zumal die Physik insofern auch lediglich eine Ergänzung zur Vertiefung unseres Verständnisses der Ethik darstellen würde –, wenn wir von der kosmischen Natur ausgingen, um das Wesen der stoischen Ethik zu begreifen.[236] Auf ein ähnliches Argument sind wir bereits in unserer Diskussion von Mou Zongsans Kritik an Dong Zhongshus Kosmozentrismus gestoßen; doch wie wir hervorgehoben haben, ist Moralität nicht möglich, ohne die äußere Umwelt zu berücksichtigen, schließlich ist es das In-der-Welt-Sein, das die Bedingung ethischen Denkens bildet.

Betegh legte dar, dass Platons *Timaios* einen bedeutenden Einfluss auf Chrysippos' Theorie des *Telos* besaß. Die lange Passage im *Timaios*, von der ausgehend Betegh seine These erarbeitet, lautet wie folgt:

> Wer nun also in seinen Begierden und ehrgeizigen Bestrebungen lebt und webt, auf sie seine Bemühungen richtet, in dem müssen sich notwendig nur sterbliche Meinungen erzeugen, und er muß durchaus, soweit es überhaupt möglich ist, sterblich zu werden, darin es an nichts fehlen lassen, weil er Derartiges in sich wuchern läßt. Wer dagegen, auf Erweiterung seiner Kenntnisse und Erlangung wahrer Einsichten ernstlich bedacht, diesen Teil seiner selbst vorzüglich übt, von dem ist es, wenn er die Wahrheit berührt, durchaus notwendig, daß er Göttliches und Unsterbliches denkt, und soweit die menschliche Natur es gestattet, der Unsterblichkeit teilhaftig zu werden, daß er davon keinen Teil versäumt; und da er ständig das Göttliche in sich pflegt und den ihm innewohnenden Schutzgeist [*daimon*] im besten Zustande erhält [εὖ κεκοσμημένον τὸν δαίμονα], so muß er notwendig vor allen andern glückselig sein [εὐδαίμονα]. Aber für jegliches gibt es gewiß nur eine und dieselbe Pflege, ihm die demselben angemessene Nahrung und Bewegung zuzuerteilen. Nun sind die dem Göttlichen in uns ver-

> wandten Bewegungen die Gedanken und Umschwünge des Weltganzen; diese muß demnach jeder zum Vorbilde nehmen, indem er die bei unserm Eintritt in das Leben irregeleiteten Umläufe in unserem Kopfe dadurch auf die richtigen zurückführt, daß er den Einklang und die Umläufe des Weltganzen erkennen lernt, und muß so dem Erkannten das Erkennende seiner ursprünglichen Natur gemäß ähnlich machen, durch diese Verähnlichung aber das Ziel [τέλος] jenes Lebens besitzen, welches den Menschen von den Göttern als bestes für die gegenwärtige und die künftige Zeit ausgesetzt wurde.[237]

Hier, in einem augenscheinlichen Echo auf die im chinesischen Denken vorhandene Beziehung zwischen Mensch und Himmel, entdecken wir eine Parallele zwischen Struktur und Organisation der individuellen Seele und der Weltseele[238] – eine Art »Analogie«. Bei Platon beruht die Beziehung jedoch nicht wirklich auf einer Analogie, da der Mensch zugleich innerhalb der Natur und ein Teil des Ganzen ist. Daher bestehe für ihn die Möglichkeit, Ordnung und Harmonie im rationalen Teil der Seele zu schaffen, wenn die Seele die kosmische Harmonie internalisierte. Dieser Prozess wird mithilfe der meist als »Zueignung« übersetzten *oikeiosis* angeregt. Eine Rekonstruktion der *oikeiosis*-Lehre, basierend auf Ciceros *De Finibus Bonorum et Malorum*, Senecas *Epistulae morales ad Lucilium* sowie Diogenes Laertius' Bericht, liefert uns ein allgemeines Bild:[239] Die Stoiker glauben, dass sowohl dem Menschen als auch dem Tier die Fähigkeit zukomme, das ihrer jeweiligen körperlichen Verfassung (*sustasis*) und Erhaltung Eigentümliche (*oikeion*) von dem zu unterscheiden, was ihnen fremd (*allotrion*) oder nicht gut und eigentümlich sei: Laut Diogenes Laertius merkt Chrysippos an, dass es nicht nachvollziehbar wäre, wenn die Natur, nachdem sie ein Tier geschaffen habe, es nicht mit den Mitteln zur Selbsterhaltung ausgestattet hätte. Es ist jedoch auch eine zweite Stufe erforderlich, auf der solch eine *oikeiosis* Erkenntnis verlangt, mithilfe derer das eigene Handeln von der Vernunft geleitet werden kann. Die Vollendung der Vernunft wird mit der Natur identifiziert, da die Natur tugendhaftes Verhalten vorgibt. Bei der »Lebenskunst« der Stoa handelt es sich, wie das Wort »Kunst« bereits vermuten lässt, um eine *technē*. Annas hat daher vorgeschlagen, die »Stoiker [würden] Tugend als eine Art von Fertigkeit (*technē*) [betrachten], und diese Fertigkeit [sei] eine intellektuelle Umklammerung, die sich durch Versuch und Irrtum ausgestalte[] und immer fester [werde]. Die Tugend ist, wie sie selbst es ausdrücken, jene Fertigkeit, die sich auf ein Leben reich an Glückseligkeit bezieht.«[240] Wir wollen an dieser Stelle einen Blick auf Zenons Definition von Glück als »Wohlfluss des Lebens (*euroia biou*)«[241] und *technē* als »ein System von Kenntnissen, die in Ausübung treten zu irgend einem für das Leben nützlichen Zwecke«,[242] werfen. Diese Definitionen sind selbstverständlich nicht unproblematisch; jedoch lassen sie vermuten, dass jene *technē*, welche die Tugend bezweckt – den angemessenen Fluss des Lebens,[243] einschließlich des Umgangs mit Wut, Barmherzigkeit, Rache etc. –, begünstigt. So rät uns Marc Aurel beispielsweise, einen Gegenstand zu betrachten und uns vorzustellen, wie er sich auflösen und verwandeln, wie er verrotten und verkümmern würde. Hardot weist darauf hin, dass die Übung, sich eine universelle Metamorphose vorzustellen, dermaßen mit der Meditation über den Tod verknüpft sei, dass sie »den Philosophen dazu veranlasse, den Ereignissen, die durch jene dem Kosmos immanente Vernunft hervorgerufen worden seien, seine liebevolle Zustimmung zu geben.«[244]

In Anbetracht all dessen wollen wir nun die nachfolgenden Unterschiede zwischen Daoismus und Stoizismus im Hinblick auf das »mit der Natur übereinstimmende Leben« verzeichnen:

Kosmologie: Die Stoiker geben dem Kosmos die Gestalt eines Organismus (insofern ließe sich an dieser Stelle von einer Kosmobiologie oder Kosmophysiologie sprechen),[245] was im Daoismus augenscheinlich nicht der Fall ist. Dort ist zwar ebenfalls eine organische Gliederung des Universums vorhanden, doch wird diese nicht als ein Tier dargestellt, sondern als vom *Dao* geleitet, das nach dem *ziran* modelliert ist.[246]

Divinisierung: Für die Stoiker steht der Kosmos im Zusammenhang mit dem Göttlichen als Gesetzgeber, wohingegen sich im klassischen chinesischen Denken eine derartige Gesetzgeber- oder Schöpferrolle nicht findet.

Eudaimonia: Die Stoiker erweisen der Rationalität große Ehrerbietung, da sie es sei, die zu *eudaimonia* hinführe, wobei der Mensch aufgrund seiner Rationalität eine besondere Rolle im Universum spiele; die Daoisten mögen ersteren Punkt zwar anerkennen, doch lehnen sie letzteren ab, zumal *Dao* jedem Seienden innewohne und Freiheit sich allein durch *wu wei* (»Nicht-Handlung«) erreichen lasse.

Rationalität: Für die Stoiker bedeutet mit der Natur zu leben, Rationalität *hervorzubringen*; für die Daoisten geht es vielmehr darum, die jeweils ursprüngliche spontane Begabung wiederherzustellen.[247]

Die vorstehenden Anmerkungen sollen zeigen, dass die Relation zwischen dem Kosmos und der Moral innerhalb des Stoizismus sowie innerhalb des Daoismus mithilfe unterschiedlicher Techniken vermittelt wird, die wiederum dem angehören, was ich Kosmotechnik nenne. Diese Relationen werden auf verschiedene Arten etabliert und definieren im Grunde unterschiedliche Lebensweisen. So liefert Foucault in »Technologien des Selbst« mehrere Beispiele stoischer Praktiken: Briefe an Freunde und Enthüllung des Selbst (Marc Aurel, Seneca etc.); Selbstprüfung und Gewissenserforschung; die *askēsis* der Erinnerung von Wahrheit (nicht jedoch der Entdeckung von Wahrheit).[248] Die Griechen bezeichneten die beiden Pole der Übungen der *askēsis* mit den Ausdrücken *meletē* und *gymnasia. Meletē* bedeutet »Meditation«, bei der man sich mittels der Imagination selbst dabei hilft, mit einer Situation zurechtzukommen, zum Beispiel, sich das Schlimmste vorzustellen; davon auszugehen, dass unerwünschte Dinge bereits aktuell im Begriff sind, einzutreten; die herkömmliche Wahrnehmung von Leid (z. B. Krankheit) abzulehnen. *Gymnasia* hingegen setzt sich aus körperlichen Übungen zusammen, etwa harte sportliche Tätigkeiten.[249] Man kann sich nun fragen, welchen Platz diese Übungen im Verständnis der mittels der kosmischen Natur offenbarten Tugend einnehmen. Zwar ist das nicht, worum es Foucault geht, der an der Geschichte der Selbstenthüllung interessiert ist, doch entspricht es genau der Frage, die in unserer Untersuchung der Kosmotechnik adressiert werden muss.

Die Integration der stoischen Praktiken in die frühchristlichen Glaubenslehren führte, wie Foucault betont, zu einer grundlegenden

Transformation. Insofern »Selbsterkenntnis« im Stoizismus eine Konsequenz der »Sorge um sich selbst« darstellte, wurde sie im christlichen Glauben schließlich unmittelbar mit der Enthüllung des Selbst als Sünder und Büßer verknüpft.[250] Foucault verzeichnete zwei Haupttechniken solcher Selbstenthüllung: *exomologēsis*, die mithilfe der Demonstration von Scham und Demut sowie der eigenen Schande operiert, und zwar nicht als private Praxis, wie noch bei Seneca, sondern durch *publicatio sui*; und *exagoreusis*, die auf zwei Prinzipien basiert, Gehorsam und Kontemplation, sodass die Selbstprüfung zur Anerkennung Gottes führt.[251] Auch in den daoistischen Praktiken ließ sich eine Transformation beobachten, als die daoistische Lehre (*dao jia*) in eine Religion (*dao jiao*) überführt wurde: Meditation, Kampfkünste, Sexualpraktiken, Alchemie etc.; doch anders als das, was sich aufgrund der Selektion und Transformation der hellenistischen Lehre im christlichen Glauben ereignete, blieb im Daoismus das Wesentliche des Denkens von Laotse und Zhuangzi intakt; und zudem absorbierte der Daoismus das konfuzianische Verständnis der »Resonanz zwischen Himmel und Mensch« auch erfolgreich in seiner Lehre.

Dies alles soll zu einem umfassenden Verständnis des Konzepts der Kosmotechnik und zu der Notwendigkeit beitragen, das Konzept und die Geschichte der Technik zu erweitern. Im weiteren Verlauf dieses Teils werde ich die Transformation der *Dao*-*Qi*-Relationen in China skizzieren, bevor wir dann schließlich in Teil II uns ihrer Bedeutung für das Verständnis der Moderne und der Modernisierung zuwenden können.

§11. Qi-Dao als Widerstand: Die Guwen-Bewegung zur Tang-Zeit

Wie bisher angedeutet, lässt sich die chinesische Philosophie mittels der Analyse der Dynamik zwischen *Qi* und *Dao* systematisch erschließen. Und der Versuch, die Vereinigung von *Qi* und *Dao* neuerdings zu bekräftigen, war in jeder Epoche, insbesondere in Krisenzeiten, allgegenwärtig. Laut den Historikern Jin Guantao und Liu Chingfeng handelt es sich jedoch bei der Wei-Jin-Dynastie (220–420 v. Chr.) um die interessanteste Phase hinsichtlich der Untersuchung der Geschichte des chinesischen Denkens, zumal es ebenjene Periode war, in der der Buddhismus nach China kam, was eine innere Transformation anregte, die schließlich zur Vereinigung von Konfuzianismus, Daoismus und Buddhismus führte und somit die bis Mitte des 19. Jahrhunderts vorherrschende Philosophietradition in China geprägt haben soll. Die andere überaus beachtenswerte Periode ist diejenige im Anschluss an die 1840er-Jahre, sprich die Modernisierungsphase in China, auf die wir weiter unten näher eingehen werden. Wie wir erkennen werden, wurde die Vereinigung von *Qi* und *Dao* in beiden Zeiträumen als Widerstand gegen äußere Bedrohungen (nämlich Buddhismus und westliche Kultur) beteuert, doch brachten unterschiedliche historische Kontexte unterschiedliche Dynamiken zwischen *Qi* und *Dao* hervor. Darüber hinaus sollten wir diesen beiden noch einen weiteren, ihnen vorausgehenden Zeitraum beifügen: den Niedergang der Zhou-Dynastie (1046–256 v. Chr.). Wie von Mou Zongsan angedeutet, handelte es sich beim Aufkommen des Konfuzianismus und Daoismus um eine Reaktion auf die Verfälschung des von dem Zhou-König Wen (1152–1056 v. Chr.) eingeführten Systems der *Li* (Rituale) und *Yue* (Musik), was zu einer Korrumpierung der Moral geführt haben soll.[252] Für das Verständnis der Technikfrage in China ist diese Transformation der *Qi*-*Dao*-Relation von zentraler Bedeutung.

Während der Tang-Dynastie (618–709) wurde der Buddhismus zur dominanten Religion Chinas und zur offiziellen Religion beziehungsweise Überzeugung der Regierung. Doch Mitte der Tang-Zeit wurde die konfuzianische Bewegung als Widerstand gegen den Buddhismus wiederbelebt – der in den Augen Intellektueller wie Han Yu (韓愈, 768–824) und Liu Zongyuan (柳宗元, 773–819) bloßem Aberglauben glich. Tang war die prosperierendste Phase in der Geschichte Chinas und vermutlich auch eine der aufgeschlossensten, in der der Austausch zwischen China und benachbarten Staaten, einschließlich königlicher Ehe, gestattet war. Die antibuddhistische Bewegung bestand aus zwei Teilen: Widerstand gegen den Aberglauben, den der Buddhismus und Daoismus als Religion mit sich brachten, sowie die Bemühung, konfuzianische Werte – die Vereinigung von *Qi* und *Dao* – wieder herbeizuführen, indem die Funktion und Aufgabe der

Literatur von Neuem geltend gemacht wurde. Bekannt war dies unter dem Namen Guwen-Bewegung (古文運動), wobei *Gu* (古) »altertümlich« bedeutet und *Wen* (文) »Schrift« oder »Literatur«. Diese Bewegung behauptete, dass die Schriften *Dao* vielmehr erhellen sollten, anstatt sich auf Stil und Form zu konzentrieren. Während der Wei-Jin-Periode war *pianwen* (駢文, wörtlich »paralleles Schreiben« bzw. »Parallelstil«), charakterisiert durch einen extravaganten Wortschatz und der parallelen Gestaltung der Sätze, der vorherrschende Schreibstil. Laut Han und Liu, den beiden Anführern der Guwen-Bewegung, war *pianwen* vom *Dao* in dem Sinne abgewichen, als dass es zu einer oberflächlichen, ästhetischen Unternehmung geworden sei. Die Guwen-Bewegung sah sich daher als Versuch, den alten Schreibstil, aber auch die klassische konfuzianische Lehre wieder einzuführen. Als Slogan wählte sie »die Schrift erhellt Dao« [文以明道] – was bedeutet, dass die Literatur die Rolle einer spezifischen Gestalt des *Qi* annehmen sollte, die in der Lage wäre, die Einheit zwischen *Qi* und *Dao* wiederherzustellen.

Die Stoßrichtung dieser Bewegung kann rückblickend als der Versuch angesehen werden, den Konfuzianismus wieder in den Mittelpunkt der chinesischen Kultur zu stellen. Was aber meint hier Mittelpunkt beziehungsweise *Zhong* (中)? *Zhong* besitzt eine Doppelbedeutung, die uns dabei helfen wird, zwischen den Ansichten Han Yus und Liu Zongyuans zu unterscheiden; wichtiger noch ist jedoch, dass diese Doppelbedeutung zeigt, dass eine »reine«, »ursprüngliche« konfuzianische Lehre nicht wiedererlangt werden kann, da das *Dao* keinem statischen, ewigen Sein entspricht und ebenso vom Buddhismus beeinflusst wurde. Nun gibt es einerseits den konfuzianischen Klassiker *Zhong Yong* (中庸, *Das Buch von Maß und Mitte*), der den Wert von *Zhong* betont, sprich, sich nicht einem Extrem zuzuneigen, richtig zu handeln; andererseits gibt es aber auch *Zhong Guan* (中觀), ein von Nāgārjuna entwickeltes Konzept, welches das *kong* (空, sanskr. *śūnaytā*; »Leerheit«) als die beständige und authentische Form der Existenz betrachtet und andere Phänomene hingegen einzig als Illusionen, als bloße Erscheinungen.[253] Han Yu tendierte eher zur ersten Bedeutung von *Zhong*, Liu Zongyuan, da er dem Buddhismus aufgeschlossener gegenüberstand, zur zweiten. Han Yu erklärte sein Konzept des *Dao* in dem Aufsatz »Yuan Dao« (原道, »Grundzüge des Dao« bzw., wörtlicher, »Ursprung des Dao«) folgendermaßen:

> Was ist es, was ich die Lehren der früheren Könige nenne? Umfassende Zuneigung wird »*ren*« genannt, sie angemessen auszuüben, wird »*yi*« genannt. Wenn man diesen beiden folgt (in seinen Handlungen), spricht man von »*dao*«, und ist dieses ohne Hilfestellung von außen sattsam in einem selbst, spricht man von »*de*«. Ihre Klassiker waren das *Buch der Lieder*, das *Buch der Urkunden*, das *Buch der Wandlungen* und die *Frühlings- und Herbstannalen*; ihre Gesetze waren Riten, Musik, Bestrafungen und Ordnungsregeln; ihre Bevölkerung (bestand aus) Angehörigen des Dienstadels, Bauern, Handwerkern und Händlern; ihre gesellschaftlichen Stellungen waren die zwischen Fürst und Minister, Vater und Sohn, Lehrer und Freund, Gast und Gastgeber, älterem und jüngerem Bruder sowie zwischen Ehemann und Ehefrau; ihre Kleidung war aus Hanf oder Seide; ihre Wohnstätten waren Paläste oder Behausungen. Ihre Speise war Getreide und Korn, Obst und Gemüse, Fisch und Fleisch. Der Weg, den sie praktizierten, war leicht zu verstehen, und was sie lehrten, war leicht auszuführen.[254]

Han Yus Interpretation des *Dao* wurde von den Reformern der späten Qing-Dynastie (1644–1912) als zu konservativ und regressiv angesehen, zumal er den Feudalismus wieder einzusetzen wünschte[255] – der gleiche Grund, weshalb Konfuzius später, während der Kulturrevolution, die Kritik der Kommunisten auf sich zog. Im Gegensatz dazu bildete der Buddhismus des *Zhong Guan* für Liu Zongyuan weiterhin ein Leitprinzip für die Entwicklung eines einheitlichen kosmologischen Denkens, das, anders als die während der Han-Dynastie entwickelte Vorstellung der Einheit von Himmel und Mensch, diese beiden in das Übernatürliche und das Natürliche, das Abergläubische und das Geistige einteilen würde.[256] Die Formation der Welt liege ihm zufolge in der Welt selbst begründet, und keine Transzendenz oder Erste Ursache müsse dafür gesucht werden. Hier entdecken wir ein Denken, das dem Neokonfuzianismus der Song-Dynastie sehr nahekommt – wenn es sich nicht sogar um einen tatsächlichen Vorläufer handelt.[257] Das primäre weltkonstituierende Element, das Liu *Yuan ch'i* (元氣) nennt, ist sowohl ein materielles als auch ein spirituelles Seiendes – nicht unähnlich der neokonfuzianischen Konzeption der *ch'i*-Theorie (氣論).

Trotz der Differenzen zwischen Han Yu und Liu Zongyuan bestand die übergreifende Signifikanz ihrer Bewegung darin, die Einheit zwischen *Qi* und *Dao* von Neuem zu begründen. Die Einheit von *Qi-Dao* – innerhalb der Guwen-Bewegung explizit als Relation zwischen Schrift und *Dao* zum Ausdruck gebracht – beteuert neuerdings die kosmologische und moralische Ordnung sowie das daoistische Streben hin zu *ziran*, wie es an vielen Stellen in Lius Prosa offensichtlich wird. Eine parallele Entwicklung während der Tang-Dynastie könnte daher mitunter etwas Relevantes zu dieser neuerlichen Affirmation der Einheit von *Qi-Dao* im Alltag beitragen – nämlich das, was die Historiker Jin Guantao und Liu Chingfeng als die »Vernunft des gesunden Menschenverstandes« (常識理性) bezeichnen. Jin und Liu zufolge gab es seit der Wei-Jin-Zeit die Tendenz, anspruchsvolle philosophische Konzepte in die Alltagspraxis einzugliedern, so als handelte es sich dabei um gesunden Menschenverstand. Dies erklärt die rasante Ausbreitung des Buddhismus innerhalb der chinesischen Kultur (auch wenn die vollständige Integration aufgrund der Inkompatibilität der jeweiligen Systeme noch weitere tausend Jahre dauern würde) und die Entwicklung quasi-religiöser Formen des Konfuzianismus und des Daoismus. Eines der eindrucksvollsten Beispiele, die sie dafür liefern, ist der Chan-Buddhismus, schließlich ist es für den Chan-Buddhismus nicht unbedingt notwendig, die alten Schriften zu lesen und zu interpretieren (in der Tat können viele der großen Meister nicht einmal lesen). Dies aber kennzeichnet auch den Unterschied zwischen dem chinesischen und dem indischen Buddhismus, denn für den einen zeigt sich *Dao* im Alltagsleben, sodass jeder zur Buddhaschaft fähig ist, wohingegen dies für den anderen nicht notwendigerweise der Fall ist. Anders ausgedrückt, gibt es eine bestimmte Denkrichtung, die besagt, dass das *Dao* nirgendwo anders als im Alltag zu finden ist. Diese »Vernunft des gesunden Menschenverstands« wird im Song-Ming-Neokonfuzianismus[258] weiter ausgearbeitet.

§12. Die materialistische Theorie des ch'i im frühen Neokonfuzianismus

Bis zu diesem Punkt haben wir allein über den Gebrauch von *Qi*, nicht aber über dessen Produktion gesprochen. Worin also besteht die Rolle von *Qi* in der moralischen Kosmologie oder moralischen Kosmogonie? Die moralische Kosmologie schwang sich während des Song- und Ming-Konfuzianismus zu neuen Höhen auf,[259] doch auch ein »materialistisches Denken«, in dem ein weiteres Element zur Ausarbeitung der Kosmogonie wieder eingeführt wurde – nämlich *ch'i* (氣) –, trat in diesem Zusammenhang ans Licht. Eine materialistische Theorie des *ch'i* wurde von einem der ersten Neokonfuzianer, Zhang Zai (張載, 1020–1077), entwickelt und später, während der Ming-Dynastie, in dem Werk von Song Yingxing (宋應星, 1582–1666), Autor der 1637 veröffentlichten Enzyklopädie der Technologien, wieder aufgenommen.

Worum genau handelt es sich bei diesem *ch'i*, das Lesern, die sich ein wenig mit Tai-Chi und chinesischer Medizin auskennen, bekannt sein könnte? Es ist nicht bloß materiell oder energetisch, sondern fundamental moralisch. Es gilt hierbei anzuerkennen, dass es sich beim Song-Ming-Neokonfuzianismus um eine Fortführung des Widerstands gegen den Buddhismus und den abergläubischen Daoismus handelte. Er zentrierte sich um eine metaphysische Untersuchung, die darauf abzielte, eine mit der Moral kompatible Kosmogonie zu entwerfen, und aus der Lektüre der beiden Klassiker *Das Buch von Maß und Mitte* und *Yi Zhuan* (den sieben Kommentaren zum *Zhou Yi* – dem *Buch der Wandlungen*) hervorging, die sich wiederum aus der Interpretation der *Gespräche* von Konfuzius und aus den Schriften Mengzis ergaben.[260] Mou Zongsan deutet an, dass sich der Beitrag des Song- und Ming-Neokonfuzianismus verstehen ließe als »das Eindringen der moralischen Notwendigkeit in einem solchen Maße, dass es ihr zur höchsten Klarheit und Perfektion gereichte«.[261] Diese setzt sich aus der Einheit von »ontologischer Kosmologie« und Moralität mittels der Praxis von *ren* (仁, »Wohlwollen«) und der vollen Entfaltung von *xing* (性, »inwendige Möglichkeit« oder »menschliche Natur«) zusammen.[262] Es ist jedoch nicht unsere Absicht, den Gedankengang der Song-Ming-Konfuzianer vollumfänglich zu dokumentieren.

Vielmehr geht es uns darum, die Beziehung zwischen *Qi* und *Dao* innerhalb dieser spezifischen Phase der chinesischen Philosophie zu begreifen, auch wenn die drei Bände von Mou Zongsans 心體與性體 (*Moralisch-kreative Realität. Geist und Natur*, 1968–69) eine äußerst systematische und geschichtliche Darstellung der Thematik bieten, der es künftigen Arbeiten nur schwerlich gelingen wird, beizukommen. Hier wollen wir den Lesern lediglich ein paar grundlegende Ideen nahebringen, die für unsere eigene Interpretation unerlässlich sind. Als erster Denker der moralischen Kosmogonie innerhalb des Neokonfuzianismus wird Zhou Dunyi (周敦颐, 1017–1073) angesehen, der ein auf dem Diagramm des *Taiji* basierendes Modell erarbeitete, in dem *Wuji* (無極, »ohne Pol« oder »Chaos«) zunächst verursacht, *Taiji* anschließend eine Bewegung erzeugt, bei der es sich um *Yang* handelt, *Yang* an seinen Grenzen schließlich zur Ruhe kommt, und diese Ruhe *Yin* hervorbringt. Sobald *Yin* an seine äußersten Grenzen stößt, tritt die Bewegung abermals in Erscheinung. *Yin* und *Yang* ergeben *wu xing* (五行, »fünf Wandlungsphasen« oder »fünf Bewegungen«), und die Bewegung von *wu xing* ruft die zehntausend Wesen hervor. Zhou Dunyi legte nahe, dass der Weise Wohlwollen und Rechtmäßigkeit in Verbindung mit dem *Yin* und *Yang*, dem Weichen und dem Harten, entwickelt habe und dass seine moralische Haltung dementsprechend mit Himmel und Erde identifiziert werden könne.[263]

Zhang Zai setzte dieses Streben nach der Beziehung zwischen Kosmogonie und der Moral fort, indem er das Konzept von *ch'i* entwickelt. Wie wir bereits gesehen habe, handelt es sich bei *ch'i* um die elementare Komponente des Kosmos, und alles Seiende entspricht der Aktualisierung des *ch'i* gemäß seiner inneren Bewegung, die *shen* (神, »Geist«) genannt wird. Der dynamische Prozess, der diese große Harmonie umgibt, ist *Dao*.[264] Zhang Zai bezeichnet diesen Individuationsprozess *ch'i hua* (氣化, »Wandlung des *ch'i*«). Beachten sollten wir das Wort *hua* (化), das keine plötzliche Bewegung, wie etwa einen Quantensprung, markiert, was *bian* (變) genannt werden würde, sondern eine langsame Bewegung, die der Veränderung der Gestalt einer Wolke im Himmel vergleichbar ist.[265] Einfach ausgedrückt, liegt dieser Theorie von *ch'i* ein Monismus zugrunde, der die Grundlage für die Kohärenz zwischen *Kosmologie* und *Moral* darstellt. Mit diesem Monismus des *ch'i* war Zhang Zai in der Lage, zu behaupten, Himmel und Erde, Sonne und Mond, sonstige menschliche sowie die zehntausend Wesen seien allesamt mit dem *Ich* verbunden.[266] Folglich habe man eine moralische Verpflichtung gegenüber den zehntausend Wesen (*wan wu*, 萬物), und im Gegenzug seien die zehntausend Wesen Teil des »Ich« (民吾同胞, 物吾與也).[267] Einmal mehr kehren wir also zum Kern des konfuzianischen Projekts zurück, und zwar zu einer *Moralkosmologie*.

Parallel zu *ch'i* gab es innerhalb des Song-Neokonfuzianismus noch zwei weitere Schulen, jene des *li* (理, »Vernunft«)[268] und jene des *xin* (心, »Herz« oder »Verstand«).[269] Diese Schulen scheinen mir die Technik jedoch nicht berücksichtigt zu haben, und erst im Denken Song Yingxings (宋應星, 1587–1666) wird ein Verständnis der Technik im Verhältnis zur Metaphysik erkennbar.[270] Allerdings fällt es nicht schwer, zu bemerken, wie die Fokussierung auf *li* und *Dao* zu der Tendenz führte, *Qi* und *Dao* zu trennen: So wandelte Zhou Dunyi beispielsweise das Credo »die Schrift erhellt Dao« (文以明道) zu »die Schrift vermittelt Dao« (文以載道) ab. »Vermittlung« setzt selbstverständlich voraus, dass die beiden voneinander separiert werden könnten, da das *Qi* des Schreibens in diesem Falle lediglich ein Vehikel, ein Medium darstellen würde – das heißt lediglich funktional wäre. Die *xin*-Schule tendierte hingegen dazu, alle Veränderungen des Universums im unendlichen *xin* begründet zu sehen, was bedeutet, dass sie das *xin* als die absolute und ultimative Möglichkeit betrachtete und somit der Technik kaum je eine angemessene Rolle zuwies.

§13. Qi-Dao in Song Yinxings Enzyklopädie während der Ming-Dynastie

Die Errungenschaft Song Yingxings ist höchst beachtlich, zumal es sich bei seiner Theorie wahrscheinlich um die erste handelt, welche die Rolle des *Qi* im Individuationsprozess von technischem und physischem Seienden auf eine metaphysische Stufe hebt, auf der *Qi* die ihm angemessene Rolle zukommt. In einer Ergänzung zu den von den Neokonfuzianern entwickelten moralischen Kosmogonien machte Song die Rolle der Kosmotechnik deutlich, indem er sich selbst innerhalb des neokonfuzianischen Denkens verortete. Um nun die Bedeutung seines Werkes gebührend ermessen zu können, wollen wir kurz die Vorgänge im Anschluss an die Tang-Dynastie schildern.

Die Song-Dynastie (960–1279) war eine Zeit bedeutender technologischer Entwicklungen, die beispielsweise die Konstruktion des Navigationskompasses, die Erzeugung des Schießpulvers und seines militärischen Einsatzes sowie die Erfindung beweglicher Drucklettern – von Francis Bacon in seiner 1620 erschienenen Schrift *Instauratio magna* [*Die Große Erneuerung der Wissenschaft*] als die »drei großen Erfindungen« bezeichnet. Die darauffolgende Yuan-Dynastie (1272–1368) des über China regierenden mongolischen Kaiserhauses gelangte mit seinen Pferden und Kriegern bis nach Europa und beschleunigte so den Austausch zwischen Ost und West – heute heißt es, Marco Polo sei in dieser Zeit nach China gekommen. Die Epoche Song Yingxings, die Ming-Dynastie (1368–1644), war jene Phase, in der die Entwicklung der Wissenschaft, der Technologie als auch der Ästhetik in neue Dimensionen vorstieß: Das erste Teleskop wurde gebaut, Zheng He und seine Mannschaft segelten nach Afrika und die euklidische Geometrie wurde ins Chinesische übertragen.

Songs Arbeiten entstanden demnach nicht aus dem Nichts, sondern trugen vielmehr den Geist seiner Zeit in sich. Seine 1636 veröffentlichte Enzyklopädie *Tian Gong Kai Wu* (天工開物, *Erschließung der himmlischen Schätze*) besteht aus achtzehn Abschnitten, in denen verschiedene Techniken [*techniques*] beschrieben werden, unter anderem Ackerbau, Metallurgie und die Fertigung von Waffen. Die detaillierten Einträge, zusammen mit den Kommentaren, stammen aus den Beobachtungen des Autors während seiner Reisen und anderer Recherchen. *Tian* (天, »Himmel«) ist das Synonym für die kosmologischen Prinzipien, die den Wandel und die Erscheinungen alles Seienden bestimmen. *Tian Gong Kai Wu* stellt den Versuch dar, diese Prinzipien zu verstehen und zu beschreiben, wie der menschliche Eingriff in die tägliche Produktion mit den Prinzipien des Himmels vereinbar ist.

Song Yingxings Enzyklopädie erschien fast hundert Jahre vor Jean d'Alemberts und Denis Diderots französischer *Encyclopédie* sowie vor William und Robert Chambers' englischsprachiger *Encyclopædia*, wobei die jeweiligen historischen Kontexte selbstverständlich stark voneinander abweichen. Der aufklärerische Enzyklopädismus in Europa präsentierte uns eine geschichtlich neue Form der Systematisierung und Wissensverbreitung, die sich, anders als das *Tian Gong Kai Wu*, abgesondert hatte von der »Natur«. Martine Groult hat darauf hingewiesen, dass zu diesem spezifischen Zeitpunkt die Geschichte vom Leben des Königs sowie die Philosophie von der Theologie abgekoppelt worden seien.[271] Die Philosophie wurde befreit und dominant, partizipierte an verschiedenen Disziplinen und brachte eine Philosophie der Relationen (*rapports*) hervor.[272] In diesem Zusammenhang wurde die Freiheit der Philosophie, für die Kant beispielsweise in *Der Streit der Fakultäten* eintritt, indem er aufzeigt, dass Philosophie, als eine der unteren Fakultäten im deutschen Wissenschaftssystem, im Vergleich zu den drei »oberen Fakultäten« Theologie, Jura und Medizin die höchste Freiheit genießen sollte, zur Grundlage der Werte der Aufklärung. Der Kontext in China war demgegenüber ein vollkommen anderer: Der Autor des *Tian Gong Kai Wu* war keineswegs als Philosoph bekannt – er bestand, als er schon sehr alt war, erst nach mehreren gescheiterten Anläufen die staatliche Prüfung zum Beamten. Später nahm er eine überaus bescheidene Position innerhalb der Regierung ein und schrieb die Enzyklopädie in Armut. Was jedoch beiden Fällen – dem europäischen wie dem chinesischen – zu eigen ist, ist die maßgebliche Rolle der Philosophie bei der Systematisierung der Technologie. Und in beiden Fällen ist es das philosophische Denken, das – abgesehen davon, dass es sich um eine Art »Meta«-Denken jenseits aller Disziplinen handelt – dazu dient, unterschiedliche Spielarten des Wissens miteinander in Einklang zu bringen.

Erst in den 1970er-Jahren wurden andere Schriften Song Yingxings wiederentdeckt, darunter einige wichtige Texte wie das *Tan tian* (談天, »Über den Himmel«) und das *Lunqi* (論氣, »Über das *ch'i*«). In diesen Texten tritt die Verbindung zwischen Technik und der (inzwischen) leitenden Metaphysik (d. h. dem Neokonfuzianismus) deutlich zutage. Songs Metaphysik zentrierte sich um das weiter oben erwähnte Werk Zhang Zais. Zhang schlug darin einen Monismus des *ch'i* vor, um sowohl die Kosmogenese als auch die Moralkosmologie zu erklären. In seinem postum veröffentlichten Werk *Zheng Meng* (正蒙, *Rechtes Auflichten*) schreibt Zhang, »Größter Einklang [*tai he*] ist es, was da Weg [*Dao*] heißt«.[273] Zhang regt dazu an, *Dao* als Prozess der Bewegung von *ch'i* zu betrachten, und beteuert dementsprechend, »von der Luftwandlung [Wandlung des *ch'i*] hat man den Namen des Weges [*Dao*]« [由氣化,有道之名].[274] Er argumentiert damit, dass »[a]lles, was als Zustand möglich ist, [...] Vorhandenes [ist]; alles, was vorhanden ist, ist Bild [Phänomen]; alles, was Bild ist, ist Luft [*ch'i*]«,[275] und dass, wenn man erkennt, »daß die hohle Leere eben Luft [*ch'i*] ist, dann sind Vorhandenes und Nichtvorhandenes, Verborgenes und Erscheinendes, Geist [神, *shen*] [276] und Wandlung, Wesen und Ruf durchgängig Eines ohne Zwei«.[277] Zhang Zai versuchte damit, zu zeigen, dass selbst die Leere aus *ch'i* bestehe – dass Letzteres nicht notwendigerweise allein mit Phänomenen zusammenhänge, sondern auch unsichtbar sein könne.[278] Zhang Zais Theorie des *ch'i* wurde zu einem der Schwerpunkte innerhalb der Debatte über die Autonomie von *ch'i*: Trägt *ch'i* an sich bereits die Prinzipien der Bewegung in sich, oder benötigt es äußere Prinzipien und Beweggründe, um seine Bewegungen zu regulieren?

Zeitgenossen Zhang Zais hielten dagegen, dass man *ch'i* und *Dao* trennen müsse, da das *Dao* doch jenseits von Gestalt und Erscheinung liege. Dementsprechend müsse man *Dao* eher mit *li* (理, »Vernunft« oder »Prinzip«) als mit *ch'i* gleichsetzen. Die Gebrüder Cheng[279] lieferten einen Gegenvorschlag, laut dem »das, was als Gestalt niedersinkt, *ch'i* heißt, was als Gestalt aufsteigt, heißt *Dao* [有形總是氣,無形只是道]«. Sowohl Zhang Zais *ch'i* als auch das *li* der Chengs wurden von Zhu Xi (朱熹, 1130–1200) in seine Theorie übernommen, auch wenn darin *ch'i* mit *Qi* (器) gleichgesetzt wird und *li* (理) das ist, was jenseits der Gestalt liegt – bei ihm heißt es, »zwischen Himmel und Erde findet man *li* und *ch'i*. *li* ist das, was als Gestalt aufsteigt, der Grund der Lebewesen. *Ch'i* (氣) aber ist das, was als Gestalt niedersinkt, das heißt *Qi*, das von den Lebewesen besessen ist«.[280] An dieser Stelle zeigt sich deutlich, dass *ch'i* und *Qi* schlicht miteinander identifiziert werden. Wie aber war es möglich, *ch'i* als Äquivalent zu *Qi* zu betrachten, wenn *Qi* doch nicht ohne Weiteres als »natürliches Objekt« aufgefasst werden konnte?[281]

Die Diskussion hinsichtlich der Position des *ch'i* war bis zur Zeit Mou Zongsans (1909–1995) nicht geklärt. Mou schlug vor, dass *tai he* für Zhang Zai zwei Dinge bedeute: *ch'i* und *tai xu* (太虛, »Große Leere«), die *shen* (神, »Geist«) entsprechen. Er besteht darauf, dass *li* (理)

nicht ausreichend sei, um *ch'i* in Bewegung zu setzen, schließlich handelte es sich dabei lediglich um Prinzipien, die somit einen »ersten Beweger« benötigten. Diese primäre Kraft weile in *xin*, *shen* und *qing* (情, »Emotion«).[282] *Ch'i* (氣), *li* (理) und *xin* (心) konkurrierten weiterhin um die Position des grundlegendsten metaphysischen Prinzips des Neokonfuzianismus, wobei die Philosophen sie entweder zu integrieren versuchten oder eines gegen das andere ausspielten. Für Mou Zongsan stach *xin* dabei als der vielversprechendste Kandidat hervor. Doch wie treiben diese subjektiven Kräfte das Sein dazu an, sich zu bewegen? Mou blieb für seine Erklärung nichts anderes übrig, als eine kantische Haltung einzunehmen, bei der die Trinität (*ch'i*, *li*, *xin*) die Bedingung für die Möglichkeit der Erfahrung der Phaenomena darstellt und Existenz und Erfahrung korreliert sind. Ein weiterer bedeutender Philosoph, Zhang Dainian (張岱年, 1909–2004), vertrat eine abweichende Auffassung und interpretierte Zhang Zai radikal als Materialisten des 11. Jahrhunderts – keine abwegige Unterstellung angesichts der Tatsache, dass Zhang Zai selbst davon spricht, dass »*tai xu* […] *ch'i* [sei]« (太虚即氣) – dass die Kraft in *ch'i* vorhanden sei, nicht aber außerhalb davon.[283] Diese Debatte verdient eine detailliertere Untersuchung, als wir hier zu leisten imstande sind. Abgesehen davon aber fällt es ohnehin schwer, sich entweder für Zhang Dainians materialistisches Argument oder für Mou Zongsans Argument eines »ersten Bewegers« zu entscheiden, zumal beide unzureichend erscheinen, um die Rolle von *Qi* hinlänglich erklären zu können. Denn in gewisser Weise suchen beide nach einem solchen »ersten Beweger« – sei es in der Materie oder im Geist.[284] Und selbst wenn wir Songs Denken als eine Art materialistisches Denken beschreiben wollten, müsste darauf hingewiesen werden, dass es sich bei seinem Konzept des *ch'i* weniger um ein substanziell materialistisches als vielmehr um ein relational materialistisches handelte. Denn bei Song wird der Monismus des *ch'i* zu fünf Elementen herausgebildet: Metall, Holz, Wasser, Feuer und Erde, jedes davon mit einer einzigartigen Komposition von *ch'i*. Dies steht im Einklang mit dem vorsokratischen Denken und ist dennoch fundamental davon verschieden. Diese fünf Elemente werden *wu xing* (五行) genannt – wörtlich »Bewegungen«; sie entsprechen keinen *substanziellen* Elementen, sondern *relationalen* Bewegungen. Song greift

Zhangs *ch'i* auf und schlägt in »Über das *ch'i*« vor, dass das, »was den Himmel und die Erde einnimmt, *ch'i* ist (盈天地皆氣也)«.[285] Weiter heißt es bei ihm:

> Zwischen Himmel und Erde gibt es entweder *xing* [Gestalt] oder *ch'i* […]. [C]*h'i* wandelt sich zu *xing*, *xing* kehrt zurück zu *ch'i*, indes wir uns dessen nicht bewusst sind […]. [W]enn *shen* [Geist] von *xing* ins *ch'i* übergeht, sehen wir es; wenn es von *ch'i* zurück zu *xing* sich kehrt, sehen wir es nicht.[286]

Die Individuation der Seienden entspricht hier einer Transformation des *ch'i*, von seiner Gestaltlosigkeit hin zu einer konkreten Form – bei der es sich auch um *Qi* handeln kann. Zugleich formuliert Song Yingxing *wu xing* zu einem neuen Arrangement um, in dem lediglich Erde, Metall und Holz in Beziehung zu den Formen stehen. Demgegenüber stellen Feuer und Wasser nunmehr die beiden elementarsten Kräfte dar, situiert zwischen Gestalt und *ch'i*.[287] Alles individuierte Seiende im Universum entspricht somit Phänomenen der Transformation des *ch'i* in die Formen des *wu xing*. Diese Transformationen folgen ferner dem Bewegungszyklus: Wenn Holz verbrannt wird, kehrt es zur Erde zurück. In seiner Analyse betrachtet Song – ähnlich wie Zhang Zai[288] – *wu xing* nicht in Form entgegengesetzter Kräfte, wie es noch in der klassischen Philosophie der Fall war (z. B. Wasser steht im Gegensatz zu Feuer, Metall steht im Gegensatz zu Holz), sondern versteht sie unter dem Aspekt der Intensitäten, die sich zu verschiedenartigen Kompositionen miteinander kombinieren lassen. Man könnte sagen, dass anstatt eines Gegensatzes nur mehr unterschiedliche Proportionen und Relationen vorhanden seien. Doch um diese Kombinationen zu ermöglichen, bedarf es menschlicher Eingriffe – und hier kommt *Qi* (器) ins Spiel. *Qi* beziehungsweise die Technik ist es, was *ch'i* eine Gestalt gewinnen lässt, die nicht spontan in ihr selbst zum Vorschein kommt. Hierbei handelt es sich um eine Dimension des *Qi*, die der Neue Konfuzianismus sowie der Neokonfuzianismus ausklammern, insofern sie das Herz als den alleinigen »ersten Beweger« der Kausalität der Phaenomena betrachten. Song macht dies in »Über das *ch'i*« unmissverständlich klar. Dabei lässt sich sein Argument in zwei

Punkten zusammenfassen: Erstens ist *ch'i* imstande, etwa die Gestalt von Wasser oder Feuer anzunehmen, und obwohl diese Elemente einander entgegengesetzt sind, teilen sie faktisch doch eine gemeinsame Affinität füreinander. Song gebraucht die Metapher, dass sie, wenn sie einander nicht sehen, sich wie Frau und Mann, wie Mutter und Sohn vermissen. Sie seien jedoch in der Lage, »einander« mithilfe menschlicher Eingriffe »zu sehen« – genauer gesagt mithilfe technischer Aktivitäten. Zweitens, stellt man sich ein Glas Wasser und einen hölzernen Wagen vor, ist das Wasser, wenn das Holz in Brand gesteckt wird, nicht imstande, etwas dagegen zu unternehmen, und verdampft im Feuer; wenn man aber über einen riesigen Wasserbehälter verfügt, wird das Feuer ohne Schwierigkeiten gelöscht werden können. Folglich ist für das technologische Denken die Frage der *Intensität* und nicht die der *Substanz* maßgeblich.[289] Rückblickend sind diese Gedanken bereits in den technischen Beschreibungen von Songs Enzyklopädie *Tian Gong Kai Wu* ersichtlich. Zum Beispiel schreibt er in dem Abschnitt über Keramik, dass, »[w]enn zwischen Wasser und Feuer das richtige Verhältnis besteht«, sich Erde fest zu Ton oder Porzellan vermengen lässt,[290] und in dem Abschnitt über das Schmieden von Hämmern heißt es, dass sowohl Feuer als auch Wasser notwendige Bedingungen für Eisen seien: »Schmiedeeisen und Stahl sind nach dem Erhitzen und Schmieden noch nicht hart, solange das Wasser und Feuer nicht zusammen einwirken. Deshalb taucht man die Eisenware, nachdem sie fertiggeschmiedet [sic!] aus dem Feuer genommen wurde, in klares Wasser, um sie abzuschrecken. Danach spricht man von starkem Stahl oder starkem Eisen.«[291]

Dementsprechend wird *ch'i* in Übereinstimmung mit den Prinzipien des *Dao* in unterschiedlichen Elementarbewegungen verwirklicht, und durch menschliches Eingreifen werden wiederum diese Bewegungen neuerdings verwirklicht, um so individuierte Seiende hervorzubringen – beispielsweise beim Schmieden und, allgemeiner noch, in der Produktion und Reproduktion von *Qi* (器). *Qi* tritt somit in den Zyklus ein und erweitert die Kombinationsmöglichkeiten der elementaren Formen. Man könnte sagen, dass die vorherrschende Naturphilosophie das technologische Denken dergestalt angeleitet habe, dass das Artifizielle nicht nur stets unter den Grundsätzen der Bewegung – also unter dem, worunter wir heute Physik verstehen – subsumiert werden musste, sondern ebenso unter einem organischen Kombinationsmodell, einer Mediation der Beziehungen zwischen verschiedenen individuierten Seienden. Hinzuzufügen ist an dieser Stelle, dass Song, wie auch Liu Zongyuan, der Theorie der Korrelation zwischen Himmel und Mensch skeptisch gegenüberstand und sie für Aberglaube hielt. In seinem Text »Über den Himmel« mokierte er sich über die Menschen vergangener Zeiten – einschließlich der oben (§9) diskutierten Schilderungen im *Buch der Lieder* (*Shijing*) und im *Zouzhuan* sowie diejenigen des Neokonfuzianers und Kommentators des erstgenannten Buches Zhu Xi (1130–1200) –, da sie den Himmel nicht zu begreifen schienen.[292] Denn stünde eine Sonnenfinsternis in Korrelation mit dem moralischen Betragen des Kaisers, bliebe jegliche Ausnahme von dieser korrelativen Regel unerklärlich. Für Song wird die Tugend des Kaisers demnach nicht anhand solcher Naturphänomene signalisiert, sondern durch seine Fähigkeit, den Himmel gemäß »wissenschaftlicher Prinzipien« zu deuten, um zur rechten Zeit handeln zu können.[293] Daraus folgt, dass, obwohl Song die Theorie der Resonanz infrage stellte,[294] er nichtsdestotrotz die Einheit zwischen Kosmos und Moral bejahte.[295]

Hinsichtlich dessen, was wir zuvor als Kosmotechnik charakterisiert haben, lässt sich zusammenfassend nun sagen, dass *Li Qi* im Konfuzianismus gebraucht wird, um die kosmologische und moralische Ordnung zu konsolidieren; im Falle Zhuangzis handelt es sich um die »Verwendung« oder »Nicht-Verwendung« (nicht aber Anwendung gemäß seiner technischen oder gesellschaftlichen Bestimmung) des Werkzeugs zur Vermittlung mit dem *Dao*, sodass die Kunst des Lebens erlangt werden kann; wohingegen wir im Falle Songs die Funktion von *Li Qi* sowohl in der Erschaffung als auch in der Verwendung ausmachen können, wobei das moralische Verhältnis von *Qi-Dao* auf die alltägliche Fertigung ausgeweitet wird. Diese organische Form entspricht nicht dem, was wir heute unter einem reflexiven, rekursiven Prozess verstehen; vielmehr findet sie ihr strengstes Prinzip im *Dao* – einer Kosmotechnik, die den Menschen an den Kosmos bindet.

§14. Zhang Xuecheng und die Historisierung des Dao

Während der Qing-Dynastie (1644–1912) wurde die Relation zwischen *Dao* und *Qi* auf noch eine andere, den auf die Opiumkriege folgenden Bruch vorwegnehmende Weise neu formuliert. Dies bedeutet jedoch keineswegs, dass die Gelehrten dieser Ära die Einheit von *Qi* und *Dao* mutwillig aufbrechen wollten; ganz im Gegenteil, sie versuchten, diese neuerdings zu affirmieren. Da sie aber zu einer kritischen historischen Periode lebten, sahen sie sich gezwungen, westliches Denken und Technologie in ein einzigartiges philosophisches System zu integrieren, das sich damit nicht vollständig in Übereinstimmung bringen ließ. Um das Denken und die Technologie dennoch auf eine »stringente« Weise einzugliedern, blieb ihnen lediglich, den Bedeutungsgehalt dieser beiden so zu verbiegen, dass diese Inkompatibilität auf ein Minimum reduziert wurde.

Anzumerken ist, dass während der mittleren bis späten Qing-Dynastie das Studium der sechs Klassiker, nämlich des *Buchs der Lieder* (詩經, *Shijing*), des *Buchs der Urkunden* (尚書, *Shangshu*), des *Buchs der Riten* (禮記, *Liji*), des *Buchs der Wandlungen* (周易, *Yijing*), der *Frühlings- und Herbstannalen* (春秋, *Chunqiu*) und des verschollenen *Buchs der Musik* (樂經, *Yuejing*), ebenfalls infrage gestellt wurde. War in der Vergangenheit der Umgang mit den Klassikern noch auf die philosophische und textliche Analyse sowie auf das philologische Studium (訓詁學) dieser alten Texte fokussiert, um sich so über das *Dao* klarer zu werden[296] – das eine moralische Bedeutung erhielt, und zwar *de* (遵德性) –, lässt sich während der Qing-Dynastie die Bestrebung hin zu einer Historisierung eines solchen Verständnisses von *Dao* (道問學) erkennen. Dies stellt einen signifikanten Wandel in der Geschichte des Denkens in China dar, zumal dadurch die Vorstellung von *Dao* als etwas, das bereits verkündet worden und in den alten Texten seitdem latent vorhanden gewesen sei, angezweifelt und stattdessen nahegelegt wurde, dass das, was als *Dao* verstanden werde, geschichtlich sei – dass das *Dao* sich also mit der Zeit verändere. Zhang Xuencheng (章學誠, 1738–1801) – so etwas wie der Michel Foucault des 18. Jahrhunderts – zeigte stringent auf, dass man das Dao hinsichtlich der in Zeit und Raum kontexualisierten Bedeutungen untersuchen müsse. Sein

Hauptwerk 文史通义 (*Über Literatur und Geschichte*) eröffnete Zhang mit der folgenden Aussage:

> Die sechs Klassiker sind lediglich Historien. Die Menschen des Altertums schrieben keine Bücher ohne einen bestimmten Zweck; sie theoretisierten nie, ohne ihre Arbeit auf Tatsachen zu stützen, und die sechs Klassiker sind die politischen Handbücher der alten Kaiser.[297]

Zhangs Behauptung unterscheidet ihn von seinem Zeitgenossen, dem berühmten Konfuzianer Dai Zhen (戴震, 1724–1777), namhaft aufgrund seiner philologischen Forschungen. Dai stand dem Neokonfuzianismus äußerst kritisch gegenüber, insbesondere dessen Interpretation von *li* (理, »Vernunft«). So prangerte er Zhu Xi und andere späte Konfuzianer etwa dafür an, »*li* zum Zwecke des Tötens zu gebrauchen«, gleich grausamen Beamten, die das Gesetz für tödliche Zwecke missbrauchten.[298] Für Zhang war Dai immer noch jener Tradition verhaftet, die das *Dao* in den alten Texten suchte, ohne zu bemerken, dass die sechs Klassiker nicht in der Lage seien, die Zeit zu transzendieren – und dass dies, wären sie dazu imstande, bedeutete, dass das *Dao* unvergänglich würde, was sich bereits selbst widerspräche. Zhang zufolge berichten die sechs Klassiker von nichts anderem als dem *Dao* ihrer Zeit. Für die Untersuchung des *Dao* unserer Zeit sei es jedoch notwendig, es entsprechend der gesellschaftlichen Entwicklung und den damit verbundenen Komplikationen zu historisieren. Diese Historisierung entspreche zugleich einem Philosophieren, das einen Sprung hinein in die Geschichtsphilosophie mache, anstatt sich mit der endlosen Dekodierung »ursprünglicher Bedeutung« aufzuhalten. Abrückend von einer detaillierten etymologischen Analyse, schlägt Zhang daher in einem Ansatz vor, den sein Biograf David Nivison als mit Hegels Geschichtsanalyse vergleichbar sieht, allgemeiner über Geschichte nachzudenken.[299] Die sechs Klassiker werden so zum *Qi* des *Dao* des Altertums. In dem Kapitel »*Yuan Dao Zong*« (»原道中«, »Ursprüngliches Dao«) erklärt Zhang:

> Das *Yijing* sagt: »[D]as, was als Gestalt aufsteigt, heißt *Dao*. Was als Gestalt niedersinkt, heißt *Qi*.« *Dao* und *Qi* sind nicht trennbar, ebenso wenig wie sich ein Schatten von der Form ablösen lässt. Die nachmaligen Gelehrten glaubten, dass die Lehren des Konfuzius aus den sechs Klassikern hervorgingen, und dachten, diese Bücher seien, worin das *Dao* weile, ohne sich bewusst zu sein, dass es sich bei den sechs Klassikern lediglich um *Qi* handelt [...]. Konfuzius gab sechs Klassiker an die nächste Generation weiter, da das *Dao* der alten Kaiser und Weisen nicht sichtbar wird, ohne dass die sechs Klassiker als *Qi* agieren [...]. Die Konfuzianer glaubten weiterhin, dass die sechs Klassiker das *Dao* beinhalteten; wie aber kann man über das *Dao* sprechen ohne das *Qi*? – wie kann es einen Schatten ohne Form geben?[300]

Was Zhang Xuecheng an dieser Stelle suggeriert, ist in gewisser Weise nahe dem, was wir heute Dekonstruktion nennen: Hierbei ist die Existenz des *Dao* ebenfalls auf sein *Supplement* – sein *Subjektil*, wie Derrida sagen würde – angewiesen, schließlich würde es andernfalls unsichtbar. Der Schrift, insbesondere hier der Geschichtsschreibung, kommt insofern Bedeutung zu, da sie das sich permanent verändernde und sich jenseits sichtbarer Gestalten bewegende *Dao* offensichtlich werden lässt. Somit wird deutlich, dass Zhang die Einheit von *Dao* und *Qi* unumwunden befürwortet; paradoxerweise aber relativiert er damit zugleich die Relation zwischen *Qi* und *Dao* und macht sie zu einem historischen Phänomen. Zhangs Auffassung von *Dao* und *Qi* übte, wie im Folgenden noch darzulegen sein wird, später großen Einfluss aus auf Gelehrte wie Gong Zizhen (龔自珍, 1792–1841) und Wei Yuan (魏源, 1795–1856), bedeutende Persönlichkeiten während der frühen Modernisierung Chinas.[301] Darüber hinaus verlagerte Zhangs Kritik am Neokonfuzianismus auch den Fokus von der Korrelation zwischen Wissen und Moral in Richtung Wissen und objektive Erkenntnis – dieser Punkt, wenn auch nur implizit, wird schließlich bedeutsam für das Programm der Neokonfuzianer werden.[302]

§15. Der Bruch zwischen Qi und Dao nach den Opiumkriegen

Heftigen Attacken ausgesetzt aufgrund seiner metaphysischen Diskurse, die als inhaltslos und losgelöst von der Geschichte und Realität angesehen wurden, geriet der Neokonfuzianismus zunehmend in eine Krise und wich gegen Ende der Qing-Dynastie schließlich den neuartigen Disziplinen der westlichen Wissenschaft. Dies stellt eine Entwicklung dar, die weitaus schwieriger zu erklären ist als die Verbreitung des Buddhismus während der Wei- und Jin-Dynastien. Brachte der Buddhismus eine neue Form des Denkens sowie neue Werte mit sich, machten es die in die westlichen Wissenschaften eingebetteten bestehenden Werte und mächtigen materiellen Förderungen unmöglich, sich diese unmittelbar anzueignen. Stattdessen erzwangen die westlichen Wissenschaften eine *Adaption* an den technologischen Zustand. Diese Adaption stellte eine der größten Herausforderungen und Krisen dar, welche die chinesische Zivilisation je erlebt hat und die tatsächlich jedwede Rückkehr zu einem »richtigen«, »authentischen« Ursprung unmöglich erscheinen lässt.

In China erzeugte die westliche Technologie einen Hype; grundlegender noch machte sie jedoch Angst. Dies zeigte sich beispielsweise an der ersten Eisenbahnstrecke in China, von Shanghai nach Wusong, erbaut von der britischen Firma Jardine, Matheson & Co. in den Jahren 1876 bis 1877. Die Eisenbahn rief solch eine Angst hervor (in Bezug auf Sicherheit und potenzielle Unfälle), dass die Qing-Dynastie 285.000 Tael Silber für den Kauf der Eisenbahn zahlte und sie anschließend zerstörte.[303] Die fragliche kulturelle Transformation hier, die manch asiatischer Wissenschaftler doppeldeutig als »eine andere Moderne« bezeichnet, ist in der Tat in dem Sinne überaus modern, als dass sie auffallend »kartesianisch« ist: Denn der Versuch, zwangsweise wissenschaftliche und technologische Entwicklungen einzuführen, während die »grundlegenden Prinzipien« des chinesischen Denkens beibehalten werden sollten, setzt voraus, dass der Verstand (das *cogito* – bzw. das philosophische Denken) mittels des Mediums der Technik die physische Welt betrachten und befehligen könne, ohne selbst davon affiziert und transformiert zu sein.

Die beiden Opiumkriege Mitte des 19. Jahrhunderts (1839–1842, 1856–1860) hatten das Vertrauen der Zivilisation in sich selbst zerstört und es in einen Mahlstrom der Verwirrung und des Zweifels gestürzt. Im Anschluss an sie gestand sich China ein, dass es unmöglich sein würde, ohne Entwicklung »westlicher Technologien« einen Krieg zu gewinnen. Die schweren Niederlagen führten zur Bildung der Selbststärkungsbewegung (自強運動, 1861–1895), die das Militär und die industrielle Produktion umfassend modernisierte sowie das Bildungssystem reformierte. Zwei der Slogans dieser Bewegung fangen den Geist jener Zeit ein. Der erste lautet »Vom Westen lernen, um den Westen zu überwinden« (師夷長技以制夷); der zweite lässt einen deutlich kulturelleren und nationalistischeren Ansatz erkennen: »Chinas Lehren als Substanz, westliche Lehren für praktische Zwecke« (中學為體,西學為用). Li Sanhu hat darauf hingewiesen, dass in dem Aufeinandertreffen von chinesischer und westlicher Kultur eine Reihe an »Übersetzungen« stattgefunden habe, bei der *Dao* und *Qi* allmählich in Bezug auf westliche (gesellschaftliche, politische und wissenschaftliche) Theorien und Technologien ermittelt wurden.[304] Da das *Dao* seit der Han-Dynastie als dem *Qi* vorausgehend verstanden wurde, schloss Li daher, dass diese Reihenfolge ab der Zeit der späten Ming- und Qing-Dynastien umgekehrt wurde, sodass *Qi* als dem *Dao* vorgängig erschien.[305]

Die erste von Li Sanhu ausgemachte Übersetzung besteht darin, *Qi* durch westliche Technologien zu ersetzen und mit ihrer Hilfe das chinesische *Dao* zu verwirklichen. Während der im Anschluss an die Opiumkriege aufkommenden Reformbewegung setzte Wei Yuan, jener Intellektuelle, der den Slogan »Vom Westen lernen, um den Westen zu überwinden« vorgeschlagen hatte, die westliche Technologie mit *Qi* gleich, in der Hoffnung, sie dadurch in das traditionelle Studium der Klassiker integrieren zu können. Wei hatte die Neokonfuzianer in hohem Maße dafür kritisiert, Mutmaßungen über Metaphysik anzustellen, ohne dabei das *Dao* ordnungsgemäß zur Lösung sozialer und politischer Probleme zu *verwenden*. Er bemühte sich, einige Prinzipien der chinesischen Philosophie, von denen er dachte, sie könnten dabei helfen, die chinesische Kultur von innen her zu reformieren, wiederzugewinnen, und las die sechs Klassiker dementsprechend als

Bücher über die Regierungskunst.[306] Dadurch kehrte er unbewusst die holistische Sichtweise von *Dao* und *Qi* in eine Art kartesianischen Dualismus um. Im Vergleich zu Zhang Xuecheng, der ihn beeinflusst hatte, dehnte Wei Yuan das Konzept des *Qi* von den historischen Schriften auf Artefakte aus und nahm eine weitaus radikalere Haltung ein. Handelte es sich bei der Guwen-Bewegung noch um einen Versuch, *Dao* mithilfe der Schrift wieder geltend zu machen, so war sie dennoch der Überzeugung verhaftet, man könne die Einheit von *Dao* und *Qi* feststellen. In Wei Yuans Erweiterung des Konzepts von *Qi* um westliche Technologien wurde hingegen endgültig mit der Moralkosmologie gebrochen: *Qi* wird zum bloßen Ding, das vom *Dao* kontrolliert und beherrscht wird. *Dao* ist Geist und *Qi* sein Instrument. In dieser Auffassung wurde *Qi* so zu einem reinen Werkzeug. Yan Fu (嚴復, 1894–1921), Übersetzer von Thomas Henry Huxley und Charles Darwin, verhöhnte diese »Paarbildung« des chinesischen *Dao* und des westlichen *Qi*:

> Der Körper und sein Verwendungszweck befinden sich in Eintracht. Der Körper einer Kuh wird zum Lastentragen verwendet; der Körper eines Pferdes zur Reise. Ich habe noch nie gehört, dass der Körper einer Kuh gleich einem Pferd verwendet werden kann. Der Unterschied zwischen dem Osten und dem Westen entspricht dem zwischen zwei verschiedenen Gesichtern; wir können dies nicht ignorieren und behaupten, sie sähen einander ähnlich. Aus diesem Grund ist das chinesische Denken mit seinem eigenen Verwendungszweck ausgestattet, wie auch dem westlichen ein eigener zukommt; sie sollten nebeneinandergestellt werden, denn werden sie vereint, werden sie beide dahinschwinden. Diejenigen, die sie zu einem Ding kombinieren wollen und sie dabei in einen Teil als Körper und einen Teil als Instrument separieren, begehen bereits einen logischen Fehler; wie können wir erwarten, dass dies funktioniert?[307]

Die zweite Übersetzung bestand laut Li Sanhu darin, sowohl *Dao* als auch *Qi* mit westlicher Theorie und westlicher Technologie zu ersetzen. Auf die Selbststärkungsbewegung (bzw. Bewegung der Verwestlichung [洋務運動], 1861–1895) folgte die Hundert-Tage-Reform (戊戌維新, 11. Juni–21. September 1898), eine Reaktion der Intellektuellen auf den Schock, dass China im ersten Sino-Japanischen Krieg (1894–1895) von Japan besiegt worden war. Rückblickend lässt sich gut nachvollziehen, weshalb dieses Ereignis als Trauma verbucht wurde: Von westlichen Ländern besiegt zu werden, konnte aufgrund deren relativen zivilisatorischen Fortschritts noch einigermaßen erklärt werden, wohingegen die Niederlage gegen Japan unerklärlich erschienen sein muss, bedenkt man, dass es sich bei Japan lediglich um einen kleinen »untergeordneten Staat« Chinas handelte. Nach den Opiumkriegen zielte die Selbststärkungsbewegung zum einen darauf ab, das Militär in China zu stärken sowie qualitativ bessere Kriegsschiffe und Waffen zu entwickeln, zum anderen westliche Wissenschaften und Technologien mittels Industrialisierung, Erziehung und Übersetzung in China einzugliedern. All diese Pläne wurden jedoch aufgrund der Niederlage im Sino-Japanischen Krieg eingestellt.

Wichtig ist, dass zu diesem Zeitpunkt das materialistische Denken in Europa großen Zuspruch fand und chinesische Intellektuelle, die sich zunehmend mit dem europäischen Denken vertraut gemacht hatten, es sich anzueignen begannen. Nehmen wir beispielsweise einen der bekanntesten reformistischen Intellektuellen, Tan Sitong (譚嗣同, 1865–1898). Wie fast alle Konfuzianer betonte auch Tan die Einheit von *Dao* und *Qi*. Doch setzte Tan, wie Li Sanhu aufgezeigt hat, *Qi* mit Wissenschaft und Technologie gleich und identifizierte *Dao* mit westlichen wissenschaftlichen Erkenntnissen, wiewohl er diese in Form chinesischer philosophischer Kategorien formulierte. Sein materialistischer Gedanke besagt, dass *Qi* die Stütze des *Dao* sei; ohne *Qi* würde *Dao* nicht länger vorhanden sein. Aus diesem Grund müsse *Dao* dergestalt verändert werden, um es mit dem westlichen »*Qi*« kompatibel zu machen. Dementsprechend lässt sich sagen, dass Tan Wei Yuans »*Qi* im Dienste des *Dao*« (器為道用) effektiv zu »*Dao* im Dienste des *Qi*« (道為器用) umkehrte.

Die »Materialisten« jener Zeit verknüpften chinesische Philosophie auf äußerst kreative, bisweilen absurd wirkende Weise mit westlicher Wissenschaft. So machte etwa Tan 1896 in Shanghai die Bekanntschaft mit dem englischen Jesuiten John Fryer (傅蘭雅, 1839–1928),

der das Konzept des Äthers nach China brachte.[308] Tan nahm eine materialistische Auslegung des Äthers vor und übertrug sie auf seine vorangegangene Lektüre der chinesischen Klassiker, einschließlich des *Yijing* und neokonfuzianischer Texte. Er schlug vor, Konfuzius *ren* (仁, »Wohlwollen«) als den »Gebrauch« oder »Ausdruck« des Äthers zu begreifen:

> Aus der Dharmawelt, der geistigen Welt, der Welt der empfindsamen Wesen gibt es ein Seiendes, das an allem haftet, alles vereint und alles kanalisiert, alles erfüllt. Es lässt sich nicht sehen, nicht hören, lässt sich nicht riechen, nicht bezeichnen, und wir nennen es Äther. Es gebiert die materielle Welt, den Geist und die empfindsamen Wesen.
>
> *Ren* (Wohlwollen) ist der Gebrauch des Äthers, alles Seiende im Universum stammt aus ihm und kommuniziert durch ihn.[309]

Man beachte, dass – da *ren* dem spirituellen Teil des Äthers entspricht – der Äther gleichzeitig *ch'i* als auch *Qi* darstellt und *ren* dessen *Dao*. Rückblickend können wir annehmen, dass Tan im Äther tatsächlich einen Ersatz für das neokonfuzianische *ch'i* gefunden hatte und demzufolge das *Dao* mithilfe des Studiums des Äthers verwirklichen wollte. Darüber hinaus las Tan zu jener Zeit auch John Fryers Übersetzung von Henry Woods *Ideal Suggestion Through Mental Photography* (von Fryer ins Chinesische übertragen als 治心免病法, was rückübersetzt werden kann zu *Wege zur Beseitigung psychischer Krankheiten*), worin der Autor eine Analogie zwischen der Bewegung der Wasserrippeln und der psysischen Kraft anempfiehlt.[310] Dieses Bild harmonierte perfekt mit Tans Spekulationen über die Beziehung zwischen dem Äther und *ren*, die er zu einer sogenannten »Theorie der Herzenskraft« beziehungsweise »psychischen Macht« (心力說) ausarbeitete.

Tans Gefährte, ein weiterer berühmter reformistischer Intellektueller, Kang Youwei (康有為, 1858–1927), wartete mit einer ähnlichen Interpretation auf, die besagte, »*ren* [仁] ist die thermische Energie; *yi* ([義,] Gerechtigkeit, Rechtmäßigkeit) ist die Gravitationskraft; es gibt kein Drittes, das das Universum begründet«.[311] Von Beginn an lassen sich diese Theorien (neben anderen vergleichbaren, die in dieser Zeit aufgestellt wurden) als Versuche betrachten, *Qi* und *Dao* wiederzuvereinigen; die Diskrepanz zwischen den Kategorien und ihrer Bedeutung führte jedoch zu inkompatiblen Gemengelagen, die nicht anders konnten, als letztlich zu scheitern.

Eine solche Übernahme der Physik des 19. Jahrhunderts als neues Fundament der chinesischen Moralphilosophie, um so die Hoffnungen der Bevölkerung auf politische und soziale Gleichheit anzukurbeln, stellt nur ein besonders eindringliches Beispiel für jene Art der Aneigung dar, durch die chinesische Intellektuelle versucht hatten, das chinesische Denken mittels westlicher Wissenschaft und Technologie neu zu beleben. Im Jahr 1905, nach acht Jahren des Exils in den Vereinigten Staaten und in Europa, schrieb Kang ein Buch mit dem Titel 物質救國論 (*Nationales Heil durch Materie*), in dem er erklärt, dass die Schwäche Chinas keine Frage der Moralität und Philosophie, sondern der Materie sei; der einzige Weg, China zu retten, liege daher in der Entwicklung einer »Wissenschaft der Materie« (物質學).[312] Was Kang mit »Materie« meint, ist in Wahrheit Technologie.[313] Diese Lesart ließ sich voll und ganz mit einer Modernisierungsbewegung vereinbaren, bei der »*Qi*« verwendet wird, um »*Dao*« zu realisieren. Eine derart instrumentalisierte Gewichtung auf »Gebrauch« oder »Nutzung« verkehrt das *Dao* und *Qi* der Kosmotechnik – und ersetzt Li Sanhu zufolge den chinesischen Holismus durch einen westlichen Mechanizismus.[314]

§16. Der Zusammenbruch des Qi-Dao

Eine zweite bedeutsame Phase der Reflexion über Wissenschaft und Technologie sowie auch über Demokratie in China erfolgte im Anschluss an die Revolution von 1911, als einige derjenigen, die als Kinder ins Ausland geschickt worden waren, schließlich als öffentliche Intellektuelle zurückkehrten. Eine der wichtigsten intellektuellen Bewegungen – heute bekannt unter dem Namen Bewegung des vierten Mai – trat 1919 in Erscheinung, angeregt durch den Protest gegen den Vertrag von Versailles, der es den Japanern erlaubte, sich einige Gebiete in der Provinz Shandong, die zuvor von den Deutschen okkupiert gewesen waren, anzueignen. Wichtiger aber noch erscheint im Zuge dessen eine Bewegung einer jungen Generation, die sich nicht alleine mit Wissenschaft und Technologie, sondern auch mit Kultur und Werten beschäftigte. Einerseits widersetzte sich diese kulturelle Bewegung den traditionellen Autoritäten; andererseits legte sie großen Wert auf Demokratie und Wissenschaft (die im Volksmund als »Herr De und Herr Sai« bekannt waren). Während der 1920er- und 1930er-Jahre erlebte die westliche Philosophie somit einen Aufschwung in China.

Dabei sind drei Namen eng mit der zeitgenössischen Geistesgeschichte Chinas verknüpft: William James, Henri Bergson und Bertrand Russell.[315] Die intellektuellen Debatten der damaligen Zeit gingen der Frage nach, ob China gänzlich verwestlicht und die westliche Wissenschaft, Technologie und Demokratie vollkommen übernommen werden sollte – wie es von Intellektuellen, darunter Hu Shi (ein Schüler John Deweys), befürwortet wurde – oder nicht – so die andere Seite, der Carsun Chang Junmai (ein Schüler Rudolf Euckens), Chang Tungsun (der chinesische Bergson-Übersetzer in den 1920ern) und andere angehörten. Diese Debatten führten jedoch zu nicht lösbaren Problemen und nicht verhandelbaren Vorschlägen. Die damals aufgeworfene Frage, die das Aufkommen des Neuen Konfuzianismus bereits vorwegnahm, lautete, wie es möglich sein könne, eine Modernisierung zu entwickeln, die authentisch chinesisch sein würde. Im Folgenden werde ich ein paar historische Episoden nacherzählen, die erkennen lassen, wie die Intellektuellen jener Zeit diese Frage auffassten und was ihre Gedanken hinsichtlich der Entwicklung Chinas in Bezug auf Wissenschaft und Technologie waren.

§16.1 Carsun Chang: Die Wissenschaft und die Schwierigkeit des Lebens

Die erste Begebenheit ereignete sich 1923, als der Philosoph Carsun Chang (張君勱, 1887–1968), ein Experte für Neokonfuzianismus und Schüler sowie Mitarbeiter Rudolf Euckens, einen Vortag an der Tsinghua-Universität in Peking hielt, den er später unter dem Titel »*Rensheng Guan* (人生觀)« publizierte. Der Titel ist schwer zu übersetzen: Wörtlich bedeutet er Vision des Lebens oder der Lebensweise, und es lässt sich vermuten, dass er das von Eucken verwendete deutsche Wort *Lebensanschauung* evozieren sollte. Chang traf Eucken 1921 in Jena und beschloss, bei ihm zu studieren; später arbeitete er mit ihm an einem Buch mit dem Titel *Das Lebensproblem in China und in Europa* (1922), das nie ins Chinesische (geschweige denn ins Englische) übersetzt wurde.[316] Das Buch ist in zwei Teile gegliedert: der erste, von Eucken, über Europa, und der zweite über China von Chang, mit einem abschließenden Nachwort von Eucken. An sich handelt es sich nicht um eine besonders tiefgründige Auseinandersetzung mit dem Thema, die sich aus kurzen Darstellungen der verschiedenen *Lebensanschauungen* von der Antike bis in die Gegenwart zusammensetzt. Zur chinesischen Lebensweise und deren Bezug zur konfuzianischen Moralphilosophie äußerte sich Eucken im Epilog folgendermaßen:

> Als eigentümlich fanden wir dabei namentlich die Konzentration des Strebens auf den Menschen und auf seine Selbsterkenntnis; die Größe dieser Lebensgestaltung liegt in ihrer Schlichtheit und ihrer Wahrhaftigkeit. In merkwürdiger Weise verband sich hier mit vernünftiger Aufklärung eine große Hochschätzung des gesellschaftlichen und geschichtlichen Zusammenseins.[317]

Offensichtlich erlaubte Chang die Zusammenarbeit mit Eucken, seine Moralphilosophie mit der Frage nach dem Leben zu verbinden. Diesbezüglich bezeichnet sich Chang selbst als einen »realistischen Idealisten«, was bedeutet, dass er vom »Ich« ausgeht, ohne das »Ich« jedoch als Absolutes zu setzen, da es der Erfahrung der realen Welt preisgegeben ist. Dieser idealistische Ausgangspunkt kennzeichnet seine *Lebensanschauung*, welche die objektive Wissenschaft von der Philosophie unterscheidet. In »*Rensheng Guan*« schlägt Chang daher vor, dass das »Ich« jene Perspektive bereitstellen müsse, von der aus das, was außerhalb von ihm liege, verstanden werden könne, einschließlich des Individuums, des Sozialen, des Eigentums – vom inneren geistigen Selbst über die äußere materielle Welt, von der Hoffnung der Welt bis hin zu jener des Schöpfers. Für Chang sollte die Wissenschaft, eine Disziplin, die ihren Ausgang für gewöhnlich in der Objektivität nimmt, im intuitiven und subjektiven »Ich« wurzeln. Chang charakterisierte die Unterschiede zwischen der Wissenschaft und der »Vision des Lebens« anhand von fünf Punkten:

Wissenschaft (basierend auf)	Vision des Lebens (basierend auf)
dem Objektiven	dem Subjektiven
Vernunft	Intuition
analytischer Methode	synthetischer Methode
Kausalität	freiem Willen
Gemeinsamkeit	Einzigartigkeit

Diese schematische Differenzierung wurde unmittelbar von dem Geologen Ding Wenjiang (丁文江, 1887–1936) attackiert, der Chang für seine Regression von der Wissenschaft zur Metaphysik kritisierte und dessen Philosophie *xuan xue* (玄學) titulierte, ein Begriff zur Beschreibung jener Philosophie, die während der Wei- und Jin-Dynastien aufkam, stark durch den Daoismus und den Buddhismus beeinflusst worden war (siehe §9 oben) und im Allgemeinen als Hybrid aus wissenschaftlicher Disziplin und Aberglaube angesehen wurde.

Am bemerkenswertesten an dieser Episode erscheint Changs Sorge, die Wissenschaft würde innerhalb der chinesischen Gesellschaft höher wertgeschätzt als die traditionelle Erkenntnistheorie, was eine Rekonfiguration aller Arten von Werten und Überzeugungen, einschließlich der *Lebensanschauung*, implizieren würde. Seinem Warnruf gemäß, den auch Dings Kritik zu bestätigen scheint, drohte die Wissenschaft in China zu dieser Zeit zum ultimativen Maßstab aller Formen der Erkenntnis zu werden und bis auf jene Elementen, die sie für harmlos und lediglich dekorativ erachtete, all das auszusieben, was als unzureichend wissenschaftlich galt.

§16.2 Das Manifest für eine China-orientierte kulturelle Entwicklung und dessen Kritiker

Eine andere Episode, die sich im Jahr 1935 ereignete, markiert das zweite Moment sowie die Debatten ringsum und erlaubt es uns, die wichtigsten geltenden Ideen zu begreifen. Am 10. Januar 1935 veröffentlichten in China zehn renommierte Professoren einen Aufsatz mit dem Titel »Ein Manifest für eine China-orientierte kulturelle Entwicklung« (中國本位的文化建設宣言),[318] in dem sie den Vorschlag des »chinesischen Denkens als Körper und westlichen Denkens als Instrument« als zu oberflächlich kritisierten und sich für tiefer gehende Reformen aussprachen. Zugleich kritisierten sie den Vorschlag einer vollständigen Verwestlichung, sei es in Anlehnung an Großbritannien und die USA, an die Sowjetunion oder an Italien und Deutschland. Dieses Manifest drückte die Angst vor einem chaotischen internen intellektuellen Krieg aus, der gleichermaßen zum Vergessen der chinesischen Ursprünge und Zeitgenossenschaft führen würde, und imaginierte ein neues China, das fähig sein würde, Technologie und Wissenschaft effektiv zu integrieren, ohne dafür seine Wurzeln einbüßen zu müssen. Am 31. März reagierte Hu Shi spöttisch auf das Manifest und behauptete, es gebe keinen Grund, sich Sorgen über eine »chinesisch-orientierte Kultur« zu machen, da China immer China sein werde. Hu zufolge herrsche innerhalb der Kultur allgemein eine Art Trägheit, sodass die chinesische Kultur, insofern sie versuchte, sich gänzlich zu verwestlichen, infolge dieser Trägheit stets etwas anderes hervorbringen werde: »Selbst wenn der Chinese das Christentum annimmt, wird er sich im Laufe der Zeit von einem europäischen Christen unterscheiden, wird er ein chinesischer Christ sein.« Anschließend machte er sich über den ehemaligen Generalsekretär der Kommunistischen Partei Chinas Chen Duxiu (陳獨秀, 1879–1942) lustig, dessen trotzkistische Haltung zum Ausschluss aus der Partei geführt hatte: »Chen Duxiu hat den Kommunismus angenommen, aber ich glaube, dass er ein chinesischer Kommunist ist, verschieden von den Kommunisten aus Moskau.«[319]

Diese pragmatische Haltung sollte zur dominierenden Einstellung innerhalb Chinas werden, was vermutlich daran lag, dass es sich um eine Denkweise handelt, die sich für eine derartige Phase des Experimentierens und Hinterfragens am besten eignet. Zugleich aber stellt sie eine eigentümliche Art von Pragmatismus dar, zumal sie der Verwestlichung zustimmt und gleichzeitig eine sich aus den obstruktiven Kräften der eigenen Kultur und Tradition ergebende Differenzierung antizipiert. Von diesem Blickwinkel aus wird die chinesische Kultur zu einer reinen »funktionellen Ästhetik« im Sinne Leroi-Gourhans, womit gemeint ist, dass sie den primären und fortan okzidentalen Triebkräften der Entwicklung – Wissenschaft und Technologie, Demokratie und Konstitutionalismus – lediglich als ästhetische Dimension beigefügt würde. Während der Debatte von 1935 stellte Chang Tungsun (張東蓀, 1886–1973, Übersetzer von Henri Bergson) eine Frage, die nicht von anderen Intellektuellen aufgegriffen wurde, jedoch weiterhin Gültigkeit besitzt, und die es zu bedenken gilt: Er insistiert, dass *es nicht darum gehe, ob die Verwestlichung gut oder schlecht sei, sondern ob China überhaupt über die Kapazität verfüge, sich die westliche Zivilisation einzuverleiben* – eine Frage, die noch heute inmitten der sozialen, ökonomischen und technologischen Katastrophen, die das Land heimsuchen, nachklingt. Die Art von Pragmatismus, wie Hu sie exemplifizierte, besitzt die Naivität zu glauben, dass es sich bei einer solchen Differenzierung um ein natürliches Produkt handelte bar jedweder politischen Mühe. Zu Beginn des kommunistischen Regimes wurde die pragmatische Sichtweise schließlich durch die marxistische Doktrin ersetzt, erfuhr jedoch nach der von Deng Xiaoping geleiteten Wirtschaftsreform in China gegen Ende des 20. Jahrhunderts eine Wiederaufnahme.[320] Ungeachtet ihrer unterschiedlichen Ansätze ist all diesen Phasen jedoch gemein, dass ihnen der Geist der alten Kosmotechnik entglitt und dass das, was sich als unvereinbar mit ihrer modernen Form erwies, der unverfänglichen und den Kräften der Entwicklung enthobenen Kategorie der »Tradition« zugeschrieben wurde.

Wie anhand der beiden oben beschriebenen Begebenheiten aus den Jahren 1921 und 1935 ersichtlich wird, wurde die Technikfrage nur selten direkt in Angriff genommen. Vielmehr waren es Wissenschaft und Demokratie (oder genauer gesagt Ideologie), die im Mittelpunkt der beiden Debatten standen. Intuitiv schien es richtig, Technologie der Wissenschaft zuzurechnen oder sie zumindest als angewandte Wissenschaft zu betrachten. Diese Missachtung der Frage nach der Technologie brachte jedoch mit sich, dass die intellektuellen Debatten tendenziell auf der Ebene der Ideologie ins Stocken gerieten. Somit ist es nicht verwunderlich, dass der Wissenschaftler Wang Hui in seinem Tausende von Seiten gründlich dokumentierter Materialien umfassenden, 2008 erschienenen Buch 現代中國思想的興起 [*Der Aufstieg des modernen chinesischen Denkens*] der Frage der Technologie kaum Beachtung schenkt.[321] Die Technologie geht in dem Problem der Wissenschaft auf und wird unsichtbar. Die Wissenschaftler aus Wangs Generation beschränken sich nach wie vor auf den Wissenschafts- und Demokratiediskurs; sie wirken unfähig, eine tiefer gehende philosophische Analyse vorzunehmen, welche die Technologie mit einkalkulieren würde; stattdessen halten sie sich mit Fragen des »Denkens« auf, sei es ein idealistisches oder sei es ein materialistisches.

§17. Needhams Frage

Im Laufe des 20. Jahrhunderts war die Frage, weshalb die moderne Wissenschaft nicht in China entwickelt worden war, für Historiker und Philosophen von fortwährendem Interesse. Bedenkt man einmal mehr, dass die Wissenschaft grundlegend von der Technik unterschieden werden muss, ist diese Frage immer noch relevant, um die Technikfrage weiter vertiefen zu können, zumal der Grund, weshalb die moderne Wissenschaft nicht in China entwickelt wurde, auch den Zusammenbruch des *Qi-Dao* bei seiner Auseinandersetzung mit der Modernisierung erklärt. Feng Youlan, ein chinesischer Philosoph, der 1923 an der Columbia University promovierte, publizierte einen Aufsatz im *International Journal of Ethics* mit dem Titel »Warum China über keine Wissenschaft verfügt – Eine Interpretation der Geschichte und Konsequenzen der chinesischen Philosophie«.[322] Feng war erst 27, als er den Aufsatz veröffentlichte, doch behauptete der junge Philosoph voller Selbstvertrauen, dass der Grund, weshalb China über keine Wissenschaft verfüge, darin bestehe, dass es keine Wissenschaft *benötige*. Feng versteht Wissenschaft als eng mit der Philosophie verknüpft oder, genauer gesagt, von gewissen philosophischen Denkweisen bedingt. Infolgedessen ist die Abwesenheit der Wissenschaft in China laut Feng auf die Tatsache zurückzuführen, dass die chinesische Philosophie das Aufkommen des wissenschaftlichen Geistes verhindert. Fengs Analyse ist faszinierend, auch wenn sie, anstatt den Mangel an Wissenschaft tatsächlich zu erklären, vielmehr einige bedeutsame Fragen hinsichtlich der Beziehung zwischen Wissenschaft und Technologie sowie der Rolle der Technologie in China aufwirft.

Ich will Fengs Argument hier in einer etwas vereinfachten Form wiedergeben. Feng zeigte, dass es im alten China (während der Zeit der ionischen und athenischen Philosophie in Griechenland) neun Schulen gab, nämlich den Konfuzianismus (儒家), den Daoismus (道家), den Mohismus (墨家), die Yin-Yang-Schule (陰陽家), die legistische Schule (法家), die Schule der Logik (名家), die Schule der Diplomatie (縱橫家), die Schule der Ackerbauern (農家) und die Schule der Eklektiker (雜家). Allerdings waren lediglich die ersten drei Schulen – als da wären Konfuzianismus, Daoismus und Mohismus – einflussreich und konkurrierten darum, zur dominierenden Denkrichtung zu werden. Feng ist der Meinung, dass es sich beim Mohismus um diejenige Schule handelte, die der Wissenschaft am nächsten stand, da diese die Künste (die Kunst des Bauens und die Kriegskunst) sowie den Utilitarismus förderte. Der Konfuzianismus, insbesondere in den Schriften Mengzis (372–289 v. Chr.), verunglimpfte den Mohismus und den Daoismus harsch; dem Mohismus stand er aufgrund dessen Propagierung universeller Liebe und der daraus resultierenden Missachtung familiärer Hierarchie, die der Konfuzianismus als einen zentralen Wert ansieht, feindlich gegenüber; und dem Daoismus aufgrund dessen Propagierung einer natürlichen Ordnung, die der Konfuzianismus für grundsätzlich nicht intelligibel erachtet.

Zugleich spricht sich Feng dafür aus, dass es eine gewisse Affinität zwischen Konfuzianismus und Daoismus gebe, was ihre Forderung betrifft, zum Selbst zurückzukehren, um moralische Prinzipien aufzuspüren. Allerdings handele es sich bei der vom Daoismus vorgeschlagenen Natur nicht um ein wissenschaftliches oder moralisches Prinzip, sondern vielmehr um ein *Dao*, das, wie bereits im ersten Satz des *Daodejing* verkündet wird, weder benannt noch erklärt werden könne. Für Feng markierte die Dominanz des Konfuzianismus die Annihilation von Daoismus und Mohismus und damit auch die Nichtigkeitserklärung jedweden wissenschaftlichen Geistes in China. Auch wenn »*ge wu*« (格物) (das Studium der Naturphänomene, um Erkenntnis zu erlangen) von grundlegender Bedeutung für die konfuzianische Lehre ist, ist die »Erkenntnis« bzw. das »Wissen«, das dadurch angestrebt wird, nicht auf die Dinge bezogen, sondern auf das »himmlische Prinzips« (天理) jenseits des Phänomens.

Fengs Analyse stellt in dem Sinne einen im hohen Maße reduktionistischen Ansatz dar, insofern sie die Kultur auf die Manifestation bestimmter Glaubenslehren reduziert; allerdings bestätigt sie auch, dass die chinesische Philosophie dazu neigte, nach höheren Prinzipien zu streben, deren Inkarnationen innerhalb der säkularen Welt den moralischen und politischen Wert determinieren würden. Davon abgesehen aber verwechselt Feng Wissenschaft und Technologie grundlegend, denn was der Mohismus nahelegte, war kein wissenschaftliches, sondern eher ein handwerkliches Bewusstsein, wie es am Beispiel des Hausbaus und der Erfindung von Kriegsmaschinerie zum Ausdruck gebracht wurde. Auch wenn Fengs Darstellung möglicherweise nun erklären mag, weshalb Technik im alten China keine theoretische Thematisierung erfuhr und nicht zur modernen Technologie avancierte, beweist sie dennoch nicht unbedingt, dass es vor der Herrschaft des Konfuzianismus ein *wissenschaftliches* Bewusstsein gegeben hätte, es sei denn, man erwägt, dass die Wissenschaft notwendigerweise aus der Technologie hervorgehe. Heute wissen wir, dass die Technik in China bis ins 16. Jahrhundert, als das Land in dieser Hinsicht schließlich von Europa abgeschüttelt wurde, Fortschritte erzielte. Das heißt, dass, obwohl der Mohismus nie zur dominanten Lehre wurde, die Technik keineswegs abgeschafft worden war; im Gegenteil erlebte sie bis zum Anbeginn dessen, was mittlerweile europäische Moderne genannt wird, vielmehr ihre Blütezeit.

Bei der von Feng aufgeworfenen Frage handelt es sich auch um die des großen Historikers Joseph Needham, der es zu seiner lebenslangen Aufgabe machte, zu analysieren, weshalb die moderne Wissenschaft und die Technologie nicht in China entstanden sind. Die zahlreichen Bände seiner *Wissenschaft und Zivilisation in China* sind für jede künftige Entwicklung der Philosophie der Technologie in China nach wie vor von unschätzbarem Wert. Needham warf Feng vor, dass der »jugendliche Pessimismus« des großen Philosophen »unbegründet« sei.[323] In China, so zeigte er, habe es sehr wohl eine handwerklich technische Kunst gegeben und diese sei jener Europas zur damaligen Zeit in vielerlei Hinsicht überlegen gewesen. Angesichts der Fülle an Materialien, die Needham vorlegte, und der detaillierten, von ihm angestellten Gegenüberstellung, lässt sich Fengs Schlussfolgerung berechtigterweise zurückweisen und stattdessen eingestehen, dass ein technisches Bewusstsein im alten China tatsächlich vorhanden war.[324] Für Needham aber stellt dies ein ziemlich kompliziertes Problem dar, dem er sich mittels detaillierter Analysen der Rollen der Techniker, des feudal-bürokratischen Systems sowie von philosophischen, theologischen und linguistischen Faktoren anzunähern suchte. Sein Argument verteidigte Needham gegen die These, dass die chinesische Kultur Wert auf die Praxis legte und demzufolge die Theorie unberücksichtigt ließ, was offensichtlich unzutreffend ist, wenn man bedenkt, dass der Neokonfuzianismus in China zu mindestens so beachtlichen spekulativ metaphysischen Höhenflügen ansetzte wie seine mittelalterlichen europäischen Pendants.[325] Ebenso rechtfertigte er es gegenüber der These, dass die piktographische Schrift den Fortschritt der Wissenschaft Chinas behinderte; vielmehr wies er nach, dass die chinesische Schrift weit effektiver und ausdrucksstärker sei als die Alphabetschrift, das heißt, dass sie den gleichen Ausdruck mit weitaus geringerem Einsatz ermögliche.[326]

§17.1 Die organische Denkweise und die Gesetze der Natur

Needhams Argument konzentriert sich sowohl auf gesellschaftliche als auch auf philosophische Faktoren. Dabei scheint der wichtigste soziale Faktor zu sein, dass das sozio-ökonomische System in China verhinderte, dass sich eine technische Kultur zu einer modernen Form herausbilden konnte, zumal der Erfolg des Einzelnen sich darin ausdrückte, Eingang in das bürokratische System zu finden und zum Staats-»Beamten« ernannt zu werden. Das Selektionsverfahren solcher Ernennungen, das auf einer aus Memorierung und dem Schreiben eines Aufsatzes bestehenden Prüfung basierte (eingerichtet im Jahr 605 und erst 1905 abgeschafft), hatte aufgrund der Auswirkungen des gelehrten Materials (vorrangig klassische Texte), der Art, wie gelernt wurde, der Erwartungen der Familie sowie der sozialen Mobilität enormen Einfluss auf China. Needhams Analyse ist exemplarisch und soll hier keineswegs wiederholt werden. Zudem gilt mein Interesse stärker jenen philosophischen Erklärungen, bei denen ich mit Needham übereinstimme. So behauptete er, dass es dem alten China an einer mechanischen Sicht auf die Welt gemangelt habe und das chinesische Denken stattdessen – wie weiter oben bereits angemerkt – eine organische und holistische Sichtweise darstelle:

> [D]ie *philosophia perennis* Chinas entsprach einem organischen Materialismus. Dies lässt sich an den Äußerungen von Philosophen und wissenschaftlichen Denkern jeder Epoche veranschaulichen. Das mechanische Weltbild hingegen bildete sich schlicht nicht im chinesischen Denken heraus, und die organizistische Sichtweise, in der jegliches Phänomen mit jedem anderen entsprechend einer hierarchischen Ordnung verbunden war, war unter chinesischen Denkern universell.[327]

Dies stellt einen signifikanten Unterschied dar, der meiner Meinung nach *kosmotechnisch* für die verschiedenen Rhythmen der technologischen Entwicklung in China und Europa maßgeblich war: Ein mechanisches Programm, in der Lage, sich die Natur und die organische Form effektiv einzuverleiben, existierte in China, wo das Organische stets das Credo des Denkens und das Prinzip des Lebens und Seins bildete, nicht. Diese organische Form der Natur, so Needham, müsse streng von der Frage der Natur, wie sie im Westen von den Vorsokratiker bis hin zur europäischen Renaissance gestellt wurde, unterschieden werden. Denn in Europa entstammten die Gesetze – das Naturrecht im juristischen Sinne wie auch die Naturgesetze – demselben Ursprung, nämlich dem Modell der »Gesetzgebung«: im ersten Fall den »irdische[n] Gesetzgeber[n]«, im zweiten einer »himmlische[n] und zu höchst rationale[n] Gottheit«, sei es der babylonische Sonnengott Marduk, der christliche Gott oder Platons Demiurg. Die Römer erkannten beide positiven Gesetze an – »zivil gefaßtes Recht eines bestimmten Volkes oder Staates«, *lex legale*, und das »Recht der Völker (*jus gentium*), das mehr oder weniger dem Naturgesetz (*jus naturale*) entsprach«.[328] Das Völkerrecht wurde für den Umgang mit den Bürgerschaftsfremden (*peregrini*) entwickelt, auf die das Bürgerrecht (*ius civile*) nicht unmittelbar anwendbar war. Obwohl Needham den Zusammenhang zwischen Völkerrecht und Naturgesetz nicht erläutert hat, lässt sich ein Verständnis darüber aus anderen Quellen herleiten: So weitete Cicero das stoische Naturgesetz auf das soziale Verhalten aus: »Das Universum gehorcht Gott, Land und Meer gehorchen dem Universum, und das menschliche Leben ist den Erlassen des Obersten Gesetzes unterworfen«;[329] Völkerrecht und Naturgesetz besitzen demnach zwar unterschiedliche Konnotationen, jedoch die gleiche Bezeichnung.[330] Needham ist demgegenüber der Meinung, dass ein *ius gentium* in China kaum vorstellbar gewesen wäre, dafür aber eine Art »natürliches Gesetz«, bei dem es sich, wie wir bereits gesehen haben, um das moralische Prinzip des Himmels handelte, das sowohl über das Menschliche als auch über das Nicht-Menschliche herrschte. Und auch die natürlichen Gesetze des frühen Christentums regelten die menschliche wie die nichtmenschliche Welt, wie sich anhand der Naturgesetzdefinition des Juristen Ulpian (170–223) erkennen lässt:

> Naturrecht ist das, was die Natur alle Lebewesen gelehrt hat. Denn dieses Recht ist nicht allein dem Menschengeschlecht eigen, sondern allen Lebewesen […]. Hieraus leitet sich die Verbindung des männlichen Geschlechts mit dem weiblichen ab, die wir Menschen Ehe nennen, ebenso die Erzeugung und Erziehung der Kinder […].[331]

Wie Needham anmerkte, erfolgte eine radikale Trennung durch den Theologen Francisco Suárez (1548–1617).[332] Suárez schlug eine Trennung zwischen der Welt der Moral und der Welt des Nichtmenschlichen vor: Das Gesetz treffe nur für die Erstere zu, da »Dingen, denen es an Vernunft fehl[e] […], weder zu Gesetz noch zu Gehorsam imstande« seien.[333] Dieses Verständnis des Naturgesetzes mit direktem Bezug zum Gesetzgeber ist nicht allein im juristischen Bereich, sondern auch innerhalb der Naturwissenschaft vorhanden, etwa bei Roger Bacon und Isaac Newton. Anschließend geht Needham zu der Behauptung über, dass das Naturgesetz im Sinne des *ius gentium* oder der Naturwissenschaft Europas in China gerade deshalb nicht präsent sei, da (1) es aufgrund historischer Erfahrungen einen Widerwillen gegen abstraktes, kodifiziertes Gesetz gegeben habe, (2) *Li* (禮) sich als besser geeignet erwiesen habe als jedwede andere Form des Bürokratismus und, wichtiger noch, (3) ein höchstes Wesen, obwohl für einen kurzen Zeitraum Vorstellungen davon in China vorhanden waren, depersonalisiert worden sei, sodass ein himmlischer Schöpfer, der sowohl der Natur als auch dem Nicht-Natürlichen Gesetze auferlegt, niemals wirklich existiert habe. Demgemäß entsprang

> [d]as harmonische Zusammenwirken allen Seiendens [...] nicht auf Geheiß einer übermächtigen Autorität außerhalb ihrer selbst, sondern aus der Tatsache, dass sie alle Teil einer Hierarchie von Ganzheiten waren, die ein kosmisches und organisches Muster formten, und wem sie gehorchten, waren innere Diktate ihrer eigenen Natur.[334]

Diese fehlende kausale Sichtweise hatte zur Folge, dass die Vorstellung eines nach Maßgabe der Gesetze wohlgeordneten Systems nicht aufkam, und folglich mangelte es China an einem Programm, dass das Seiende effektiv zu verstehen und es gemäß mechanischen Kausalitäten zu manipulieren suchte. Es ließe sich behaupten, dass ein solches mechanisches Paradigma eine notwendige Vorstufe für die Assimilation des Organischen bildet, sprich die Imitation oder Simulation organischer Abläufe, beispielsweise in der technologischen Genealogie von einfachen Automaten bis zu synthetischer Biologie oder komplexen Systemen. Needham legt dementsprechend die folgende Analogie dar:

> In ihrer Hochschätzung des Relativismus sowie der Differenziertheit und Unbegrenztheit des Universums strecken sie ihre Hände nach einem Einsteinschen Weltbild aus, ohne die Grundlagen für das Newtonsche gelegt zu haben. Auf diese Weise konnte sich Wissenschaft nicht entwickeln.[335]

Needhams Begriff des »organischen Materialismus« lässt jedoch Zweifel aufkommen, zumal fragwürdig erscheint, ob es sich bei dem, was er hier anspricht, überhaupt um einen Materialismus handelt. Es wäre vielleicht richtiger, davon zu sprechen, dass China von moralischen Gesetzen regiert wurde, die zugleich himmlische Prinzipien darstellten, und dass »die Schule der Neo-Konfuzianer ›Gesetz‹«, so Needham, »im organischen Sinne Whiteheads verstand«[336] – also eben das, was wir hier als chinesische Kosmotechnik beschreiben.

§18. Mou Zongsans Erwiderung

Für den Neuen Konfuzianismus, eine Schule, die Anfang des 20. Jahrhunderts in Erscheinung trat,[337] war die Frage nach der Wissenschaft und Technologie, samt jener nach der Demokratie, unumgänglich. Nachdem er sich hatte eingestehen müssen, dass das »kartesianische« Paradigma, welches darauf abzielte, sich die westliche Entwicklung einzuverleiben und den chinesischen »Geist« dabei gleichzeitig intakt zu halten, machte es sich der Neue Konfuzianismus zur Aufgabe, die westliche Kultur in die chinesische zu integrieren und mit ihrem traditionellen philosophischen System kompatibel zu machen. Noch deutlicher ausgedrückt, versuchten die Philosophen des Neuen Konfuzianismus aus einer kulturellen sowie vor allem aus einer philosophischen Perspektive zu zeigen, dass es dem chinesischen Denken möglich sei, Wissenschaft und Technologie hervorzubringen. Diese Bemühung gipfelte in dem Werk des bedeutenden Philosophen Mou Zongsan (1909–1995), insbesondere in Gestalt seiner Immanuel-Kant-Lektüre.

§18.1 Mou Zongsans Appropriation der intellektuellen Anschauung Kants

Geschult war Mou in chinesischer Philosophie, vom *Yijing* über den Neokonfuzianismus bis hin zum Buddhismus, gleichzeitig aber auch in westlicher Philosophie mit einer gewissen Spezialisierung auf Kant, Whitehead, Russell und anderen. Zudem übersetzte er die drei Kritiken Kants (aus den bereits bestehenden englischen Übersetzungen) ins Chinesische. Kants Philosophie spielt in Mous System eine entscheidende Rolle bei der Überbrückung des westlichen und chinesischen Denkens. Und tatsächlich besteht eines von Mous hervorstechendsten philosophischen Manövern darin, die Trennung zwischen westlicher und chinesischer Philosophie hinsichtlich dessen, was Kant Phänomen und Noumenon nennt, zu denken. In einem seiner wichtigsten Bücher, 現象與物自身 [*Phänomen und Ding an sich*], schreibt Mou:

> Laut Kant wird die intellektuelle Anschauung allein Gott zuteil, nicht aber dem Menschen. Ich halte das für wirklich erstaunlich. Ich besehe mir die chinesische Philosophie und, folgt man dem Gedanken Kants, komme zu dem Schluss, dass der Konfuzianismus, Buddhismus und Daoismus allesamt beteuern, dass der Mensch über intellektuelle Anschauung verfügt; andernfalls wäre es nicht möglich, zum Heiligen, Buddha oder *Zhenren* zu werden.[338]

Worum genau handelt es sich bei dieser mysteriösen intellektuellen Anschauung, die für Mous Analyse so grundlegend ist? In der *Kritik der reinen Vernunft* stellt Kant eine Trennung zwischen Phaenomena und Noumena auf. Phaenomena erscheinen, sobald die sinnlichen Gegebenheiten, die durch die reine Anschauung von Zeit und Raum übermittelt werden, von den Konzepten des Verstandes subsumiert werden. Es gibt jedoch Fälle, in denen Objekte, die nicht mithilfe sinnlicher Anschauung wahrgenommen werden, dennoch Objekte des Verstandes werden können. In der Ausgabe A (1781) der *Kritik* stoßen wir auf folgende anschauliche Definition:

> Erscheinungen, sofern sie als Gegenstände nach der Einheit der Kategorien gedacht werden, heißen Phaenomena. Wenn ich aber Dinge annehme, die bloß Gegenstände des Verstandes sind, und gleichwohl, als solche, einer Anschauung, obgleich nicht der sinnlichen (als *coram intuitu intellectuali*), gegeben werden können; so würden dergleichen Dinge Noumena (*Intelligibilia*) heißen.[339]

Dieses Noumenon, das Kant in der Ausgabe A gelegentlich das *Ding an sich* nennt, erfordert eine andere, nicht-sinnliche Art der Anschauung. Die Noumena als Konzept sind dementsprechend negativ, insofern sie dem Sinnlichen Grenzen auferlegen. Dennoch könnten sie potenziell eine positive Bedeutung erlangen, wenn wir ihnen »eine andere Anschauung […] zum Grunde legen« – das heißt, wenn sich eine Anschauungsform für das Noumenon finden ließe.[340] Da solch eine Anschauung jedoch nicht eine sinnliche sein könnte, muss es sich um etwas handeln, das der Mensch nicht besitzt:

> [E]ine solche, nämlich die intellektuelle Anschauung, [liegt] schlechterdings außer unserem Erkenntnisvermögen [...], [und] so kann auch der Gebrauch der Kategorien keineswegs über die Grenze der Gegenstände der Erfahrung hinausreichen [...].[341]

Kants Weigerung, die intellektuelle Anschauung als etwas dem Menschen Zugängliches zu betrachten, ist maßgebend für Mous Interpretation des Unterschieds zwischen westlicher und chinesischer Philosophie. In 智的直覺與中國哲學 [*Intellektuelle Anschauung und chinesische Philosophie*], einem Vorboten des späteren und ausgereifteren 現象與物自身 [*Phänomen und Ding an sich*] versuchte Mou zu zeigen, dass die intellektuelle Anschauung gleichermaßen für den Konfuzianismus, Daoismus als auch für den Buddhismus von grundlegender Bedeutung ist. Für Mou ist die intellektuelle Anschauung mit der Schöpfung (z. B. der Kosmogonie) und mit der moralischen Metaphysik (im Gegensatz zu Kants Metaphysik der Sitten, die auf dem Vermögen des Subjekts zur Erkenntnis beruht) verknüpft. Dabei stößt Mou in Zhang Zais Arbeiten auf theoretischen Rückhalt, insbesondere in der folgenden Passage:

> Unter den Lichtern des Himmels ist keines größer als die Sonne; was mit den Augen sie berührt, erkennt also nicht ansatzweise, wieviele zehntausend Meilen sie hoch steht.
> Unter den Tönen des Himmels ist keiner größer als das Donnergrollen; was mit Ohren ihm hörig ist, erkennt also niemals ansatzweise, wieviele zehntausend Meilen entfernt es ist.
> Unter dem Ungezügelten des Himmels ist nichts größer als die Größte Leere [*tai xu*]; weitet sich das Herz [*xin*] im Erkennen [der Grenzen des Himmels], erfaßt es also niemals im Letzten, daß sie das Äußerste ist.[342]

Mou stellt fest, dass sich die ersten beiden Sätze auf die Möglichkeit der Erkenntnis mittels sinnlicher Anschauung und Verständnis beziehen; der letzte Satz hingegen deutet darauf hin, dass das Herz in der Lage ist, Dinge zu erkennen, die nicht durch Phänomene begrenzt sind. Dabei merkt er die Eigentümlichkeit des letzten Satzes an, der logisch – streng genommen – nicht sinnvoll ist, insofern es keinen sinntragenden Vergleich von Unendlichkeiten geben kann. Für Mou entspricht das Vermögen des »Herzens« (*xin*), die »Grenzen des Himmels« zu erkennen, exakt der intellektuellen Anschauung: Es bezieht sich nicht auf jene Art des Wissens, die durch sinnliche Anschauungen und das Verständnis bedingt ist, sondern vielmehr auf eine vollständige Erleuchtung, die aus dem *cheng ming* des universellen, allgegenwärtigen und unendlich moralischen *xin* (遍,常,一而無限的道德本心之誠明所發的圓照之知了) entsteht.[343] Innerhalb dieser vollständigen Erleuchtung erscheint das Seiende als Ding an sich und weniger als Objekt.[344]

Cheng ming [誠明], wörtlich »Wahrhaftigkeit und Klugheit«, entstammt dem konfuzianischen Klassiker *Zhong Yong* (*Das Buch von Maß und Mitte*).[345] Laut Zhang Zai ist das, »[w]as Wahr[haftigkeit und Klugheit] [*cheng ming*] erkennen, […] genau das ›ausgezeichnete Erkennen‹ [*liangzhi*] der Himmelstugend und nicht nur das kleine Erkennen von Hören und Sehen« (誠明所知乃天德良知;非聞見小知而已).[346] Daher kennzeichne das Wissen auf der Grundlage der intellektuellen Anschauung die chinesische Philosophie und ihre moralische Metaphysik. Mou wiederholte oftmals, dass es ihm um eine moralische Metaphysik gehe, nicht aber um eine Metaphysik der Sittlichkeit, da Letztere allein eine metaphysische Auslegung des Moralischen darstellen würde, wohingegen Metaphysik für Erstere überhaupt erst von der Moral ausgehend möglich sei. Infolge dessen zeigte er auf, inwiefern die Vereinigung von *Qi* und *Dao* von dem Vermögen des Verstandes, über Formalitäten und Zweckdienlichkeiten hinauszugehen, abhängig sei. Und gleichzeitig legte er dar, dass die intellektuelle Anschauung sowohl im Daoismus als auch im Buddhismus vorhanden sei. Es ist uns nicht daran gelegen, seinen ausführlichen und detaillierten Nachweis an dieser Stelle zur Gänze zu wiederholen, doch sei in aller Kürze gesagt, dass die intellektuelle Anschauung im Daoismus mit der Tatsache zusammenhängt, dass das Wissen unbegrenzt ist, während das menschliche Leben endlich ist – daher ist es sinnlos, mit dem eigenen begrenzten Leben der Unendlichkeit hinterherzujagen. Dies lässt sich bereits an den ersten beiden Sätzen der oben zitierten Geschichte von Pao Ding erkennen:

> Unser Leben ist endlich; das Wissen ist unendlich. Mit dem Endlichen etwas Unendlichem nachzugehen, ist gefährlich. Darum bringt man sich nur in Gefahr, wenn man sein Selbst einsetzt, um die Erkenntnis zu erreichen.[347]

Auf den ersten Blick scheint dies Kants Zurückweisung der intellektuellen Anschauung zu bestätigen. Doch Pao Ding wartet mit einer anderen Art des Wissens auf, nämlich, dass es sich bei dem *Dao* um das handelt, was jenseits der Erkenntnis liegt und dennoch vom Herzen wahrgenommen werden kann. Gleiches gilt auch für den Buddhismus, wie die Vorstellung der Leere oder des Nichts beweist: Die Leere und das Phänomen existieren nebeneinander, doch um die Leere zu erkennen, muss man über die Phänomene und physikalischen Kausalitäten hinausgehen.

Für englischsprachige Leser, die sich eingehender mit Mous Argumentation hinsichtlich der intellektuellen Anschauung befassen möchten, bietet sich Sébastien Billiouds Arbeit als gute Einführung an, auch wenn Billioud Mou ebenfalls dafür kritisiert, sich über Kants *Kritik der Urteilskraft* und die Neuinterpretation der intellektuellen Anschauung innerhalb der postkantianischen Philosophie, insbesondere die Arbeiten Fichtes und Schellings, auszuschweigen – ein durchaus nachvollziehbarer Einwand, zumal Mou, obwohl er mehrmals auf Fichte Bezug nimmt, sich an keiner Stelle tiefer gehend mit dessen Denken auseinandersetzt. Billioud versucht, Mou Zongsan und Schelling mithilfe der Arbeit des großen französischen Schelling-Kenners Xavier Tilliette zu vergleichen.[348] Allerdings gilt es, bei diesem Vergleich Vorsicht walten zu lassen. Der Begriff »intellektuelle Anschauung« ist ohnehin bereits verworren genug und sein Vermächtnis innerhalb des Deutschen Idealismus noch weitaus mehr. So sprach sich in einem einflussreichen Aufsatz aus dem Jahr 1981 Moltke Gram gegen das aus, was er die »Kontinuitätsthese« hinsichtlich der intellektuellen Anschauung als Übergang von Kant zu Fichte und Schelling nannte. Die »Kontinuitätsthese« umfasst die folgenden drei von Gram rekapitulierten Behauptungen: (1) Für Kant kennzeichnet die intellektuelle Anschauung ein einziges Problem;[349] (2) das Objekt der intellektuellen Anschauung ist dieser nicht gegeben, sondern wird von ihr geschaffen (gleich der

Gottheit); (3) Fichte und Schelling bestreiten Kants Behauptung, dass der Mensch nicht über intellektuelle Anschauung verfüge, und affirmieren sie vielmehr als Kern ihrer Systeme.[350] Gram zeigte, dass die intellektuelle Anschauung für Kant mindestens drei verschiedene Bedeutungen besitzt, nämlich: (1) die Anschauung eines Noumenon in positiver Bedeutung; (2) die schöpferische Anschauung eines archetypischen Intellekts; und (3) die Anschauung der Gesamtheit der Natur. Des Weiteren behauptete er, dass Fichtes und Schellings Konzept der intellektuellen Anschauung prinzipiell keinem der drei oben genannten Bedeutungen entspräche.[351]

In der Tat, wenn wir Fichtes und Schellings Handhabung des Konzepts der intellektuellen Anschauung näher betrachten, lässt sich erkennen, dass sie dem von Mou Zongsan nahezu entgegengesetzt ist. Für Fichte und Schelling bleibt Kants »Ich denke« ein Fakt, eine *Tatsache*, und ist somit nicht imstande, den Grund des Wissens zu erbringen; denn der Grund des Wissens muss in dem Sinne absolut sein, dass er durch nichts anderes bedingt ist. Fichte zufolge muss jenseits des »Ich denke« ein unmittelbares Bewusstsein für dieses »Ich denke« vorhanden sein, und es ist dieses Bewusstsein, das über den Status der intellektuellen Anschauung verfügt. In einer Vorarbeit zu seiner *Wissenschaftslehre* behauptete Fichte daher, dass »wenn das Ich in der intellectuellen Anschauung *ist*, *weil* es ist, und *ist*, *was* es ist; so ist es insofern sich *selbst setzend*, schlechthin selbständig, und unabhängig.«[352] Aus diesem Grund schlug Fichte vor, die intellektuelle Anschauung als *Tathandlung* zu betrachten, als einen sich selbst setzenden Akt. In gleicher Weise verstand der frühe Schelling die intellektuelle Anschauung als den Grund des Wissens, wie er in seiner Schrift »Vom Ich als Prinzip der Philosophie« von 1795 dargelegt hat. Abgesehen davon aber schlugen Fichte und Schelling zwei unterschiedliche Richtungen ein, obwohl sich beide mit dem gleichen Problem des Übergangs vom Unendlichen zum Endlichen konfrontiert sahen. Bei Fichte verlangt das unbedingte Ich ein Nicht-Ich als Negation oder *Anstoß*; was außerhalb des absoluten Ich liegt, ist lediglich das Produkt solch eines negativen Effekts; Schellings *Naturphilosophie* geht indes vom Ich zur Natur über und erwägt, dass das Ich und die Natur ein gemeinschaftliches Prinzip besitzen, wie es in seiner berühmten Forderung »Die

Natur soll der sichtbare Geist, der Geist die unsichtbare Natur seyn« zum Ausdruck gebracht wird.[353] Das Absolute ist für Schelling somit nicht länger der subjektive Pol, sondern vielmehr die absolute Einheit von Subjekt und Objekt, die sich permanent in rekursiver Bewegung befindet. Zusammengefasst heißt dies, dass Fichtes und Schellings Konzepte der intellektuellen Anschauung auf der Suche nach einem absoluten Fundament des Wissens basieren, das sodann in ein rekursives Modell umgewandelt wird – sei es die »abstrakte Materialität« bei Fichte[354] oder die »Produktivität der Natur« bei Schelling.[355] Diese Distinktion zwischen Fichte und Schelling wurde später von Hegel in seinem Buch *Die Differenz des Fichteschen und Schellingschen Systems der Philosophie* ausführlicher beschrieben: Fichte ziele auf ein »subjektives Subjekt-Objekt«, während Schelling nach einem »objektiven Subjekt-Objekt« strebe, was bedeute, dass für Schelling die Natur als unabhängig (*selbstständig*) erachtet werde.[356] Die Rolle jedenfalls, welche die intellektuelle Anschauung in beiden Unternehmungen spielt, scheint sich deutlich von jener zu unterscheiden, die Mou ihr bei der Kopplung mit der chinesischen Tradition zukommen lassen möchte.

Doch ungeachtet dieser Unterschiede haben Mous Untersuchungen, was die Dynamik zwischen dem Unendlichen und dem Endlichen anbelangt, gewiss etwas mit jenen der deutschen Idealisten gemein. Denn wie wir gesehen haben, besteht für die Idealisten ein Übergang vom Unendlichen zum Endlichen, der das Sein erklärt; für Mou hingegen führt die Passage vom Endlichen zum Unendlichen, da er nicht auf eine Philosophie der Natur, sondern auf eine moralische Metaphysik abzielt. Mou Zongsans Kritik an Heideggers *Kant und das Problem der Metaphysik* beruht auf genau diesem Punkt: dass es Heidegger nicht zu zeigen gelang, dass das Dasein endlich ist, jedoch auch unendlich sein kann. Der wesentlichste Unterschied besteht daher darin, dass Mou keinerlei Absicht hat, eine objektive Gestalt für die Einschreibung des Unendlichen im Endlichen zu finden, sondern eher versucht, es in einem gestaltlosen Sein zu entdecken: in *xin* (心, »Herz«) als der letztgültigen Möglichkeit sowohl der intellektuellen als auch der sinnlichen Anschauung; zugleich liegt es innerhalb der Möglichkeiten des unendlichen *xin*, dass auch das Ding an sich unendlich werden kann.

Mou bemühte sich in der Folge, diese Trennung von Noumenon und Phänomen anzuwenden, um zu erklären, weshalb es in China keine moderne Wissenschaft und Technologie gebe. In seiner 1962 erschienenen *Geschichtsphilosophie* (歷史哲學), einem Buch, das die Geschichte anhand der dominanten Denkweisen chronologisch deutet, stellte Mou fest, dass die chinesische Philosophie über die noumenale Welt spekuliert, dem Phänomen, das als untergeordnet aufgefasst wurde, hingegen kaum Aufmerksamkeit geschenkt habe – eine Tendenz, die in verschiedenen Aspekten der chinesischen Kultur zum Ausdruck kommt. Die okzidentale Kultur habe den gegenläufigen Weg eingeschlagen; sie habe es unterlassen, sich Gedanken über das Noumenon zu machen, und sich stattdessen dem Phänomen verschrieben. Mou nennt die erstgenannte Tendenz den »synthetisch-rationalen Geist« (綜合的盡理之精神) und die letztere den »analytisch-rationalen Geist« (分解的盡理之精神). Intellektuelle Anschauung meint nach Mous Interpretation folglich das Vermögen einer weit über jedwede analytische Deduktion oder synthetische Induktion hinausgehenden Anschauung, und diese Anschauung entspricht nicht der dem Verständnis dienenden sinnlichen.[357] Anders ausgedrückt, ist die intellektuelle Anschauung, von der Kant dachte, sie sei allein Gott vorbehalten, im Rahmen des Daoismus, Konfuzianismus und Buddhismus ebenfalls dem Menschen möglich. Das, worum es dabei laut Mou im Wesentlichen geht, ist, dass, sobald die intellektuelle Anschauung das Denken bestimmt, eine andere Form des Wissens – die er *zhi xing* (知性, »kognitives Bewusstsein«) nennt – indirekt unterdrückt wird; und das ist seiner Lesart zufolge der Grund, weshalb sich in China Logik, Mathematik und Wissenschaft nicht ordentlich entfalten konnten.

Die Richtigkeit von Mous Klassifikation ist disputabel, auch wenn sie, sobald wir uns des kantischen Hintergrunds erinnern und die zugrunde liegende Mission, derer sich Mou gestellt hatte, billigen, vernünftig erscheinen mag. Mou wollte zeigen, dass es möglich sei, das »kognitive Bewusstsein« aus dem heraus zu entwickeln, was in der traditionellen chinesischen Philosophie *liangzhi* (良知) genannt wird, was »Gewissen« oder »Wissen um das Gute« bedeutet und eine gewisse »Selbstverneinung« mit sich bringt. Er glaubte, der Fokus auf *liangzhi* sei der Tatsache geschuldet, dass die Philosophie innerhalb der chinesischen Tradition darauf abziele, eine kosmologische Ordnung zu erfahren, die weit über jedwedes Phänomen hinausreiche. *Liangzhi* rührt von Mengzi her und wurde von dem bedeutenden Neokonfuzianer Wang Yangming (王陽明, 1472–1529) weiterentwickelt. In Wangs Version entdecken wir eine weit üppigere Metaphysik als bei Mengzi, der sich noch auf die moralischen Implikationen des *liangzhi* beschränkte. Für Wang entspricht *liangzhi* nicht dem Wissen, sondern dem Wissen von allem (無知而無不知), das zudem nicht auf den Menschen begrenzt ist, sondern ebenso für das andere Seiende der Welt, etwa Pflanzen und Steine, Geltung besitzt (草木瓦石也有良知). Das bedeutet jedoch nicht, dass *liangzhi* überall existiert; vielmehr kann *liangzhi* in jegliches Seiende *hineinprojiziert* werden:

> Wenn ich *zhi zhi ge wu* [致知格物, die Erkenntnis der Prinzipien liegt in der Untersuchung der Naturphänomene] sage, bedeutet dies, das *liangzhi* überall hin auszurichten. Das *liangzhi* meines Herzens ist die Vernunft meines Herzens [天理, *tian li*]. Indem das *tian li* des *liangzhi* in die Dinge geleitet wird, gelangen diese ebenfalls zur Vernunft. Das *liangzhi* meines Herzens zu leiten, ist *zhi zhi* [zu wissen]; all das, was Vernunft erlangt, ist *ge wu* [格物, »Untersuchung der Dinge«]. Folglich sind *xin* [心, »Herz«] und *li* [理, »Vernunft«] vereint.[358]

Die höchste Wissensstufe besteht laut Yangming somit in der *bewussten Rückkehr* zum *liangzhi* (良知) und seiner *Projizierung* in jegliches Seiende (格物). *Liangzhi* wird in dieser Interpretation zum *kosmischen Bewusstsein*, das seinen Ursprung in Konfuzius' Lehre des *ren* (仁, »Wohlwollen«) hat. Das kosmische Bewusstsein ist ein unendliches. Mou verknüpfte in seiner Untersuchung den Buddhismus mit Wangs Gedanken und erzielte so eine gewisse Kohärenz des Denkens oder genauer gesagt das, was als *tong* (統, Integrierung in einem systematischen Sinne) bezeichnet wird. Die Frage, die sich daraus ergibt, lautet also wie folgt: Wenn es sich bei dem, was sich mit *liangzhi* beschäftigt, um ein moralisches und weniger um ein erkennendes Subjekt handelt und wenn objektivem Wissen kein Platz im *liangzhi* zukommt, erklärt dies dann, weshalb es nicht in China zur modernen Wissenschaft und

Technologie kam? Und ist in diesem Falle davon auszugehen, dass China, sofern es weiterhin auf seine klassisch konfuzianischen Lehren vertraut, niemals in der Lage sein wird, in irgendeiner Weise Wissenschaft und Technologie zu entwickeln? Das ist das Dilemma, mit dem sich der Neue Konfuzianismus konfrontiert sieht: Wie lässt sich die konfuzianische Lehre bejahen und zur gleichen Zeit die Modernisierung dennoch vorantreiben, ohne die beiden als getrennte *tong* zu präsentieren? Die Antwort, der wir hier nachgehen werden, besteht darin, die differenziertesten Anteile an Mou Zongsans Denken zu übernehmen, ohne zu unterschlagen, dass dieses trotz alledem einige Schwächen aufweist und infolgedessen sein Modernisierungsprojekt gefährdete.

§18.2 Die Selbstverneinung des Liangzhi bei Mou Zongsan

Mou entwickelte das im *Yijing* und in Wangs Neokonfuzianismus vorkommende Konzept der *Selbstverneinung oder Selbstbeschränkung des liangzhi* (良知的自我坎陷) weiter. Wir folgen an dieser Stelle Jason Clowers englischer Übersetzung des Begriffs *kanxian* (坎陷) als »Selbstverneinung«,[359] auch wenn diese nicht sehr präzise ist. *Kanxian* meint auch einen Sturz bzw. Fall, ähnlich Heideggers *Verfallen*; allerdings gebraucht Mou es in einem höchst aktiven Modus, der eine Art Selbstheit (自我) suggeriert, das heißt, *kanxian* qua Fall ist nicht schlechthin gegeben, sondern erfordert ein »bewusstes Fallen«. Folglich stellt dieses Fallen keinen Fehltritt dar, sondern vielmehr die Verwirklichung der Möglichkeit des *liangzhi*. Unter Umständen ließe sich hier eine Art hegelsche Dialektik erkennen, doch kann diese Denkbewegung in Bezug auf ein kantisches ästhetisches Urteil hin ebenso in dem Sinne gelesen werden, dass es sich um eine Heuristik handelt – allerdings wird dies in Mous eigenen Schriften nicht ganz deutlich. Gelegentlich spricht er von dieser Handlung als *zhi* (執), ein im Buddhismus häufig gebrauchtes Wort, mit dem der Wille, etwas zu halten, anstatt es loszulassen, beziehungsweise schlicht Anhaftung beschrieben wird. In dieser Hinsicht hat es weniger mit Negation im hegelschen Sinne als mit einer Beteiligung aus freien Stücken zu tun. An der kantischen Terminologie festhaltend, könnte man sagen, dass die Beziehung zwischen *liangzhi* und dem, was außerhalb davon liegt, für Mou nicht konstitutiv, sondern regulativ ist. *Liangzhi* negiert und beschränkt sich permanent selbst, um über einen notwendigen Umweg an sein Ziel zu gelangen:

> Folglich muss die Selbstverneinung, um zum kognitiven Subjekt werden zu können, die bewusste Bestimmung des moralischen Subjekts sein. Dieser Umweg ist notwendig, da es einzig über diesen Umweg zu seinem Ziel gelangen kann. Daher wollen wir es »über einen Umweg zu erreichen [曲達]« nennen. Diese Notwendigkeit ist die Notwendigkeit der Dialektik; dieser Umweg ist der Umweg der Dialektik und nicht bloß der lineare Entwicklungsverlauf der intellektuellen Anschauung oder eines plötzlichen Erwachens.[360]

Der Gedanke des »Erreichens« oder »Verwirklichens« (達) wird mit der neokonfuzianischen Idee in Zusammenhang gebracht, es gebe eine lineare oder direkte Relation zwischen dem *liangzhi* und dem Wissen. Klar ist aber auch, dass das *liangzhi* nicht jene Form des Wissens hervorgebracht haben kann, die wir Wissenschaft nennen. Mit dem Konzept der *Selbstverneinung des liangzhi* war Mou jedoch in der Lage, zu verkünden, dass das wissende Subjekt nur eine Möglichkeit des *liangzhi* darstelle und dass es daher möglich sei, simultan zwei Bewusstseine zu besitzen. An diesem Punkt bediente sich Mou eines buddhistischen Ausdrucks, *Ein Geist eröffnet zwei Tore*, oder *ein Geist, zwei Aspekte* (一心開兩門),[361] was bedeutet, dass das kosmische Bewusstsein dazu fähig ist, sich selbst zu negieren, um zum kognitiven Bewusstsein zu werden – eine Negationshandlung, die es ihm erlauben würde, Wissenschaft oder Technologie zu entwickeln. Das Phänomen gehört somit dem erkennenden Bewusstsein an, das Noumenon dem kosmischen Bewusstsein, das zugleich der Ursprung dessen ist, was Kant die intellektuelle Anschauung nennt; und dennoch

> ist sie [die intellektuelle Anschauung] nicht in der Lage, festzuhalten oder fortzudauern; denn wenn sie festhält, ist sie nicht länger sie selbst; stattdessen ist das Licht der intellektuellen Anschauung

gehemmt und kehrt sich zur Seite, sodass sie ihr eigener Schatten wird, nicht aber die intellektuelle Anschauung selbst – das heißt, sie wird zum »kognitiven Subjekt«. Folglich ist das kognitive Subjekt das, was erscheint, wenn das Licht gehemmt wird sowie auf eine andere Weise ausstrahlt, und dementsprechend wird das Licht der Anschauung zu anderen kognitiven Aktivitäten, bei denen es sich um analytische Aktivitäten handelt. Sensibilität und Kognition sind bloß zwei Modi eines erkennenden Subjekts; das kognitive Subjekt entspricht der Selbstverneinung des Subjekts der intellektuellen Anschauung.[362]

Mou glaubte, dass es mithilfe dieses Konzepts der Selbstverneinung möglich sei, die westliche Philosophie – sprich die Erkenntnistheorie in einem kantischen Sinne – systematisch in die chinesische noumenale Ontologie zu integrieren. Dabei regte er zu einigen zusätzlichen »Übersetzungen« an, die westlichen Philosophen mitunter seltsam erscheinen mögen. Zum einen identifizierte er das Noumenon mit dem Ontologischen sowie das Phänomen mit dem Ontischen im Sinne der heideggerschen Terminologie (Mou hatte Heideggers *Kant und das Problem der Metaphysik* [1929] gelesen und infolgedessen Heideggers Vokabular innerhalb seiner Systemunterteilung übernommen). Zum anderen setzte er die theologische Transzendenz der Philosophie Kants mit dem Himmel des klassischen Konfuzianismus gleich. Auf diese Weise erarbeitete sich Mou eine sehr saubere Aufteilung der Systeme in Ost und West und konnte den Westen dennoch gleichzeitig in die Möglichkeiten des Ostens einbetten.

Eine wichtige Rolle in Mous Analyse des *liangzhi* spielte auch die Rückkehr zu einer politischen Philosophie des Konfuzianismus, namentlich *neisheng waiwang* (内聖外王, »innere Weisheit – äußeres Königtum«). Dieses konfuzianische Schema folgt einem linearen Entwicklungsverlauf, auf den wir schon früher gestoßen sind: Akzeptanz beziehungsweise Untersuchung der Dinge (格物), Erweiterung des Wissens (致知), Aufrichtigkeit in den Absichten (誠意), das Aufrichten des Geistes (正心), die Kultivierung des Körpers (修身), das Haus regeln (齊家), das Reich regieren (治國), die Welt befrieden (平天下). Die Neuen Konfuzianer aber begriffen, dass es ein Problem mit dieser direkten Projektion vom Inneren nach außen gab. Schenkte man in der Vergangenheit einer linearen Progression von der tugendhaften und moralischen Kultivierung durch den Kaiser hin zu einer friedlichen Welt noch Vertrauen, schien dies nicht länger möglich; stattdessen machte die Projizierung nun einen Umweg über das Außen erforderlich. Mit anderen Worten, bei der traditionellen Projektionsweise handelt es sich nicht mehr um eine Progression, sondern vielmehr um eine Regression. Folglich wird ein anderer Entwicklungsverlauf benötigt, und dies findet seine Erwiderung in dem Umweg, den das *liangzhi* einschlagen muss. Deutlich wird dies in Mous Buch über politische Philosophie, 政道與治道 [*Das Dao der Politik und das Dao des Regierens*] (1974), worin es heißt:

> Das äußere Königtum ist die nach außen gerichtete Bewegung der inneren Wahrheit, das ist richtig. Doch gibt es zwei Wege, um dorthin zu gelangen, geradewegs oder über einen Umweg. Die direkte Herangehensweise ist das, wovon wir in früheren Zeiten gesprochen haben, die indirekte (der Umweg) ist das, wovon wir mittlerweile in Bezug auf Wissenschaft und Demokratie sprechen. Wir glauben, der indirekte Ansatz erlaubt es dem äußeren Königtum, sich bestmöglich zum Ausdruck zu bringen. Im Falle der direkten Herangehensweise hingegen würde es zum Rückschritt kommen. Insofern also die innere Weisheit zum äußeren Königtum indirekt erreicht wird, kommt es zu einer radikalen Wandlung, die nicht dem direkten Gedankengang entspringt.[363]

Was Mou an dieser Stelle suggeriert, ist, dass das alte Schema nicht länger funktioniert und dass jedwede Unternehmung, die versucht, von den klassischen Texten und der persönlichen Kultivierung (auch wenn diese weiterhin ihre Berechtigung besitzen) auszugehen, folglich nicht mehr ausreichend ist. Im Vergleich mit der traditionellen Vorstellung der Beziehung zwischen Politik und Moral erkennt er, dass man diesen Übergang überdenken muss, indem der Wissenschaft und Technologie ein höherer Stellenwert zuerkannt wird – implizit, so ließe sich also sagen, legt er nahe, dass der »Umweg« faktisch durch *Qi* führen muss.

Mous philosophische Arbeit in Bezug auf die Technikfrage endet hier. Im Gegensatz zu anderen hebt er sie auf ein metaphysisches Niveau, das sowohl mit dem kantischen System als auch mit der traditionellen chinesischen Philosophie kompatibel ist. Doch weiter geht er ihr nicht nach, schließlich handelt es sich bei seinem Denken im Grunde um eine idealistische Geste. Mou insistierte darauf, dass Kants Philosophie in keiner Weise einen transzendentalen Idealismus, sondern vielmehr einen empirischen Realismus darstellt; und er hielt, gleich den Neokonfuzianern, daran fest, dass das Bewusstsein und die Dinge nicht voneinander getrennt werden könnten. Und doch wird in Mous Werk das Bewusstsein zur letztgültigen Möglichkeit, sowohl das Phänomen als auch das Noumenon zu erkennen. Was aber versetzt das Bewusstsein in die Lage, zu solch einem reinen Ausgangspunkt zu werden? Ähnlich Fichte und Schelling identifiziert Mou *liangzhi* als das Unkonditionierte, mit dem wesentlichen Unterschied, dass es sich bei *liangzhi* nicht um ein kognitives *Ich* handelt, sondern um ein kosmisches *Ich*. Wenn sich *liangzhi* in ein erkennendes Subjekt hinein negieren kann, dann befindet sich das erkennende Subjekt, das dementsprechend aus einer bewussten Handlung des *liangzhi* hervorgegangen ist, in einer kohärenten Relation zum *liangzhi*. Wenn also Wissenschaft und Technologie auf diese Weise entwickelt werden, werden sie von vorneherein *ethisch* sein. Um es anders und in Bezug auf den *Qi-Dao*-Diskurs auszudrücken, könnte man davon sprechen, dass *Qi* eine *Möglichkeit* des *Dao* ist. Folglich handelt es sich bei der Relation zwischen *Qi* und *Dao* nicht um eine des »Gebrauchs«, sondern um eine inklusive Relation. Dies ist auch der Grund, weshalb ich von Mous Ansatz als von einem idealistischen spreche.

Wie nützlich ist nun aber Mous Strategie bei der neuerlichen Erwägung des Modernisierungsprojekts? Mous Biograf Zheng Jiadong vermerkte, dass

> [e]s Hunderte Jahre lang der Traum der Chinesen war, den Status quo der Nation aufrechtzuerhalten und gleichzeitig in der Lage zu sein, westliches Wissen in sich aufzunehmen – zugleich Fisch und Bärentatzen zu besitzen.[364] In der »Negation von liangzhi« kommt dieser Traum am anspruchvollsten und philosophischsten zum

> Ausdruck. Ob dieser Traum sich jedoch verwirklichen lässt, ist eine andere Frage.[365]

Und tatsächlich wurde Mous »idealistischer« Vorschlag einer solchen metaphysischen und kulturellen Transformation von der von ihm stark kritisierten materialistischen Bewegung auf dem chinesischen Festland gänzlich ignoriert. Indes ist es bedauerlich, dass Mous philosophisches Projekt nicht weiter vorangetrieben wurde. Generell wurde Mous Arbeit aufgrund seiner kritischen Haltung dem Kommunismus gegenüber auf dem chinesischen Festland nicht gut aufgenommen: Für ihn hatte der Kommunismus wenig gemein mit der chinesischen Tradition und würde sein Ziel in Wahrheit allein dadurch erreichen können, dass er diese Tradition tilgte. Statt sich also Mous Vorschlag anzuschließen, wurde im Namen der Dialektik der Natur ein anderer Weg eingeschlagen, an dessen Ende das steht, was ich das Ende des *xing er shang xue* (jener alte Ausdruck, der verwendet wird, um den Begriff »Metaphysik« zu übersetzen) nenne und zur Entstehung einer neuen Disziplin der Science and Technology Studies führte.

§19. Die Dialektik der Natur und das Ende des *xing er shang xue*

Martin Heidegger verkündete zu verschiedenen Anlässen das Ende der Metaphysik: Er hielt Nietzsche für den letzten Metaphysiker. In seinem 1969 erschienenen Aufsatz »Das Ende der Philosophie und die Aufgabe des Denkens« proklamierte er, dass das Ende der Philosophie durch den Anbeginn der Kybernetik angedeutet werde. Dieses »Ende« ist jedoch kein universelles, auch wenn es, wie wir sehen werden, einer allgemeinen Tendenz entspricht, die durch die moderne Technologie hervorgerufen wurde – ein Ende, das ich als »Desorientierung« charakterisiere. Das »Ende der Metaphysik« fand im Westen und im Osten nicht zur gleichen Zeit statt: einerseits, weil »Metaphysik« nicht deckungsgleich mit der gängigen Übersetzung ins Chinesische, *xing er shang xue*, ist – wie oben deutlich gezeigt, war die Entwicklung von *xing er shang xue* nicht in der Lage, die moderne Wissenschaft und

Technologie hervorzubringen, und andererseits, weil das Ende des *xing er shang xue* im Osten eine andere Gestalt annahm: die Ablösung des *Dao* von *Qi*. Für China ist dieses Ende erst als eine Art Nachwehe während des letzten Jahrhunderts zum Vorschein gekommen, als wäre es hinausgezögert worden und erst eingetreten, nachdem sich langsam eine neue Strategie abzuzeichnen begann – nämlich die Modernisierung und später Globalisierung; ein Prozess, in dem die chinesische Philosophie keine gewichtige Rolle mehr spielt – abgesehen vielleicht bei Werbekampagnen für Tourismus und Kulturindustrie.

Auch im Verlauf des 20. Jahrhunderts suchte »Needhams Frage« chinesische Wissenschaftler noch heim. Folgt man der Logik Needhams und Fengs, könnte man sagen, dass es vor dem 20. Jahrhundert in China niemals eine *Philosophie* der Technologie gegeben habe. Wie wir gesehen haben, verfügt China in gewisser Weise lediglich über eine Naturphilosophie sowie über eine Moralphilosophie, die zu regulieren vermag, wie technisches Wissen akquiriert und angewandt wird. In Europa, so ließe sich demgegenüber argumentieren, wurde die Technikphilosophie erst Ende des 19. Jahrhunderts eingeführt und fand ihren Platz innerhalb der deutschen akademischen Philosophie zunächst in den Arbeiten von Ernst Kapp, Martin Heidegger, Friedrich Dessauer, Manfred Schröter und anderen. Wie oben dargestellt, war die Frage nach der Technik nichtsdestotrotz stets präsent innerhalb der westlichen Philosophie und könnte somit durchaus als kosmotechnisch konstitutiv für das abendländische Denken betrachtet werden – auch wenn sie entsprechend Bernard Stieglers Argument, dem wir uns in Teil 2 ausführlich widmen werden, in einem gewissen Sinne unterdrückt wird.

In China wurde eine andere Laufbahn eingeschlagen, vorwiegend aufgrund der Tatsache, dass ab 1949 die marxistische Ideologie in allen Aspekten der neugegründeten Republik verbindlich wurde. Engels' *Dialektik der Natur*, gemeinsam mit seiner Schrift *Anti-Dühring*, wurde weithin rezipiert und als grundlegende Theorie für die Entwicklung einer sozialistischen Wissenschaft präsentiert. Seit ihrer Übersetzung ins Chinesische im Jahr 1935 wurde die *Dialektik der Natur* in China zu einem der Science and Technology Studies in Europa entsprechenden »Wissenschaftszweig«.[366] In den beiden genannten Büchern versucht

Engels aufzuzeigen, dass eine materialistische Dialektik zur primären Methode der Naturwissenschaft werden müsse. *Anti-Dühring* bildete zudem eine Antwort auf das »Versumpfen der Berliner Hegelei«,[367] bei der die idealistische und metaphysische Interpretation der Natur im Vordergrund stand. Im zweiten Vorwort zu *Anti-Dühring* schreibt Engels:

> Marx und ich waren wohl ziemlich die einzigen, die aus der deutschen idealistischen Philosophie die bewußte Dialektik in die materialistische Auffassung der Natur und Geschichte hinübergerettet hatten. Aber zu einer dialektischen und zugleich materialistischen Auffassung der Natur gehört Bekanntschaft mit der Mathematik und der Naturwissenschaft.[368]

Engels' materialistische Dialektik geht von empirischen Tatsachen aus und begreift Natur als einen fortwährenden Evolutionsprozess. Wir wollen uns hier auf zwei wesentliche Punkte seines Arguments beschränken. Erstens möchte Engels darlegen, dass jedes natürliche Seiende seine Geschichte hat, von den Pflanzen zu den Tieren bis hin zu Nebeln. Engels lobte Kants *Allgemeine Naturgeschichte und Theorie des Himmels* (1755), in der Kant bereits angedeutet hatte, dass es sich bei der Formation der Erde und des Sonnensystems um einen evolutionären Prozess handelte. Sollte dies der Fall sein, müsste der kantischen Kosmologie entsprechend auch alles Seiende auf der Erde und im Universum im Laufe der Zeit ins Dasein treten. Bei Engels heißt es, »in Kants Entdeckung lag der Springpunkt alles ferneren Fortschritts.«[369] Zweitens will Engels im Geiste Marx' zeigen, dass es eine »vermenschlichte Natur« gibt, eine Natur, die der Mensch vermittels seiner Arbeit wahrnimmt. Der zweite Punkt hatte großen Einfluss auf China, was wahrscheinlich daran lag, dass das Kapitel »Anteil der Arbeit an der Menschwerdung des Affen«, welches näher auf Darwins Evolutionstheorie eingeht, gesondert übersetzt und, noch bevor der ganze Text auf Chinesisch erschien, veröffentlicht wurde. In diesem Kapitel betont Engels, dass Tiere über keine Werkzeuge verfügen und sich dementsprechend allein die Natur *zunutze machen* können, wohingegen der Mensch, im Anschluss an die Befreiung der Hände, fähig ist, Werkzeuge zu benutzen und somit die Natur zu *beherrschen*.

Der marxistische Philosoph und Ökonom Yu Guangyuan (于光遠, 1915–2013), weithin als jene Person bekannt, die Deng Xiaopings wirtschaftliche Reform am tiefgreifendsten geprägt hat, stand der Übersetzung von Engels' *Dialektik der Natur* vor und erweiterte diese »vermenschlichte Natur« in seiner eigenen Arbeit zu einem konkreteren Konzept der »sozialen Natur« als zweite Natur wie auch zu einer neuen »Disziplin«.[370]

Während des Chinesischen Bürgerkriegs (1927–1937, 1945–1950) und später, infolge der Verschlechterung der Beziehungen zwischen der Volksrepublik China und der Sowjetunion, sah sich China gezwungen, Wissenschaft und Technologie aus den fragmentierten und unzureichenden Kenntnissen, über die das Land zu jener Zeit verfügte, heraus zu entwickeln. 1956 entwarf Yu Guangyuan zusammen mit einigen Naturwissenschaftlern einen »Zwölfjahresplan (1956–1967) zur Erforschung der Dialektik der Natur (Philosophische Fragen innerhalb der Mathematik und Naturwissenschaft)« und etablierte noch im selben Jahr ein regelmäßiges Mitteilungsblatt. Engels' *Dialektik der Natur* wurde so zum leitenden System einer 1958 von Mao angeregten nationalen Bewegung: »[E]röffnet das Feuer gegen die Natur, verwirklicht technologische Innovation und technologische Revolution«.[371] Ab diesem Zeitpunkt wurde die *Dialektik der Natur* damit nicht nur zur Kritik am »Versumpfen der [...] Hegelei« und dem »Missbrauch der Wissenschaft«, sondern auch zu einer Methode, mithilfe derer man die Natur verstehen und also »beherrschen« konnte.

Die Kulturrevolution (1966–1976) zerstörte einerseits die Traditionen, die vom herrschenden System – entsprechend Marx' Theorie des geschichtlichen Fortschritts – als »Regression« angesehen wurden (Urkommunismus–Sklaverei–Feudalismus–Kapitalismus–Sozialismus–Kommunismus), und andererseits erhob sie die *Dialektik der Natur* zur Grundlage der Wissenschaft und Technologie in China. Im Jahr 1981 wurde die Chinesische Gesellschaft für die Dialektik der Natur (CSDN) mit Billigung von Deng Xiaoping gegründet. Infolge dessen wurde der Einfluss der Engels-Schrift über die Wissenschaftstheorie hinaus auf die Technology Studies ausgeweitet und wandelte sich so zu einer »Waffe« zur Optimierung der Produktivität in allen Bereichen. In gewisser Weise ist der Philosoph Chen Changshu (陳昌曙, 1932–2011) verantwortlich für die formelle und offizielle Gründung des Studienfachs »Wissenschafts- und Technikphilosophie« in China. 1990 schlug er dem Akademischen Diplomkomitee des Staatskonzils vor, diesen Namen anstelle von »Dialektik der Natur« für den Fachbereich zu übernehmen.[372] Chens eigenes Buch *Introduction to the Philosophy of Technology* (1999) stellt ein nützliches Lehrbuch auf diesem Gebiet dar.[373] Aber obwohl diese vor Kurzem formalisierte Disziplin einen neuen Namen annahm, bildet die *Dialektik der Natur* dennoch nach wie vor ihren historischen Grundstein, und das, obwohl Engels' Buch, abgesehen von dem Kapitel über die Evolution, *nichts* die Technologie Betreffendes beinhaltet.

Bei der Wissenschafts- und Technikphilosophie handelt es sich also um eine relativ junge Disziplin innerhalb Chinas, die jedoch, da man sich ihrer Bedeutung bewusst wurde, eine starke Dynamik entwickelt hat. So erforscht beispielsweise der Philosoph Qiao Ruijin in seinem Buch 马克思技术哲学纲要 [*Ein Überblick über die marxistische Technikphilosophie*] systematisch die chinesische Aneignung der marxistischen Technologiekritik, und Lin Dehongs 人与机器—高科技的本质与人文精神的复兴 [*Mensch und Maschine. Die Essenz der hoch entwickelten Technologie und die Renaissance der Geisteswissenschaften*] geht näher auf die Möglichkeit einer neuartigen Geisteswissenschaft ein, welche die Technologie berücksichtigt.[374] Obwohl ich mit diesen Bemühungen sympathisiere, fällt mir doch auf, dass es an Kontinuität oder gar Kohärenz mangelt, sich China und seine Beziehung zur Technik vorzustellen. Das heißt, abgesehen von der jüngsten Arbeit Li Sanhus handelte es sich bei solch einer Philosophie der Technologie immer nur um die Bestrebung, parallel zur marxistischen Technikkritik die *Technikphilosophie* in China einzuführen, um sie zu assimilieren. Dies trifft bei den oben Genannten wie auch bei anderen Zeitgenossen, etwa Carl Mitcham, Herbert Marcuse, Andrew Feenberg, Albert Borgmann und Hubert Dreyfus, zu – *als ob China und Europa dasselbe Verständnis von Technik besitzen würden*. Die Universalisierung der europäischen Philosophie ist daher in dem Sinne *pharmakologisch*, als sie zwar mitunter das Gesprächsfeld erweitert, doch könnte es genauso gut dazu führen, dass ihre dominierende Rolle jedwede Möglichkeit eines tiefer gehenden Dialogs untergräbt.

Dies also wollen wir unter dem Ende der Metaphysik als *xing er shang xue* verstehen: Das metaphysische Denken, das innerhalb der chinesischen Gedankenwelt den Zusammenhang zwischen dem menschlich-kosmologischen System aufrechterhält, wird in solch einer Weise gehemmt, dass es nicht länger möglich ist, von Neuem eine Metastabilität herzustellen. Diese Situation bezeichne ich in zweierlei Hinsicht als »Des-Orientierung«: Zum einen kommt es zu einem allgemeinen Orientierungsverlust: Man findet sich plötzlich inmitten des Ozeans wieder, unfähig, den Ausgangspunkt zu entdecken, geschweige denn ein Ziel – jenes Szenario, das Nietzsche in *Die Fröhliche Wissenschaft* beschrieben hat; zum anderen wird der Orient, im Unterschied zum Okzident, dergestalt negiert, dass er aufhört, der Orient zu sein, und somit auch der Okzident den Orient aus dem Blick verliert. Anders ausgedrückt, mittels technologischer Konvergenz und Synchronisation wird eine Homogenität herbeigeführt. Während der letzten dreißig Jahre bildeten die Philosophien der Technologie Chinas eine lebhafte Reaktion auf die technologische Globalisierung und das chinesische Wirtschaftswachstum; doch die Tendenz, das chinesische Technikkonzept mit jenem des Westens gleichzusetzen, beziehungsweise diesem zu gestatten, Erstgenanntes für nichtig zu erklären, stellt ein *Symptom* der Globalisierung und Modernisierung dar, das den Hang zum Vergessen und zur Ablösung von der Frage der Kosmotechnik – eine Frage, die in China folglich ihrem eigenen, nicht jenem von Heidegger beschriebenen »Vergessen« unterlag – bloß verstärkt.

Die technologische Rationalität breitet sich in dem Maße aus, dass sie sich allmählich zur Bedingung aller Bedingungen, zum Prinzip aller Prinzipien erhebt. Wie Jacques Ellul bereits in den 1970er-Jahren vorhersagte, kommt es so mithilfe technischer Systeme zu einer Totalität.[375] Will man sich dieser technologischen Rationalität widersetzen, kann dies nur durch die Herausbildung anderer neuer Dynamiken und Systeme begründender Rationalitätsformen gelingen. Der Akzelerationismus zielt auf einen Universalismus ab, den er von jeglicher kolonialistischen kulturellen Oktroyierung zu entkoppeln versucht. Zugleich aber schöpft er diesen Universalismus aus einer »prometheischen« Technologiekonzeption, die zwar angefochten, deren kulturelle Spezifität jedoch niemals zum Gegenstand der Debatte gemacht wurde. Hierdurch wird das, was unter der Kategorie der Technik verstanden wird, allzu weitläufig, und bietet nurmehr eine einzige Möglichkeit. Jenseits einer solchen akzelerationistischen Universalisierung gilt es, die Vielfalt der Technizitäten und ihre verschiedenen Relationen zur Natur – wie auch zum Kosmos – wiederzuentdecken und neu zu erfinden. Die einzige Hoffnung für China, der völligen Zerstörung ihrer Zivilisation im Anthropozän zu entgehen, besteht darin, sich, wie es schon Mou Zongsan tat, eine neue Form des *Denkens* und der *Erfindung* zu überlegen – nur dieses Mal auf eine andere Weise. Dies wird es erforderlich machen, dass sie sich von dem traditionellen idealistischen Ansatz distanziert und nach einer anderen Schnittstelle zwischen dem, was Mou als noumenale und phänomenale Ontologie bezeichnet hat, sucht. Damit dies gelingt, bedarf es eines *kosmotechnischen* Denkens und der Entwicklung einer Denkweise, die eine Weiterentwicklung des *Qi* erlaubt, ohne es vom *Dao* und dem kosmologischen Bewusstsein abzulösen. In Teil 2 werden wir an diese Frage vermittels einer Neuinterpretation der Zeit und Modernität anknüpfen.

Teil 2: Moderne und technologisches Bewusstsein

§20. Geometrie und Zeit

In Teil 1 haben wir gezeigt, dass, auch wenn das, was das westliche Denken als eine »Technikphilosophie« anerkennen würde, den Chinesen fremd bliebe, die Darstellung der Relationsgeschichte zwischen *Qi* und *Dao* es uns dennoch ermöglicht, ein »technologisches Denken« innerhalb der chinesischen Philosophie zutage zu fördern. In Teil 2 besteht nun unsere Aufgabe darin, danach zu fragen, was passiert ist, als dieses chinesische technologische Denken dem auf seiner langen philosophischen Tradition beruhenden westlichen gegenübertrat. Was in Europa als »Moderne« bezeichnet wird, trat in China nicht auf, und die Modernisierung erfolgte erst im Anschluss an die Konfrontation der beiden Formen des technologischen Denkens. Im Folgenden wollen wir diese Konfrontation als die zwischen zwei temporalen Strukturen liegende Spannung beschreiben; dies wird jedoch auch ein Umdenken der Frage der Moderne selbst bedeuten. Im Laufe des 20. Jahrhunderts ertönten die Stimmen, welche die Notwendigkeit der »Überwindung der Moderne« proklamierten, zunächst in Europa und anschließend in Japan – wenn auch aus unterschiedlichen Beweggründen – und sind heute, angesichts ökologischer Krisen und als Folge technologischer Katastrophen, beinahe überall zu vernehmen. Doch was diese Stimmen letztlich hervorriefen – was bei jenen Anthropologen, die eine Rückkehr zu alten Kosmologien oder indigenen Ontologien anraten, vergessen scheint –, war Krieg und metaphysischer Faschismus. Indem wir die Frage der Moderne anhand der Konfrontation der beiden oben genannten Denkweisen reevaluieren, möchte ich zeigen, dass es nicht ausreicht, zu einer »traditionellen Ontologie« zurückzukehren, sondern dass es stattdessen der Neuerfindung einer unserer Zeit entsprechenden Kosmotechnik bedarf.

Hatte Needham die Frage, weshalb die moderne Wissenschaft und Technologie nicht in China entstand, bereits beantwortet? Fanden chinesische Intellektuelle des 20. Jahrhunderts eine zufriedenstellende Antwort auf Needhams Frage? Unzweifelhaft lieferte Needham eine höchst systematische Analyse verschiedener Faktoren, die weit über einen bloßen Sozialkonstruktivismus hinausging. Seine Untersuchung umfasste das öffentliche Rekrutierungssystem von Regierungsbeamten, philosophische und theologische sowie sozioökonomische Faktoren, die allesamt erheblichen Einfluss auf die Formation einer singulären Kultur zeitigten. Diese Faktoren bilden eine Ansammlung, welche die Tendenzen, Kräfte und Kontingenzen, durch die die chinesische Geschichte konstituiert wird, zum Ausdruck bringt. Nichtsdestotrotz fürchte ich, dass Needhams Analysen nicht ausreichen, um das Fehlen der modernen Wissenschaft und Technologie zu erklären, und dass innerhalb des chinesischen philosophischen Systems etwas Grundlegenderes auf dem Spiel steht; und um dies erfassen zu können, kommen wir nicht umhin, tiefer vorzudringen. Wie wir gesehen haben, basiert die chinesische Philosophie auf einer organischen und nicht auf einer mechanischen Form des Denkens – etwas, das Needham bemerkt, jedoch nicht weiterverfolgt hat. Mou Zongsan wiederum stellte fest, dass die chinesische Philosophie von einem Fokus auf die noumenale Ontologie gekennzeichnet sei, wie die Tendenz, die Erfahrung in Richtung des Unendlichen zu kehren, andeutete. Es scheint, dass der Kosmos innerhalb der chinesischen Mentalität eine etwas andere Struktur und Natur als jener innerhalb der westlichen aufweist und dass die Rolle des Menschen und seine Art der Erkenntnis ebenfalls auf unterschiedliche Weisen im Einklang mit dem Kosmos determiniert sind.

Wie wir unten noch sehen werden, erarbeiteten die alten Chinesen laut den Beobachtungen der Sinologen keine systematische Geometrie – das Wissen vom Raum[376] –, und genau so wenig behandelten sie das Thema Zeit. Im Folgenden werden wir daher den Implikationen der These, das chinesische Denken sei durch ein Fehlen eines axiomatischen Geometriesystems und der minimalen Berücksichtigung der Zeit geprägt, nachgehen.

§20.1 Die Abwesenheit der Geometrie im alten China

Needham stellte fest, es habe im alten China keine Geometrie, sondern nur Algebra gegeben.[377] Dies heißt selbstverständlich nicht, dass es kein geometrisches Wissen gab – was sicherlich der Fall war, zumal die Geschichte Chinas auch als die Geschichte der Kontrolle zweier Flüsse (des Jangtsekiangs und des Gelben Flusses) gelesen werden kann, die zu regelmäßigen Überschwemmungen und gelegentlicher Dürre neigen. Die Verwaltung dieser beiden Flüsse muss zwangsläufig geometrisches Wissen, Messungen und Kalkulation erforderlich gemacht haben. Needham wollte wohl vielmehr sagen, dass ein systematisches Wissen über Geometrie relativ spät aufkam, möglicherweise erst im Anschluss an die von Jesuiten verfasste Übersetzung von Euklids *Elementen* Ende des 17. Jahrhunderts. Manche Historiker merken an, dass bereits das *Jiu Zhang Suan Shu* (九章算術 [*Neun Kapitel über die mathematische Kunst*], 10.–2. Jahrhundert v. Chr.) sowie der Kommentar des Mathematikers Liu Hui (劉徽, 3. Jahrhundert) ein fortgeschrittenes geometrisches Denken aufwiesen.[378] Dieses unterschied sich jedoch in dem Sinne grundlegend von der griechischen Geometrie, dass das *Jiu Zhang Suan Shu* kein formales deduktives System von Axiomen, Theoremen und Beweisen aufstellte; und »anders als die altgriechische Mathematik, die Nachdruck legt auf die Geometrie, lag die Leistung der altchinesischen Mathematiker [tatsächlich] in erster Linie in der Kalkulation«.[379] Andere Historiker wiederum haben gezeigt, dass es sich bei dem, woran es der altchinesischen Mathematik mangelte, um die Entwicklung eines »vollständigen strukturtheoretischen Systems« handelt.[380] So soll Zhang Heng (張衡, 78–139) beispielsweise postuliert haben, dass sich die Sonne, der Mond und die Planeten entlang sphärischer Bahnen bewegen, doch aufgrund des Fehlens jedweden axiomatischen Systems konnte die Entdeckung nicht weiter ausgearbeitet werden. Geometrie und logische Systeme entstanden in China erst im Laufe des 17. Jahrhunderts im Anschluss an die Übersetzung der euklidischen Geometrie (幾何原本, *Jihe Yuanben*) durch Matteo Ricci (1552–1610) und Paul Xu Guangqi (徐光啟, 1562–1633). Xu Guangqi erkannte, dass »die Logik […] ein Vorläufer anderer Studien und eine Voraussetzung für das Verständnis verschiedener anderer

Disziplinen« ist, und bemühte sich deshalb, Geometrie und Logik zu den Eckpfeilern der neuen Wissenschaft zu erheben.[381]

Im antiken Griechenland stellte die Geometrie zweifelsfrei eine bedeutende Disziplin dar, und die philosophischen Rationalisierungen der ionischen Philosophen standen in enger Beziehung zu ihrer Entdeckung. Thales, der erste bekannte ionische Philosoph und ein Wegbereiter der Geometrie, nutzte seine Kenntnis der geometrischen Eigenschaften von Dreiecken, um die Höhe von Pyramiden zu berechnen und die Durchmesser der Sonne und des Mondes zu bestimmen. Seine Annahme, die Welt sei aus homogenen Elementen zusammengesetzt, bildete eine unerlässliche Vorform für die geometrische Ermittlung von Ordnung, Maß und Proportionen.[382] Darüber hinaus sollten wir nicht vergessen, dass Pythagoras, zumindest laut Hippolyt, Astronomie, Musik und Geometrie vereinte.[383] Diese Rationalisierung ist zudem für die Kosmogonie in Platons *Timaios* von zentraler Bedeutung, worin Gott zum Techniker wird, der entsprechend unterschiedlicher geometrischer Proportionen am Raum oder Gefäß (*chōra*) beschäftigt ist. Es war diese Gesinnung, die zu den großen Errungenschaften der griechischen Antike führte. Diese Rationalisierung erreichte ihren Höhepunkt in dem von Euklid von Alexandria festgelegten System, in dem eine mathematische Disziplin als Sammlung von Axiomen beschrieben wird, deren daraus abgeleitete Theoreme sich als ein vollständiges und kohärentes System nachweisen lassen.

Ungeachtet ihrer Fortschritte auf dem Gebiet der Geometrie, wurde oft angemerkt, dass die Griechen der Antike Algebra nicht zu ihren Stärken zählten. Einen der besten Beweise dafür liefert Archimedes *Über Spiralen*, worin der Mathematiker mechanisch beschreibt, wie man eine Spirale ohne Zuhilfenahme von Symbolen oder Gleichungen aufzeichnet. Wie der Mathematiker John Tabak bemerkt, hatten die »Griechen […] wenig Interesse an Algebra. Unsere Befähigung, neue Kurven aufzuspannen, ist größtenteils auf unsere algebraische Kompetenz zurückzuführen«. Bis zur Zeit Pappos' von Alexandria, einem der letzten großen Geometer des antiken Griechenlands, hatten sie sich bereits ein vergleichsweise umfassendes Verständnis der Linien, Flächen und Körper angeeignet, doch »stellte die Beschreibung beinahe jeder Kurve die Griechen vor eine Herausforderung«.[384] Im Mittelalter nahm die geometrische Forschung langsam ab, als sie mit der Theologie verschmolz, und das, obwohl Geometrie nach wie vor als eine der sieben freien Künsten betrachtet wurde. Bedeutsam für diese Zeit ist die neuerliche Einführung der griechischen Geometrie im Mittelalter, wie zunächst Adelhard von Baths (1080–1152) Übersetzung von Euklids *Elementen* aus dem Arabischen ins Lateinische um das Jahr 1120 und später, am Ende des 15. Jahrhunderts, die erste Übersetzung aus dem Griechischen ins Lateinische durch Bartholomeo Zamberti (1473–1543) zeigt.[385] Während der Renaissance wurde die Geometrie teilweise durch künstlerisches Schaffen vorangetrieben, insbesondere durch die Malerei: Die Techniken, die entwickelt wurden, um ein dreidimensionales Objekt auf eine zweidimensionale Ebene zu projizieren, sowie die Theorie der Perspektive führten zu dem, was heute unter der Bezeichnung projektive Geometrie bekannt ist. Im 16. und 17. Jahrhundert lässt sich der Aufstieg der modernen Wissenschaft in Europa, wie das Werk Keplers, Galileis und Newtons beispielhaft veranschaulicht, als Geist der Geometrisierung charakterisieren. In einer unter anderem von Needham zitierten Äußerung aus dem Jahr 1953 bemerkte Albert Einstein, dass

> [d]ie Entwicklung der abendländischen Naturwissenschaft [...] auf zwei großen Leistungen [beruht]: der Erfindung des formal logischen Systems (in der euklidischen Geometrie) durch die griechischen Philosophen, und auf der Entdeckung der Möglichkeit, durch systematisches Experimentieren kausale Beziehungen herzustellen (Renaissance). Meiner Meinung nach muss man sich nicht wundern, dass die chinesischen Weisen diese Schritte nicht gemacht haben. Das Verwunderliche ist vielmehr, dass diese Entdeckungen überhaupt gemacht wurden.[386]

Einsteins Charakterisierung der Geometrie als ein »formal logisches System« erinnert womöglich an unsere Diskussion über die Entwicklung des chinesischen Denkens in Teil 1: Wie wir gesehen haben, wurde die mohistische Schule, die sich für Logik und Technik einsetzte, von Konfuzianern wie Mengzi zugunsten einer auf einer

Moralkosmologie basierenden Perspektive unterdrückt. Die zweite Errungenschaft des Westens bestand laut Einstein in der Entdeckung kausaler Beziehungen durch Experimentieren. Bei dieser Suche nach kausalen Gesetzmäßigkeiten und »Gesetzen der Natur« handelt es sich um eine äußerst spezifische Form der Naturphilosophie, die von konkreten Erfahrungen hin zu abstrakten Modellen übergeht. In Bezug auf das chinesische Denken stellte Needham diesbezüglich eine höchst relevante Frage: Lässt sich die Entstehung des Konzepts der Naturgesetze in Europa während des 16. und 17. Jahrhunderts im Einzelnen auf wissenschaftliche und technologische Entwicklungen zurückführen?[387] Catherine Chevalley beantwortet diese Frage mit Ja, indem sie auf drei wichtige wissenschaftliche Entwicklungen innerhalb Europas in diesem Zeitraum hinweist: (1) die Geometrisierung des Sehvermögens (Kepler); die Geometrisierung der Bewegung (Galilei); und (3) die Kodifizierung der Bedingungen eines Experiments (Boyle, Newton). In jedem dieser Fälle spielt Geometrie eine entscheidende Rolle, insofern sie eine Loslösung der wissenschaftlichen Erkenntnis von der alltäglichen Erfahrung ermöglicht. Zunächst wandte Kepler Plotins Verständnis des Lichts als Emanation gegen Aristoteles' substanzialistische Definition an und zeigte, dass die Formierung von Bildern auf der Retina einen komplizierten Prozess mit einschließt, der geometrischen Regeln folgt (d. h. Diffraktion und geometrische Verformung von auf dem Kopf stehenden Bildern). Vergleichbar ging Galileis Geometrisierung der Bewegungsgesetze vor, die den aristotelischen Begriff der Veränderung (*metabolē*) als Modifikation von Substanz und Akzidens (Entstehen oder Vergehen) ablöste, indem er eine ideale Umgebung der Leere erwog, worin fallende Objekte unterschiedlicher Masse, entgegen der intuitiven Überzeugung, dass ein Objekt mit größerer Masse mit einer schnelleren Geschwindigkeit falle, die gleiche Geschwindigkeit erreichen würden.[388] Die apodiktische Natur der Geometrie steht der Fehlbarkeit der Intuition entgegen – eine Passage in Galileis *Dialog über die beiden hauptsächlichsten Weltsysteme* offenbart das Bemühen um methodologische Gewissheit, die unbeeinträchtigt von den Wechselfällen menschlichen Versagens und richterlicher Entscheidung ist:

> Wenn der Gegenstand unseres Streites eine Frage der Jurisprudenz oder einer anderen, menschliche Dinge behandelnden Wissenschaft wäre, in welchen es nicht Wahrheit, noch Irrtum giebt, so könnte man zuversichtlich einen größeren Scharfsinn, eine schlagfertigere Beredsamkeit, eine ausgedehntere Belesenheit erwarten und hoffen, daß, wer sich durch solche Gaben auszeichnet, hier die Überlegenheit seines Geistes an den Tag legen und Ruhm dafür ernten würde. In den Naturwissenschaften aber, deren Schlüsse wahr und notwendig sind, und wo menschliche Willkür keine Stätte hat, muß man sich hüten, sich auf seiten des Irrtums zu schlagen [...].[389]

Einstein ging insofern nicht falsch in seiner Annahme der Vormachtstellung der Geometrie in Europa. Betrachtet man die Geschichte der Kosmologie von ihren mythologischen Ursprüngen bis zur modernen Astronomie, von Claudius Ptolemäus über Kopernikus, Tycho Brahe, Kepler bis hin zu Newton, so handelt es sich tatsächlich in jedem Stadium um einen grundlegend geometrischen Sachverhalt.[390] Selbst Einsteins allgemeine Relativitätstheorie, welche die Gravitation mithilfe der Krümmung der vierdimensionalen Raumzeit ermittelt, stellt im Wesentlichen eine geometrische Theorie dar (wenn auch keine euklidische mehr).

§20.2 Geometrisierung und Temporalisierung

Anstatt uns jedoch auf die Geometrie als Gegenstand der Mathematik zu beschränken, wollen wir die Frage vertiefen, indem wir sie mit der Frage nach der Zeit verknüpfen. Mir scheint, die Beziehung zwischen Zeit und Geometrie/Raum ist grundlegend für das westliche Konzept der Technik und ihrer Weiterentwicklung zu effizienten mnemotechnischen Systemen. Stellen wir die Frage auf diese Weise, rücken wir ab von der Abstraktion hin zur Idealisierung – d. h. von der mentalen Abstraktion hin zur Idealisierung bei externalisierten geometrischen Formen. Die Idealisierung muss von der Ideation unterschieden werden, die sich weiterhin auf theoretische Abstraktion innerhalb des Denkens bezieht – zum Beispiel können wir uns ein Dreieck vorstellen

(Ideation), doch wird die apodiktische Natur des Dreiecks erst allgemein geläufig, sobald sie externalisiert (z. B. gezeichnet) wird.[391] Idealisierung in diesem Sinne beinhaltet folglich eine Exteriorisierung, sei es durch Schrift oder Zeichnungen. Meine Überlegungen hinsichtlich des Zusammenhangs zwischen Geometrie, Zeit und Technik lassen sich wie folgt zusammenfassen: (1) Geometrie erfordert und erlaubt die Verräumlichung der Zeit, was (2) Exteriorisierung und Idealisierung mittels technischer Mittel mit einschließt, (3) geometrische Apodiktizität erlaubt logische Inferenz sowie die Mechanisierung kausaler Beziehungen, und (4) die auf der Grundlage einer solchen Mechanisierung ermöglichten technischen Objekte und technischen Systeme partizipieren wiederum an der Ausgestaltung der Temporalität: Erfahrung, Geschichte, Historizität.

Geometrisierung meint in verschiedener Hinsicht eine Verräumlichung der Zeit. Erstens veranschaulicht sie die Bewegung der Zeit (entweder in linearer Form oder durch einen Kegelschnitt) visuell; zweitens verräumlicht und exteriorisiert sie die Zeit in solch einer Weise, dass diese künftig in einer idealisierten Form erinnert werden kann (wir werden später bei der Erörterung der Überlegungen Bernard Stieglers noch auf diesen Punkt zu sprechen kommen). Meine Hypothese – wenngleich heikel und spekulativ – lautet schlichtweg folgendermaßen: Nicht nur wurde die Geometrie nicht in China erfunden; auch die Zeitfrage wurde nicht in gleicher Weise wie im Westen thematisiert, und es sind diese beiden Überlegungen zusammengenommen, die zu einem abweichenden Technikkonzept in China beziehungsweise sogar zur augenscheinlichen Abwesenheit jedweder Betrachtung der Technik geführt haben. Diese Behauptung mag auf den ersten Blick etwas verblüffend wirken. Um sie begreiflich zu machen, werde ich zunächst einen Überblick über die Frage der Zeit in China liefern und anschließend auf das Verhältnis von Zeit und Geometrie eingehen, bevor wir schließlich zu ihrer Synthese in Bezug auf die Technik gelangen.

Sinologen wie Granet[392] und Jullien haben die Frage der Zeit innerhalb des chinesischen Denkens thematisiert, und beide behaupten, dass es in China kein Konzept der linearen Zeit gebe, sondern nur *shi* (時), was »Gelegenheit« oder »Zeitpunkt« bedeutet. Die Chinesen arrangieren ihre Leben traditionellerweise entsprechend dem *sìshí* (四時), womit die vier Jahreszeiten gemeint sind.[393] Jullien stellt darüber hinaus fest, dass diese Zeitauffassung in enger Beziehung zum *Huainanzi* (siehe Teil 1 oben) und dessen schematischer Definition der Relation zwischen politischem und sozialem Verhalten und dem jahreszeitlichen Wandel steht. Wie er anmerkt, unterscheidet sich das Zeitverständnis der chinesischen Kultur, worin die Bewegung der Jahreszeiten als primäres Prinzip verstanden wird, grundlegend von jenem der aristotelischen Tradition, die auf einer Konzeption der Zeit als Bewegung von einem Punkt zum anderen oder von einer Form zur anderen beruht und Quantität als auch Distanz mitberücksichtigt.[394] Seit der Antike wurde die Zeit als Inter-Momentliches aufgefasst – das heißt, sie wird in Bezug auf die Bewegung zwischen einem Punkt und einem anderen gedacht (dies lässt sich als primäre Verräumlichung *qua* Geometrisierung bezeichnen, im Gegensatz zu einer zweiten, schriftlichen Verräumlichung, auf die wir im Folgenden noch eingehen werden). Für die Menschen der Antike ist die Zeit »zwischen« (*metaxy*); für die Stoiker handelt es sich bei ihr um ein »Intervall« (*diastema*); und auch bei Augustinus heißt es *sentimus intervalla temporum*.[395] Doch wie Jullien zeigt, gelangte diese Zeitvorstellung erst im 19. Jahrhundert nach China, nachdem die japanische Übersetzung von Zeit als das »Zwischen-Momentliche« – auf japanisch *jikan* und auf chinesisch *shíjiān* (時間) – übernommen wurde.[396]

Ein alternativer, umfassenderer Zeitbegriff findet sich im chinesischen Verständnis des Kosmos/Universums oder des *yu zou* (宇宙),[397] wobei *yu* dem Raum und *zou* der Zeit entspricht. Etymologisch ist Zou verwandt mit dem Rad eines Wagens, von dessen kreisförmiger Bewegung die Zeit ihre figurative Metapher erhält.[398] *Sìshí* ist ebenfalls zyklisch und wird in vierundzwanzig solare Abschnitte (節氣) unterteilt, die durch den Jahreszeitenwandel markiert sind. So wird beispielsweise der Zeitraum vom 5. bis zum 6. März *jingzhe* (驚蟄) genannt, was wörtlich übersetzt »das Erwachen der Insekten« bedeutet und das Ende der Hibernation anzeigt. Im *Yijing* wird auf die Zeit (*shí*) ebenso unter dem Aspekt der Gelegenheiten Bezug genommen: Zum Beispiel spricht man von der »Beobachtung von *shí* (察時)«, dem »Verständnis von *shí* (明時)«, dem »Warten auf *shí* (待時)« usw.[399] Zugleich wird *shí* mit *shì* (勢) in Verbindung gebracht, das Jullien als »Propensität« oder »Neigung« (*propension*) übersetzt und sich, gewissermaßen vereinfacht, als situatives Denken verstehen lässt.[400] (In Anlehnung an die Arbeiten von Marcel Detienne und Jean-Pierre Vernant wies Jullien zudem darauf hin, dass sich auch im antiken Griechenland ein vergleichbares Denken ausmachen lasse, namentlich die von Detienne und Vernant als »listige Intelligenz« etikettierte *mētis*.[401] Auch wenn die Sophisten das *mētis*-Konzept untersuchten, blieb diese Denkweise doch unterdrückt und von der »hellenistischen Wissenschaft« ausgeschlossen.) Die Assoziation der beiden Konzepte *shí* und *shì* untergräbt für Jullien auch die idealistische Tendenz, vom Subjekt oder vom *Ich* her zu denken, und neigt eher in Richtung dessen, was er eine *transindividuelle* Beziehung zur Außenwelt nennt: Was das Subjekt ausmacht, ist nicht der Wille oder der Wunsch, zu wissen, sondern vielmehr das, was außerhalb davon liegt und durch es hindurchgeht.[402]

Man kann sich daher fragen, ob die Wahrheit, während die Suche nach Apodiktizität unter den griechischen Denkern Geometrie zum primären Repräsentationsmodus des Kosmos (Zeit und Raum) werden ließ und folglich die Rekonstitution der Temporalisierung der Erfahrung mithilfe von Technik ermöglichte, innerhalb des chinesischen Denkens keine veritable philosophische Fragestellung darstellte. Bernard Stiegler behauptet, die Beziehung zwischen Geometrie und Zeit im Westen werde durch Sokrates' Antwort auf Menons Frage hinsichtlich der Tugend veranschaulicht, worin gezeigt wird, dass die Geometrie im Wesentlichen in dem Sinne technisch und zeitlich sei, als dass sie nach einer Schrift und Schematisierung verlange. Geschickt gestaltet Stiegler die Frage der Geometrie zu einer Zeitfrage oder, besser gesagt, zu einer Frage der Re-Temporalisierung um. Erinnern wir uns daran, dass Sokrates im *Menon* mit einem Paradox konfrontiert wird: Wenn man bereits weiß, was die Tugend ist, dann braucht man nicht nach ihr suchen; weiß man jedoch nicht, worum es sich bei ihr handelt, wird man auch nicht fähig sein, sie zu erkennen, wenn man auf sie trifft. Die Konsequenz daraus lautet, dass man nie wissen kann, was Tugend ist. Sokrates antwortet auf dieses Problem mit einer List: Er sagt, er habe einst gewusst, was Tugend sei, es nun jedoch vergessen und brauche daher Hilfe, um sich zu erinnern. Sokrates verdeutlicht diesen Erinnerungsprozess, diese *Anamnesis*, indem er einen jungen, ungebildeten Sklaven bittet, eine geometrische Aufgabe anhand einer Zeichnung im Sand zu lösen. Für Stiegler führt diese Operation die technische Exteriorisierung des Gedächtnisses vor Augen: Allein die Markierungen im Sand – einer Form von *technē* – erlauben es dem Sklaven, die Problemstränge zu verfolgen und die vergessene Wahrheit zu »erinnern«. Wie Stiegler anmerkt, existieren geometrische Elemente wie ein Punkt oder eine Linie nicht wirklich, insofern wir die Existenz als räumlich-zeitliche Präsenz verstehen. Sobald wir einen Punkt oder eine Linie in den Sand malen, handelt es sich nicht länger um einen Punkt, da er bereits zur Oberfläche geworden ist. Die Idealität der Geometrie macht eine Schematisierung qua Exteriorisierung wie der Verschriftlichung erforderlich:[403]

> Die Geometrie ist das Wissen vom Raum, und der Raum ist die Form der Anschauung. Das Denken des Raumes als die Form a priori setzt die Fähigkeit des Entwurfs voraus, den die Figur darstellt. Doch ist dieser Entwurf, und das ist von entscheidender Bedeutung, nicht nur dadurch eine Exteriorisierung, dass er eine Projektion für die Anschauung ermöglicht. Sondern er bildet überdies einen retentionalen Raum, d.h. einen Träger des Gedächtnisses, der Schritt für Schritt jenen *zeitlichen Fluss* der Überlegung stützt, aus welchem die Vernunft, die denkt, besteht.[404]

Entsprechend Stieglers Dekonstruktion also wird die platonische Konzeption von Wahrheit als Erinnerung notwendigerweise um eine technische Dimension ergänzt, die Platon jedoch nicht thematisiert. Stiegler nennt dieses Zeichnen der »Linien im Sand«, diese exteriorisierte Gedächtnisleistung, *tertiäre Retention* – ein Begriff, den er der in Husserls *Zur Phänomenologie des inneren Zeitbewusstseins* erläuterten primären und sekundären Retention beifügt.[405] Wenn wir einer Melodie lauschen, entspricht das, was unmittelbar im Gedächtnis retiniert wird, der primäre Retention; wenn ich mich dieser Melodie am nächsten Tag erinnere, zeugt dies von einer sekundären Retention. Was Stiegler als tertiäre Retention bezeichnet, wäre zum Beispiel also die Partitur, das Grammophon oder irgendein anderes Aufzeichnungsverfahren, das die Melodie in einer stabilen und dauerhaften Form außerhalb des eigentlichen Bewusstseins externalisiert.

Hier greift Stiegler den Faden von Jacques Derridas *Husserls Weg in die Geschichte am Leitfaden der Geometrie* auf, worin Derrida Husserls eigene Aussage bestätigt, dass es die Kommunikation von Generation zu Generation sei, die den Ursprung der Geometrie konstituiere; jedoch fügt er hinzu, dass dies einzig durch die Schrift möglich sei, welche die »absolute Überlieferungsfähigkeit des Gegenstandes, seine absolute ideale Objektivität« gewährleiste.[406] Geometrie wird nicht allein mittels Kommunikation (sprich gezeichneten Darstellungen) konstituiert, sondern bildet von sich aus die Konstituente der Kommunikation (Ortho-Graphen), ohne welche die »Selbstevidenz« oder Apodiktizität der Geometrie nicht beibehalten werden könnte.[407] Stiegler treibt diese These um einiges weiter und integriert sie in Leroi-Gourhans Exteriorisierungskonzept (siehe Einleitung). Ihm zufolge begründen technische Objekte ein epiphylogenetisches Gedächtnis, eine »Vergangenheit, die ich nicht erlebt habe und die dennoch meine Vergangenheit ist, ohne die ich nie irgendeine jemeinige Vergangenheit gehabt hätte«.[408] Das epiphylogenetische Gedächtnis unterscheidet sich sowohl vom genetischen als auch ontogenetischen Gedächtnis (das Gedächtnis des zentralen Nervensystems); in Stieglers eigenen Worten handelt es sich um ein »techno-logische[s] Gedächtnis«,[409] das der Sprache, dem Gebrauch von Werkzeugen, dem Warenkonsum und den rituellen Praktiken innewohnt. Man könnte also davon sprechen, dass die Technik, als Idealisierung des geometrischen Denkens, Zeit einschreibt und gleichzeitig eine neue Zeitdimension ins Spiel bringt – eine, die, wie Stiegler zeigt, in Heideggers *Sein und Zeit* unter-entwickelt blieb.

§20.3 Geometrie und kosmologische Spezifität

War Stiegler in der Lage, aus seiner Platon-Lektüre und der Dekonstruktion Heideggers ein Konzept der Zeit als Technik innerhalb der westlichen Philosophie herauszuarbeiten, so scheint ein vergleichbares Unterfangen für die altchinesische Philosophie nicht möglich. Zugegebenermaßen wird eine *ontologische* und *universelle* Behauptung aufgestellt, wenn man sagt, Technik schreibe Zeit ein. Leroi-Gourhans Technikanthropologie hatte bereits gezeigt, dass die Technik als eine Form der Exteriorisierung des Gedächtnisses sowie der Emanzipation der Organe aufgefasst werden sollte und die Erfindung und der Gebrauch technischer Geräte dementsprechend auch einen Hominisierungsprozess darstellt. Der Werkzeuggebrauch und die Freisetzung der Hände, die Erfindung der Schrift und die Befreiung des Gehirns stellen korrespondierende Aktivitäten dar, die den Menschen als Spezies verändern und definieren. Anders ausgedrückt, liefert Leroi-Gourhan eine evolutionäre Theorie des Menschen aus der Perspektive der Erfindung und des Gebrauchs von technischen Objekten. Die Technikerfahrung ist jedoch mit der Kosmologie verbunden und teilweise durch sie bedingt – und gerade in diesem Sinne bestehen wir auf der Bedeutung einer *Kosmotechnik*. Technische Apparate funktionieren somatisch als Erweiterung von Organen – und sind, als Prothesen, *somatisch* wie auch *funktionell* universell; und doch sind sie nicht zwingend *kosmologisch* universell. Das heißt, insofern als die Technik durch kosmologisches Denken sowohl angetrieben als auch eingeschränkt wird, nimmt sie unterschiedliche Bedeutungen jenseits ihrer bloßen somatischen Funktionalität an. So können beispielsweise unterschiedliche Kulturen einen ähnlichen Kalender besitzen (z. B. mit 356 Tagen im Jahr), was jedoch nicht bedeutet, dass sie über dasselbe Zeitkonzept oder dieselbe Erfahrung von Zeit verfügen.

Wie in der Einleitung bereits erwähnt, liefert Leroi-Gourhan selbst eine umfassende und milieuübergreifende Theorie der Konvergenz und Differenz technischer Erfindungen nach Maßgabe zweier Konzepte: der *technischen Tendenz* und der *technischen Tatsachen*.[410] Bei der *technischen Tendenz* handelt es sich um eine universelle Tendenz, die innerhalb des techno-evolutionären Prozesses auftritt, etwa bei der Verwendung von Feuerstein oder der Erfindung des Rades; demgegenüber beziehen sich *technische Tatsachen* auf bestimmte, durch ein spezifisches sozio-geografisches Milieu bedingte Ausdrucksformen dieser Tendenz: beispielsweise die Erfindung von Werkzeugen, die sich für eine bestimmte geografische Umgebung eignen oder die den Gebrauch gewisser Symbole übernehmen.

Doch auch wenn wir mit Leroi-Gourhan darin übereinstimmen, die Exteriorisierung des Gedächtnisses als eine allgemeine technische Tendenz zu betrachten, ermöglicht uns dies dennoch nicht, zu erklären, weshalb und wie jede Kultur unterschiedlich schnell und mit einer unterschiedlichen Ausrichtung exteriorisiert; das heißt, es erklärt nicht, inwiefern die Exteriorisierung durch bestimmte Konditionen determiniert wird – seien es biologische oder geografische, gesellschaftliche, kulturelle oder metaphysische. Gleichfalls in der Einleitung angedeutet, versuchte Leroi-Gourhan, die Unterschiede zwischen technischen Tatsachen hinsichtlich der Spezifität des Milieus und dessen Austausches mit anderen Stämmen und Kulturen zu analysieren; sein Fokus allerdings lag vornehmlich auf der Beschreibung von technischen Objekten selbst. Gewiss liegt darin die große Stärke von Leroi-Gourhans eigentümlicher Forschungsmethode; und dennoch hat er gerade dadurch verabsäumt, die Frage der Kosmologie hinlänglich zu berücksichtigen.[411] Primär für Leroi-Gourhan ist bei der Differenzierung der technischen Tatsachen die *biologische* Bedingung, zumal sie wesentlich für die Überlebensfrage ist: So werden beispielsweise Utensilien wie Schalen erfunden, um nicht jedes Mal wieder die Wasserquelle aufsuchen zu müssen. Die Relevanz der *geografischen* Bedingung ist offensichtlich, schließlich begünstigen die für eine bestimmte Region spezifischen klimatischen Bedingungen gewisse Erfindungen gegenüber anderen. In dem Buch *Fūdo* – einer Erwiderung auf Heideggers *Sein und Zeit* – geht der japanische Philosoph Watsuji Tetsurō (和辻哲郎) sogar so weit, zu behaupten, dass auch das Milieu den persönlichen Charakter der Bevölkerung und ihr ästhetisches Urteil mitbestimmt.[412] Das japanische Wort *fūdo* (風土) ergibt sich aus den beiden chinesischen Zeichen für Wind (風) und Erde (土). Watsuji klassifiziert drei Arten des *fūdo*, nämlich Monsun, Wüste und Wiese. Um kurz Beispiele für Watsujis Beobachtungen anzuführen: Er meint, dass, da Asien stark vom Monsun betroffen ist, der daraus resultierende verhältnismäßige Mangel an jahreszeitlichen Veränderungen eine unbekümmerte Persönlichkeit hervorbringe. Insbesondere in Südostasien, wo stets sehr warmes Wetter herrscht, bietet die Natur eine Fülle an Nahrungsmitteln, sodass nicht allzu viel Arbeit notwendig ist, um überleben zu können oder sich um die Eventualitäten des alltäglichen

Lebens zu sorgen. Im Vergleich dazu, so Watsuji, führt der Mangel an natürlichen Ressourcen in den Wüsten des Nahen Ostens zur Solidarität zwischen den Völkern, sodass das jüdische Volk, obwohl es in der Diaspora lebt, verbunden bleibt; indes weisen die eindeutigen und turnusmäßigen Jahreszeitenwechsel in den europäischen Wiesengebieten die Beständigkeit der Naturgesetze nach und suggerieren somit, dass es möglich sei, die Natur mithilfe der Wissenschaft zu beherrschen. Watsuji hat eine interessante Sichtweise auf den Zusammenhang zwischen dem *fūdo* Griechenlands und der Entwicklung der Geometrie sowie ihrer Logik, wie sie in der griechischen Kunst und Technik zum Ausdruck kommt. Er weist darauf hin, dass die griechische Bildhauerei schon lange vor dem Bildhauer und Maler Phidias (480–430 v. Chr.) eine enge Beziehung zur pythagoräischen Geometrie pflegte. Noch vor der Geburt der Geometrie habe man der griechischen Kunst eine »geometrische« Sichtweise oder *thēoria* attestiert, bedingt durch ein *fūdo*, das »hell« sei und nichts »verbirgt«:

> Das griechische Klima bietet [für die Förderung jenes unbegrenzten Weitersehens] einzigartige Voraussetzungen. Die Griechen sahen eine leuchtende, helle Welt, in der die »Form« aller Dinge unvergleichlich klar und deutlich hervortrat. Angefacht durch den Wetteifer miteinander, entwickelte sich diese Sicht immer weiter. [...] Das Anschauen einer hellen, durchsonnten Natur brachte das Helle und Durchsonnte im Einzelnen zum Vorschein, was dann seinen Ausdruck auch in den klaren Formen der Bildhauerei, der Architektur und des Denkens fand.[413]

Watsuji bezog dieses »reine Sehen« auf Aristoteles' Konzept der Form (*eidos*) als Essenz (*ousia*); ebenso lässt sie sich auf dessen Hylemorphismus beziehen sowie auf Platons Ideenlehre – die Inkarnation des Ideals innerhalb der Wirklichkeit. Diese geometrische Rationalität ist ausschlaggebend für die Kunst und Technik, welche die altgriechische Kultur kennzeichnete. Die Römer, obwohl sie nicht in der Lage waren, an das griechische Kulturerbe anzuknüpfen, bewahrten deren geometrische Rationalität, weshalb, so Watsuji, auf »dem Weg über Rom [...] Griechenlands Rationalität das Schicksal Europas endgültig entschieden« hatte.[414] Im Kontrast dazu stößt man im chinesischen und japanischen *fūdo* nur selten auf die Helligkeit der Griechen; diese Länder sind stattdessen von Nebel und permanentem Wetterwechsel geprägt, was bedeutet, dass das Seiende undeutlich ist und nicht in derselben Weise wie die hellenistischen Formen zutage gebracht wird. Laut Watsuji entsprach daher das, was sich innerhalb dieser *fūdos* entwickelte, einer »Einheit der Stimmung« aus etwas Nichtvorhersehbarem, Irrationalem:

> Anders als in Griechenland kann der Künstler hier die Einheit des Kunstwerkes nicht im Regelmaß der Form oder in der Proportionalität suchen. Einheit in der Kunst entsteht hier aus der Einheit der Stimmung (jap. *ki-ai*), aus etwas Nichtvorhersehbarem, Irrationalem und folglich auch von Glück Abhängigem, in dem Gesetzmäßigkeit kaum zu finden ist. Deshalb konnte sich aus den vom *ki-ai* bestimmten Künsten [techniques] auch keine Wissenschaft entwickeln.[415]

An dieser Stelle sei erwähnt, dass Watsuji bereits festgestellt hatte, dass das *fūdo* nicht ewig während sei: Er prognostizierte, dass sich die Situation in Südostasien stark verändern würde, sobald chinesische Geschäftsleute die Region für sich entdeckten – sprich, dass die von den Chinesen durch Handelsbeziehungen eingeschleppten Technologien, Praktiken und sozialen Werte eine enorme Transformation der Region bewirken würden. Allein deshalb, weil der Austausch zwischen ethischen Gruppen begrenzt ist, wird die Konzeption und Entwicklung der Technik von der auf Kultur, Sozialstrukturen und Moralvorstellungen – und für Watsuji letztlich im *fūdo* – gründenden Kosmologie subsumiert.

Die Tatsache, dass die chinesische Kultur nicht näher auf den Umstand der Zeit und der Geometrie eingeht, mag daher als kulturelle und kosmologische Voraussetzung ihrer technologischen Entwicklung gedient und, um Leroi-Gourhans Begrifflichkeit aufzugreifen, innerhalb der universellen technischen Tendenz verschiedene technische Tatsachen hervorgebracht haben. Die verschiedenen Weisen, wie diese Voraussetzungen in China sowie im Westen nach Maßgabe zweier technischer Aspekte entstanden sind, wollen wir festhalten: zum einen in der Interpretation der Zeit bei der Produktion von technischen Seienden, und zwar in dem Sinne, dass die Zeit geometrisch gehandhabt wird – sei es linear oder zyklisch –, was eine neuartige Temporalisierung ermöglicht; und zum anderen im Verständnis des Fortschritts und der Historizität in Bezug auf die Technizität. Diese Differenzen ergeben sich aus dem unterschiedlichen Natur- (Kosmos) und Fortschritts-(Zeit)verständnis. In *Procès ou Création*, seiner Abhandlung über den Neokonfuzianer Wang Fuzhi (王夫之, 1619–1692), merkt Jullien an, dass Wang Fuzhi kaum in der Lage sei, über den geschichtlichen Fortschritt zu sprechen, insofern er der Geschichte nicht die Natur gegenüberstelle; Julliens Schlussfolgerung lautet daher, dass »die Tradition, in der sein [Wangs] Denken stand, niemals von einer theophanischen Lesart der Geschichte beeinflusst worden war«.[416] Doch liegt auch eine *politische* Ursache vor, die erklärt, weshalb trotz des Vorhandenseins von Geschichte in China ein mangelhafter Historizitätsdiskurs herrscht. Es mag verwunderlich erscheinen, dass Laotse, der Autor des *Daodejing*, ein Historiker der Zhou-Dynastie war, beziehungsweise, dass er das Amt des offiziellen Historikers der kaiserlichen Bibliothek innehatte.[417] Was aber bedeutete es, zu jener Zeit Historiker zu sein? Und wie ist es möglich, dass es sich um einen Historiker handelte, der uns das der Geschichte als auch der Zeit gleichgültig gegenüberstehende *Daodejing* vermachte? Bereits im ersten Satz heißt es dort wörtlich übersetzt, das »*Dao*, das *Dao* genannt wird, ist nicht *Dao*. Namen können keinen ewigen Namen nennen«.[418] Sollten wir dies als eine Ablehnung der Geschichtsschreibung verstehen, insofern Laotse unter Geschichte etwas versteht, das sich stets entzieht und sich permanent verändert? Tatsächlich war es zu Laotses Zeiten die Aufgabe des Historikers, gründlich in den alten Texten zu lesen, um Ratschläge hinsichtlich der Regierungsführung zu geben; der politische Gebrauch der Geschichte mittels Textinterpretation hatte Vorrang vor jedweder Entwicklung eines geschichtlichen Bewusstseins. Wie schon in Teil 1 angemerkt, blieb dies bis zur Zeit Dai Zhens, und insbesondere bei Zhang Xuecheng, der während des 18. Jahrhunderts versuchte, das *Dao* aus der »Gefangenschaft« der Klassiker zu befreien, der Fall.

Unser Hauptaugenmerk wird im Folgenden auf dem zweiten Punkt liegen, das heißt, es wird uns darum gehen, die Relation zwischen der Zeitkonzeption (Natur und Geschichte) und der technologischen Entwicklung zum Ausdruck zu bringen. Parallel dazu wird sich zeigen, dass die Bemühungen, die unternommen wurden, um den Zeitbegriff in China und in Ostasien auszuarbeiten, im Allgemeinen eng mit der Frage der Moderne in Zusammenhang standen, jedoch ein äußerst unklares Verhältnis zur Technik übernahmen. Dies hat Auswirkungen auf das zeitgenössische China, wo wir gegenwärtig eine Art Paradoxon beobachten können: Einerseits findet sich eine rasante technologische Entwicklung in Bezug auf wissenschaftliche Forschung, Infrastrukturprojekte und auf das Bauwesen (einschließlich seiner Entwicklungsprojekte in Afrika) und andererseits herrscht ein starkes Gefühl des Verlustes und der Desorientierung vor, durch das China aufhört, China zu sein, und stattdessen zum Kapitalismus mit chinesischen Ausprägungen verkommt – nicht sonderlich verschieden von der von Hu Shi prophezeiten Situation (siehe §16.2), innerhalb derer der Rest der chinesischen Kultur allein dazu dient, eine anderweitig triumphale Verwestlichung abzuwandeln. Das Ende der Moderne in Europa, sprich der Anfang des Prozesses der technologischen Bewusstseinsbildung, hat dieses Paradoxon lediglich verstärkt, zumal die temporale und spatiale Ballung der Globalisierung keinen Verhandlungsspielraum lässt und bloß immer größeren Zwang zur Assimilierung ausübt.

Es handelt sich hierbei um eine heikle Hypothese, nicht anders als die Demonstration, die ich auf den folgenden Seiten in Angriff nehmen möchte. Ziel ist es, die Frage nach der Technologie zu überdenken, indem China innerhalb der europäischen Zeitachse verortet wird, und so Raum zu schaffen für ein neuartiges Kosmotechnikprogramm. Zunächst werden wir jedoch die verschiedenen Versuche zur »Überwindung der Moderne« untersuchen müssen, um aus ihren Fehlern zu lernen. Denn wenn wir die tief sitzenden Probleme der Moderne und die Fallgruben, die sich uns womöglich noch auftun werden, aufdecken und hinter uns lassen wollen, werden diese historischen Lektionen unerlässlich sein.

§21. Moderne und technologisches Bewusstsein

Sofern die holistische, kosmologische Sichtweise Chinas, wie wir in Teil 1 gesehen haben, durch die Modernisierung rabiat demontiert worden ist, dann deshalb, weil sie der technischen Realität der europäischen und amerikanischen Wirklichkeit weder widerstehen noch sich ihr stellen konnte. Das *Qi-Dao* als moralische und kosmologische Struktur wurde durch die materialistisch-idealistische Struktur der Technik transformiert und neu gestaltet. Die Sonne, der Mond und die Planeten bewegten sich in derselben Weise wie zuvor, doch wurden sie nicht länger als bedeutungs-, struktur- und rhythmusgleich wahrgenommen. Modernisierung bedeutet im Grunde eine Transformation, wenn nicht gar eine Zerstörung der moralischen Kosmologie, die sich in jeder Kunstform ausdrückt, von der Teezeremonie bis zur Kalligrafie, von der Handwerkskunst bis zur Architektur.

Gemäß dem Beispiel von Platons Ausblendung der an der Anamnese des Sklavenjungen beteiligten räumlichen Ergänzung, handelte es sich bei der Technik als Einschreibung, und demnach als Unterstützung der Zeit, um das Unbewusste der Moderne. Das heißt, sie wurde in der Moderne niemals als solche thematisiert, und dennoch fungiert sie als die Konzeption und Perzeption der Moderne selbst. Nun existiert das Unbewusste stets nur im Verhältnis zum Bewussten; wir könnten von ihm sogar als der Negation des Bewusstseins sprechen. Sobald das Bewusstsein etwas Unbewusstes bemerkt – ohne unbedingt in der Lage zu sein, zu wissen, worum es sich handelt –, wird es versuchen, es einzugliedern und funktionsfähig zu machen. Das technologisch Unbewusste ist das unsichtbarste, zugleich jedoch sichtbarste Seiende; wie Heidegger sagt, sehen wir nicht, was uns am nächsten ist. Und es war dieses technologische Unbewusste, das dem *Cogito* den Willen und das Selbstvertrauen zuerkannte, die Welt auszubeuten, ohne die Grenzen dieser Ausbeutung wahrzunehmen. Der spätere Diskurs über Fortschritt und Entwicklung, der das europäische Kolonisationsprojekt beflügelte und rechtfertigte, setzt sich mit der gleichen Logik bis zu diesem Zeitpunkt, an dem sich die Krisen unmittelbar abzuzeichnen beginnen, fort: industrielle Katastrophen, das Artensterben, die Gefährdung der Biodiversität …

Bruno Latour bringt dies auf eine andere Weise zum Ausdruck. Er sieht es als den inneren Widerspruch zwischen zwei Registern: auf der einen Seite das, was er »Reinigung« nennt, z. B. Natur vs. Kultur, Subjekt vs. Objekt, und auf der anderen das, was er »Vermittlung« oder »Übersetzung« nennt, das heißt die Produktion von »Quasi-Objekten« oder Objekten, die weder rein natürlich noch rein kulturell sind (beispielsweise das Loch in der Ozonschicht). Bei Letzteren, dargestellt als Hybridisierung, handelt es sich laut Latour in Wahrheit um nichts anderes als um die Verstärkung der Reinigung. Angesichts dieses der Verfassung der Moderne zugrunde liegenden Widerspruchs behauptet Latour, dass wir nie in dem Sinne »modern gewesen« seien, dass die »Moderne« die Natur und Kultur grundlegend voneinander trenne und den Widerspruch zwischen Beherrschung und Emanzipation verkörpere. Obwohl Latour die Moderne nicht unter dem Aspekt der technologischen Unbewusstheit charakterisiert, erkennt er dennoch schließlich an, dass sich die Moderne weigerte, Quasi-Objekte zu konzeptualisieren. Ein Quasi-Objekt ist etwas, das weder einem bloßen Objekt noch einem bloßen Subjekt entspricht, sondern das eine technische Vermittlung der beiden darstellt – zum Beispiel (in Michel Serres' Beispiel) ein Ball innerhalb eines Fußballspiels, der, sobald die beiden Mannschaften zu spielen beginnen, aufhört, ein Objekt zu sein, sondern solch eine Subjekt-Objekt-Aufteilung transzendiert. Die Weigerung, Quasi-Objekte zu konzeptualisieren, bedeutet, dass das Technikkonzept, das etwa im Falle eines Labors zur Trennung von Natur und Kultur, Subjekt und Objekt dient, nicht vollständig anerkannt wird oder unbewusst bleibt:

> Die Modernen unterscheiden sich von den Vormodernen nur durch ihre Weigerung, die Quasi-Objekte als solche zu denken. Hybriden stellen für sie etwas Schreckliches dar, das es um jeden Preis zu vermeiden gilt – durch unentwegte und sogar manische Reinigung. […] Erst diese Weigerung zieht die unkontrollierbare Ausbreitung eines bestimmten Typs von Wesen nach sich: *das Objekt, Konstrukteur des Sozialen, aus der sozialen Welt ausgestoßen, einer transzendenten Welt zugeschrieben, die dennoch nicht göttlich ist; dieses Objekt produziert seinerseits durch Kontrast ein freischwebendes Subjekt, das Träger von Recht und Moralität ist.*[419]

Die Technik verblieb somit unbewusst, und doch begann dieses Unbewusste zu einem bestimmten Zeitpunkt der europäischen Geschichte, namentlich der Neuzeit, erhebliche Auswirkungen auf das Leben des Geistes zu zeitigen, und erreichte während der Industriellen Revolution schließlich seinen Höhepunkt. Die Transformation dieses Unbewussten hin zu einem Bewusstsein kennzeichnet die zeitgenössische technologische Verfassung. Es stellt eine Wende dar, innerhalb derer versucht wird, Technik als Teil des Bewusstseins zu betrachten, nicht aber als Bewusstsein selbst (weshalb wir sie als instrumentelle Rationalität auffassen können). Dieser neuartige Zustand wird weltweit geteilt, ohne vor irgendeine Wahl gestellt worden zu sein: Selbst im Amazonas-Regenwald finden sich Bewegungen, die wie die Chinesen, die ihre traditionellen Werte während der Modernisierung aufrechtzuerhalten suchten, auf ihrer eigenen Kultur – etwa nichtmenschlichen Seienden Rechte einzuräumen, traditionelle kulturelle Praktiken zu bewahren und so weiter – bestehen mussten. Konfrontiert mit der Unmöglichkeit, vollständige soziale und ökonomische Autonomie zu erlangen, mussten sie sich der gegenwärtigen technologischen Verfassung stellen. Und so bleibt das Schicksal solcher indigenen Bräuche bis heute ungewiss.

Im Gegensatz zum allgemein üblichen Verständnis, laut dem die auf das späte 20. Jahrhundert datierte Postmoderne das Ende der Moderne markierte, würde ich eher davon ausgehen, dass erst an diesem Punkt des 21. Jahrhunderts, fast vierzig Jahre nach Jean-François Lyotards Verlautbarung des Anbeginns der Postmoderne, die Moderne an ihr Ende gelangt ist, denn erst jetzt, so scheint es, werden wir uns unseres technologischen Bewusstseins gewahr. Genau genommen hatten nicht nur Latour und Lyotard, sondern auch viele andere, die sich mit Technologie befassten, etwa Jacques Ellul und Gilbert Simondon, auf das Problem des mangelnden Gewahrseins und Missverständnisses der Technologie hingewiesen. So charakterisiert Simondon es beispielsweise in *Die Existenzweise technischer Objekte* als eine Unkenntnis und Fehleinschätzung der Technik und versucht, technische Objekte sichtbar zu machen beziehungsweise das Bewusstsein für sie zu schärfen.[420] Jacques Ellul wiederum griff Simondons Analyse technischer Objekte und technischer Ensembles auf und weitete sie auf das globale technologische System aus, das sich im Begriff befindet, eine totalisierende Kraft zu werden. Es ist diese Bemühung, uns dessen bewusst zu machen, worüber wir in Unkenntnis sind, was jedoch weitgehend unser Alltagsleben ausmacht, die das »Ende der Moderne« wirklich begründet.

Treten wir jedoch zunächst einen Schritt zurück und fragen: Was meinen wir, wenn wir von »Ende« sprechen? Es soll nicht heißen, dass die Moderne abrupt abbricht, sondern dass sie sich, als Projekt, ihren Grenzen stellen muss und im Zuge dessen transformiert wird. Somit verstehen wir unter dem »Ende der Moderne« gewiss nicht, dass die Moderne aufhört, uns zu beeinflussen, sondern vielmehr, dass wir sehen und uns bewusst darüber sind, dass sie zu Ende geht. Doch so, wie Heidegger davon spricht, dass das Ende der Metaphysik nicht heißt, dass die Metaphysik aufhört, zu existieren, und uns nicht länger beeinflusst, sondern dass wir Zeuge ihrer Vollendung werden und auf etwas ihr Folgendes warten, sei es ein neues Denken des Seins oder eine noch spekulativere Metaphysik, liegt es dennoch an uns, die Auswirkungen, welche die Moderne auf und in uns hervorgebracht hat, zu überwinden – und dies wird zweifellos länger dauern, als wir imstande sind, uns vorzustellen. Darüber hinaus vollzieht sich das Ende der Moderne gleich dem Ende der Metaphysik in Asien in einem anderen Tempo als in Europa, gerade insofern, als erstens ihre jeweiligen philosophischen Systeme nicht völlig aufeinander abgestimmt sind und zweitens die Verbreitung eines Konzepts von einem System zum anderen stets eine Verschiebung und Transformation darstellt.

Die Postmoderne stellte sich zu früh ein, mit allzu großer Hoffnung, Angst und Begeisterung, in den Schriften Lyotards – einem Propheten des 20. Jahrhunderts. Lyotards Diskurs über die Postmoderne priorisiert die Ästhetik; er ist sich der ästhetischen Veränderungen bewusst, die durch die Transformation der von den Kräften der Technik getriebenen Welt hervorgerufen werden, und versucht, diese Kraft in eine solche umzuwandeln, die imstande wäre, die Moderne aufzuheben. Die Postmoderne stellt eine Antwort auf diese neuartige Ästhetik dar und dient mittels der Aneignung der Technologie zugleich als andersartige Denkweise. Folglich ist es nicht verwunderlich, dass in der von Lyotard 1985 im Centre Pompidou kuratierten Ausstellung

Les Immatériaux die Frage nach der Sensibilität in den Vordergrund rückte, wobei ungewohnte technische und industrielle Objekte Werken von Yves Klein, Marcel Duchamp und anderen gegenübergestellt wurden. Die Sensibilität und die »Unruhe« oder »Beunruhigung«, die *Les Immatériaux* zu begünstigen suchte, läuft auf ein Bewusstsein der Ungewissheit des Kosmos, der Verunsicherung der Erkenntnis sowie der Zukunft der Menschheit hinaus. Mithilfe dieser neuen Sensibilität werden sich die Menschen bewusster darüber, was sich in ihren Händen befindet, welche technischen Mittel sie entwickelt haben sowie dass ihr eigener Wille und ihre eigene Existenz von diesen Apparaten, von denen sie dachten, sie seien ihre eigene Schöpfung, abhängig geworden sind – und dass der Mensch tatsächlich selbst dabei ist, von dieser neuen »immateriellen« Sprache der Maschinen »umgeschrieben« zu werden. Auf diese Weise stellte Lyotard die Frage der Anamnese in Bezug auf die Technologie: Er erkannte, dass die Ausbeutung des Gedächtnisses durch die Wirtschaft mit der Entwicklung von Telekommunikationstechnologien zunehmen würde. Daher versuchte er, die industrielle Hegemonie des Gedächtnisses zu überwinden, indem er dem Problem zu neuen, wenn auch höchst spekulativen und daher beinahe undurchschaubaren Höhen verhalf (und es auf eine neue Ebene stellte). Der Prozess, der innerhalb meiner eigenen Konzeptualisierung als das Ende der Moderne verstanden wird, zentriert sich um die Hypothese, dass die Moderne von einer technologischen Unbewusstheit gestützt wird und dass ihr Ende von einer Bewusstwerdung markiert wird, einer Einsicht, die besagt, dass das Dasein ein technisches Seiendes ist, welches die Technik zwar erfinden mag, jedoch auch davon bedingt ist.

Heideggers *Sein und Zeit*, insbesondere seine Kritik an der kartesianischen Ontologie sowie die Bemühung seiner späteren Arbeiten, die Geschichte des Seins zu rekonstruieren – eine Aufgabe, die sich verstehen lässt als jene, die Moderne zu beschließen, indem eine neue Frage aufgeworfen, ein Neuanfang bereitet wird –, erwächst aus dem Gewahrsein beziehungsweise dem Vernehmen des Seinsvergessens. Die ontologische Differenz ist eine Öffnung, da sie die Seinsfrage entsprechend zweier unterschiedlicher Größenordnungen neu formuliert, von denen eine das Seiende und die andere das Sein betrifft. Die vergessene Seinsfrage fungiert als das Unbewusste der ontischen Erforschung des durch die Geschichte der Wissenschaft und der Technologie begründeten Seienden. Freud wiederum entwickelte eine Theorie des Unbewussten und der Verdrängung, um das, was tief verborgen, längst vergessen und vom Über-Ich verdrängt ist, zurückzugewinnen. Wiewohl sie zwei überaus verschiedenen Theorien und Disziplinen angehören, sind die Aufgabenstellungen Freuds und Heideggers im 20. Jahrhundert bezeichnend für zwei wesentliche Modernitätsdiskurse sowie für zwei Versuche, die Moderne aufzukündigen. Wie wir noch sehen werden, wird Freuds Begrifflichkeit des Unbewussten, der Verdrängung und des Durcharbeitens bei der Auseinandersetzung mit der Frage nach der Technik in China ausschlaggebend sein.

In der Tat wies Heidegger auf eine Art Verdrängung hin, die der antagonistischen Beziehung zwischen Technologie und der Seinsfrage innewohnt: Ihm zufolge verdeckte die Technologie als *Vollendung* der westlichen Metaphysik die ursprüngliche Seinsfrage. Die Seinsvergessenheit *ist* daher faktisch die Frage nach der Technik. Um also die Technologie und das, was durch sie für außereuropäische Kulturen auf dem Spiel steht, zu verstehen, müssen wir Heidegger und dem Konzept der Technologie als Vollendung der Metaphysik folgen, ohne jedoch östliche und westliche philosophische Systeme gleichzusetzen, wodurch Prometheus ein universeller Ursprung der Technik beigemessen würde. Vielmehr müssen wir die Möglichkeit nutzen, sie uns *anzueignen*, sie als ein Ende oder Ziel zu *vertagen* und uns das *Gestell* – sprich die moderne Technologie – mithilfe dieses Aufschubs von Neuem anzueignen.[421]

Mit Bernard Stiegler, nicht mit Lyotard, wird diese Frage *transparent*. Es sind seine Arbeiten, die das Ende der Moderne ankündigen.[422] Stiegler zeigt darin, dass die westliche Philosophie die Technikfrage lange schon *vergessen* hat: Insofern es für Heidegger eine Seinsvergessenheit gibt, gibt es für Stiegler gleichermaßen eine Technikvergessenheit. Technik als tertiäre Retention ist die Bedingung aller Bedingungen, was heißt, dass selbst das Dasein, das versucht, eine authentische Zeit wiederzuerlangen, auf die tertiäre Retention angewiesen ist, die zugleich dem Schon-Da und der Bedingung des In-der-Welt-Seins des *Daseins* entspricht. Folglich wird, ungeachtet ihres zerstörerischen

Wesens, wie es in der von Heidegger in »Die Frage nach der Technik« beschriebenen Technologieepoche zutage tritt, die Technik für Stiegler zu einem maßgeblicheren Aspekt als die Seinsvergessenheit: Die Seinsgeschichte als Teil der Geschichte der westlichen Metaphysik wird entsprechend dem Konzept der Verfahren [*technique*] als dem ursprünglichen Zustand umgeschrieben werden müssen (und ebenso der Fehler des Epimetheus).

Wir sollten uns daher fragen, ob es sich bei diesem Vergessen, wie oben angedeutet, weniger um ein mangelhaftes Erinnerungsvermögen, eine durch technische Objekte hervorgerufene Hypomnesie handelt, als um einen unbewussten Gehalt, der erst nach und nach, sobald sich sein Einfluss auf das geistige Leben bemerkbar macht, zur Kenntnis genommen wird. In diesem Fall kann die Dekonstruktion von Heideggers und Husserls Zeitkonzeptionen in den drei Bänden von *Technik und Zeit* als Psychoanalyse dieses technologischen Unbewussten verstanden werden und damit als Versuch, Technik von ihrer Verdrängung durch das *Cogito*, dem Symbol der Moderne, zu befreien.

§22. Das Gedächtnis der Moderne

Bei Stieglers tertiärer Retention handelt es sich im Wesentlichen um eine Frage nach jener Art von Zeit, die in Heideggers *Sein und Zeit* nicht hinlänglich zur Sprache gebracht wird. Heideggers Kritik an der Uhrzeit bildet einen Teil seiner Kritik an der Seinsvergessenheit, wie der Verlust einer authentischen Zeit oder *Eigentlichkeit* zeigt. Im zweiten Abschnitt von *Sein und Zeit* erweiterte Heidegger diese Kritik um die Frage nach der Geschichte und Geschichtlichkeit. Um die *Geschichtlichkeit* verstehen zu können, muss man das Dasein zunächst als ein geschichtliches Seiendes klassifizieren. Heidegger unterscheidet die Geschichtlichkeit, deren Ursprung im *Geschehen des Daseins* liegt, von der *Historie*: Geschichtlichkeit stellt keine objektive Beschreibung des Vergangenen dar, sondern liegt der Geschehensganzheit, das heißt der Temporalisierung von Vergangenheit, Gegenwart und Zukunft, bei. Für Heidegger ist die Vergangenheit, die Erinnerung, wie schon bei Wilhelm Dilthey, der sowohl vor als auch während der Arbeit an

Sein und Zeit großen Einfluss auf Heidegger ausübte, ursprünglich. Laut Dilthey ist das Leben auf drei grundlegende Arten geschichtlich. Erstens besteht die Vergangenheit in der Gegenwart stets fort, da das Leben einem unablässigen *Innewerden*, einem gegenwärtigen Integrationsprozess dessen, was vergangen ist, entspricht; zweitens stellt die Gegenwart hinsichtlich der Struktur und Entwicklung einen *Aufbau* der Vergangenheit dar; und drittens existiert die Vergangenheit in Form von Artefakten, Handlungszusammenhängen, Ereignissen und so weiter auch als eine vergegenständlichte Vergangenheit.[423] Ähnlich wie Dilthey versucht auch Heidegger, diese Temporalisierung als Ganzes zu erfassen. Die Gegenwart als Dreh- und Angelpunkt solch einer Historisierung entspringt dem Verständnis des Daseins um seine eigene Geschichtlichkeit.

Im zweiten Abschnitt von *Sein und Zeit* kommt Heidegger auf die Frage nach der Entschlossenheit, dem Sein zum Tode und dem In-der-Welt-Sein als Grundstruktur zu sprechen, mittels derer diese Zeitlichkeit, die eine »eigentliche Geschichtlichkeit« hervorbringt, beschrieben werden kann. Die Welt wird in der Entschlossenheit des Daseins erschlossen, da das Dasein in der Entschlossenheit auf sich zurückkommt; und in einem solchen Zu-sich-Kommen kann es seine Eigentlichkeit entdecken. Was aber versteht Heidegger unter Entschlossenheit? Sie wird, schreibt er, bestimmt

> als das verschwiegene, angstbereitete Sichentwerfen auf das eigene Schuldigsein. Ihre Eigentlichkeit gewinnt sie als *vorlaufende* Entschlossenheit.[424]

Derrida weist darauf hin, dass die *Schuld* des *Schuldigseins* an dieser Stelle keineswegs schlicht das Verschulden [*coupable*] oder die Verantwortlichkeit bezeichnet, sondern eine nicht-empirische Schuld [*debt*], »deren Schuldner ich bin, als wäre ich immer schon vertraglich gebunden – und das meint Geschichtlichkeit –, gebunden an einen Vertrag, den ich nicht unterzeichnet habe, der mich jedoch ontologisch verpflichtet.«[425] Diese »nicht-empirische Schuld« ist das »Erbe«, deren Eigentlichkeit allein dadurch erreicht werden kann, insofern das Dasein »das Seiende, das es selbst ist, in seiner Geworfenheit« übernimmt.[426]

Die Entschlossenheit wiederum wird durch die Anerkennung des Seins zum Tode als Endlichkeit und Grenze des Daseins gezeitigt. Mit anderen Worten, das Sein zum Tode stellt die notwendige Bedingung jeglicher Freiheit in ihrem »eigentlichen Sinne« dar. Nur im Freisein für den Tod erfährt das Dasein seine endliche Freiheit, die es ihm erlaubt, zu wählen, sich zwischen zufälligen Situationen zu entscheiden, und die es dadurch in die Lage versetzt, sich seinem eigenen Schicksal zu überliefern. Dieses *Sichüberliefern* der Entschlossenheit muss in der Entbergung eines Ortes, im »Da« des Daseins als Ziel der Eigentlichkeit, resultieren. Worin also besteht dieses Sichüberliefern?

> Die Entschlossenheit, in der das Dasein auf sich selbst zurückkommt, erschließt die jeweiligen faktischen Möglichkeiten eigentlichen Existierens *aus dem Erbe*, das sie als geworfene *übernimmt*. Das entschlossene Zurückkommen auf die Geworfenheit birgt ein *Sichüberliefern* überkommener Möglichkeiten in sich, obzwar nicht notwendig als überkommener.[427]

Die *Sichüberlieferung* geschieht nicht von Natur aus, sondern es handelt sich bei ihr sowohl um eine Wahl als auch um eine Wiederholung. Derrida übersetzt den Begriff mit »Selbstübertragung« [*auto-transmission*] und »Selbsttradierung« [*auto-tradition*] und behauptet, diese sei ein weiteres Erscheinungsbild der »Selbstaffektion« der reinen Zeit, die Heidegger in *Kant und das Problem der Metaphysik* beschrieben hat.[428] Das »Da« entbirgt sich im Augenblick, in dem das Dasein die Spannung zwischen ihrer Entschlossenheit und ihrem In-der-Welt-Sein mit anderen beseitigt. Obwohl die Frage nach dem Erbe hierbei eingeräumt wird, wird es doch nur als das »Gegebene« anerkannt.

Doch ist ein geschichtliches Seiendes ohne die Analyse des »schon da« überhaupt denkbar? Dem Tod kommt seine Bedeutung allein innerhalb einer Welt der Symbole, Entbergungen und Schriften bei; andererseits würde sich der Tod eines Menschen nicht von dem eines Tieres unterscheiden. Für Tiere stellt der Tod grundsätzlich eine Frage des Überlebens dar, wohingegen er laut Heidegger für die Menschen zugleich zur Frage der Freiheit wird. Diese Frage – die Frage einer *Daseins-Analytik* vom Gesichtspunkt der Technik – ist es, die

Stiegler in *Technik und Zeit* zu beantworten sucht. Für Stiegler ist die Temporalisierung durch die tertiäre Retention bedingt, da bei jeder Projektion eine Umstrukturierung des Gedächtnisses erfolgt, die nicht auf die von mir gelebte Vergangenheit beschränkt bleibt. Die in Museen aufbewahrten Altertümer thematisierend, fragt Heidegger, »Was ist ›vergangen‹?«, und antwortet sogleich, »Nichts anderes als die *Welt*, innerhalb deren sie, zu einem Zeugzusammenhang gehörig, als Zuhandenes begegneten und von einem besorgenden, in-der-Welt-seienden Dasein gebraucht wurden«.[429] Die Vergangenheit besteht in den Strukturen von Beziehungen, die nicht mehr als Zuhandenes zum Ausdruck kommen, sondern nur durch ihre Thematisierung sichtbar gemacht werden können (in welchem Falle sie vorhanden werden). Allerdings fungiert mit dem von Stiegler eingeführten Begriff der tertiären Retention das, was vorhanden *war*, als die Bedingung und als der unbewusste Teil unserer Alltagserfahrung. Das heißt, mit Stiegler wird eine neue Dynamik der Temporalisierung eingeführt, auf die wir in der Diskussion über Keiji Nishitanis Heideggerinterpretation noch zu sprechen kommen werden.

Die Frage des Gedächtnisses betrifft tatsächlich solch tertiäre Retentionen wie Monumente, Museen und Archive: Letztere werden zu Symptomen der technologischen Unbewusstheit, da diese einerseits die Zerstörung und das Verschwinden des traditionellen Lebens beschleunigt, andererseits aber auch das Verlangen stärkt, das Verschwindende zu bewahren. Dies stellt einen Widerspruch dar, zumal diese Memoralisierung dazu tendiert, als Trost für die tief greifende Melancholie, die dieser Prozess hervorgebracht hat, einzustehen, ohne sich der eigentlichen Verantwortung des technologischen Unbewussten dafür bewusst zu sein. Die Moderne, gänzlich vom Willen des technologischen Unbewussten beherrscht, sieht lediglich dessen Endpunkt (der Entwicklung, des Handels usw.) und selten das, was sie unbewusst zu solch einem illusorischen Ziel anspornt. Demgemäß scheinen Moderne und Gedächtnis zeitweise im Kontrast zueinander zu stehen, während sie sich zu anderen Zeiten zu ergänzen scheinen. Die Kraft der Moderne ist eine, die Hindernisse abbaut und Zauderer ihrem Schicksal überlässt, und oftmals fokussierte sich die Modernisierungskritik auf ihre Geringschätzung der Geschichte und Tradition.

Doch auch der Diskurs über das kollektive Gedächtnis ist ein gänzlich moderner – eine Kompensation für das, was zerstört wurde, denn nur sobald etwas Gefahr läuft, zerstört zu werden, wird es zur Erinnerung, und eben nicht zum alltäglichen Gegenstand, der allein für Historiker von Interesse ist.[430] Heidegger betrachtet diese Memoralisierung mit kritischem Blick, zumal sie in einer Weise objektiviert, die dazu neigt, des Daseins eigentliches Verständnis der Geschichtlichkeit zu verfremden. Objektivierte Geschichte beziehungsweise das, was Heidegger »Historismus« nennt, hat ihren Ursprung nicht im Dasein, sondern in dem Bestreben, die Weltgeschichte zu objektivieren, in der das Dasein nicht länger zu einem geschichtlichen Seienden, sondern vielmehr zu einem Objekt unter vielen wird, das Spielball der durch äußere Umstände und Ereignisse bestimmten Geschichte bleibt. In den *Schwarzen Heften 1938/39* bringt Heidegger diese Opposition noch deutlicher zum Ausdruck:

> Historie: die Technik der »Geschichte«.
> Technik: die Historie der »Natur«.[431]

Die Aussage, die »Technik ist die Historie der Natur«,[432] lässt sich als Bestätigung dessen verstehen, dass die Technik, charakterisiert hier als Geschichte der Metaphysik, dem Objektivierungsprozess der Natur zugrunde liegt; gleichfalls wird die »*Historie*« metaphysisch und verdeckt die Geschichte. Diese Opposition wird in den *Schwarzen Heften 1942–1948* erneut aufgegriffen, wenn es heißt:

> Vermutlich versteht der Historiker unter »Geschichte« die Historie, dann ist es in der Tat so, wie er hypothetisch sagt. Historie ist nur eine Form der Technik im wesentlichen Sinne. [...] Erst wenn die Macht der Historie gebrochen ist, hat die Geschichte wieder ihren Raum. Dann ist Geschick und dann ist Offenheit für das Schickliche.[433]

Dieser von Heidegger angeführte Konflikt zwischen Historie und Geschichtlichkeit kann nur gelöst werden, insofern man, wie bei Stiegler, anerkennt, dass Letztere nicht auf Erstere verzichten kann; was auch bedeutet, dass die Eigentlichkeit des Daseins in gewisser Weise immer auch uneigentlich ist, sprich jeglicher Absolutheit oder Gewissheit beraubt. Erst wenn die Frage des Gedächtnisses transparent gemacht worden ist, das heißt die technologische Unbewusstheit einem Gedächtnis zugeführt wurde – einem Gedächtnis, dessen Signifikanz und Einfluss man sich bewusst werden muss –, wird die Moderne enden und die Geschichtlichkeit (wenn auch in einem anderen als Heideggers Sinne) erreicht.

Das Ende der Moderne wird demzufolge nicht allein durch die Akzeptanz signalisiert, dass die Erde dem Menschen nicht länger untertan ist oder dass die Welt sich uns entzieht. Das wissen wir bereits seit Anbeginn der Menschheit: Egal, ob jene des Olymps, in Ägypten oder auf der Sinai-Halbinsel, die Götter waren stets über uns erhaben; und immer schon ist bekannt, dass die Vorstellung des Menschen als Herrscher über die Welt nur einer Illusion entspricht; doch in dem Moment, in dem diese Illusion durch das technologische Unbewusste beflügelt wird, fängt sie an, die Realität selbst zu strukturieren. Das Ende der Moderne ist eine neuerliche Akzeptanz, eine Re-kognition dieser Illusion, die neuerliche Akzeptanz beziehungsweise Rekognition, dass es die Technik ist, welche die Hominisierung konditioniert, *nicht nur in ihrer Historie, sondern auch in ihrer Geschichtlichkeit.* Das Ende der Moderne besteht daher nicht nur in der Verlautbarung dieses Endes, sondern, wie in Nietzsches *Fröhlicher Wissenschaft*, wo der tolle Mensch auf dem Marktplatz unaufhörlich nach dem verlorenen Gott schreit,[434] auch in einer Neuformulierung der Geschichte der westlichen Metaphysik. Die Transzendenz Gottes wird entweder von einem Philosophen der Immanenz oder einer anderen Transzendenz ersetzt werden müssen – einer Transzendenz des Seins[435] und des Daseins.[436]

Stiegler übernimmt Derridas Methode, um eine Geschichte der Technik als onto-epistemologisches Objekt zu rekonstruieren. Dabei handelt es sich unzweifelhaft um ein ehrgeiziges Projekt: Stiegler will die Philosophiegeschichte vermittels der Technik neu lesen und so Technik zur Fundamentalfrage der Philosophie machen. In seiner Neuformulierung des Prometheus-Mythos bildet das Feuer den Ursprung des Menschen als technisches Seiendes. Erinnern wir uns daran, dass Zeus Prometheus befahl, die Fertigkeiten an alle Lebewesen zu verteilen, einschließlich der Menschen und Tiere. Epimetheus, der Bruder des Titanen, schlug vor, diese Aufgabe zu übernehmen. Doch Epimetheus – dessen Name im Griechischen »der Nachbedachte« bedeutet – vergaß, den Menschen eine Fertigkeit zuzuteilen, sodass sich Prometheus schließlich gezwungen sah, dem Gott Hephaistos das Feuer zu stehlen. Die Strafe, mit der Prometheus von Zeus bedacht wurde, war es, ihn an eine Klippe zu ketten, während der *Αετος Καυκασιος* (»kaukasischer Adler«) jeden Tag von Neuem kam, um seine Leber, nachdem sie über Nacht nachgewachsen war, zu fressen. Ein Mensch ohne Feuer – das heißt ohne Technik – wäre ein Tier ohne Eigenschaften. Sein Ursprung ist der Fehler beziehungsweise Defekt [*défaut d'origine*]; daher schlägt Stiegler vor, diesen Fehler als eine Notwendigkeit (einen *»défaut qu'il faut«*) zu betrachten. In Stieglers Neuinterpretation steht der Mythos des Prometheus und Epimetheus im Zentrum des antiken griechischen Denkens und bildet das Unbewusste der westlichen Philosophie.

Demnach lässt sich laut Stiegler die Geschichte der westlichen Philosophie auch in Form der Technikgeschichte lesen, in der die Frage des Seins zugleich die Frage der Technik ist, da uns allein durch die Technik die Seinsfrage eröffnet wird. Eine ähnliche Lesart von Heidegger wurde von Rudolf Boehm in seinem 1960 erschienenen Aufsatz »Heideggers Denken über die Technik« unternommen, der sich, wie bereits in Teil 1 kurz angedeutet, mit der Interpretation von Heideggers 1935 gehaltenen Vorlesung *Einführung in die Metaphysik* befasst hat. Boehm zeigt, dass *technē* nicht nur im Denken Heideggers, sondern auch als Grund des philosophischen Denkens des Abendlandes stets präsent ist. Und tatsächlich ist es diese Technik, die den metaphysischen Auftrag der ionischen Philosophen kennzeichnet. Wie Boehm nachweist, interpretiert Heidegger in der *Einführung in die Metaphysik* die Technik der ionischen Philosophen als eine Tätigkeit, die eine radikale Öffnung des Seins mittels der Konfrontation von *technē* (die des Menschen) und *dikē* (die des Seins) bewirkt. Auch wir hatten versucht, in Heideggers *Einführung in die Metaphysik* das vorsokratische Konzept der *technē* herauszuarbeiten, und dabei festgestellt (§8), wie Heidegger *dikē* nicht als *Gerecht*, sondern als *Fug* übersetzt; im Krieg (πόλεμος) und im Streit (ἔρις) offenbart sich das Sein als *physis*, *logos* und *dikē*.[437]

Heidegger allerdings erscheint diese Deutung der Technik als Ursprung der philosophischen und praktischen Tätigkeit, welche die Frage nach dem Sein aufwirft, innerhalb der als *Abfall* oder *Absturz* betrachteten athenischen Philosophie Platons und Aristoteles' – dem Beginn der Ontotheologie – aufgekündigt zu sein.[438] Boehms Lesart zufolge glaubt Heidegger, Platon und Aristoteles hätten die Technik der Natur entgegengesetzt und sie damit aus der ursprünglichen Bedeutung der Natur (φύσις), wie sie die ionischen Philosophen entwickelt hatten, ausgeklammert (eine Aussparung, die Stiegler zu berichtigen sucht). Wenn nun also die Gefahr der Moderne im Aufkommen der Technologie besteht, so handelt es sich bei dieser Technologie für Heidegger um etwas grundsätzlich anderes als um die *technē* der Antike. Die technologische Entwicklung, verbunden mit ihrer Rationalität und getrieben vom Wunsch nach Kontrolle, bildet eine ungeheure Kraft, die als *adikia* oder *Un-Fug*[439] dabei ist, die Welt jedweder anderen Möglichkeit zu berauben und sie in einen Bestand zu verwandeln. Technologie ist das Schicksal der westlichen Metaphysik, und dies wird umso deutlicher, sobald wir uns Heideggers berühmte Behauptung in Erinnerung rufen, dass die Kybernetik das »Ende« oder die »Vollendung der Metaphysik« darstellt.[440] Die Frage hier lautet nicht, ob diese Kritik berechtigt ist oder nicht, sondern vielmehr, ob sie als Beitrag zu einer Bewegung weg vom technologischen Unbewussten der Moderne betrachtet werden kann. Gegen Ende seines Aufsatzes wirft Boehm mit Bezug auf die erforderliche Gegenüberstellung von *technē* und *dikē* zwei überaus interessante Fragen auf:

> [K]önnte die Philosophie das Sein nicht vergessen und schlichtweg all seine Bemühungen darauf hin ausrichten, die höchste Perfektion ihrer Technik zu erlangen? Oder aber besteht denn letztlich eine Möglichkeit, dass sich das Denken von seiner Bindung an eine technische Bedingung ablöst?[441]

Boehms Fragen lassen sich innerhalb zweier Denkformen wiedererkennen, die sich heutzutage mit den Auswirkungen der Moderne konfrontiert sehen: Die eine versucht, wie im Falle Stieglers, die von Heidegger analysierte ausweglose Situation mithilfe einer Neukonzeptualisierung der Technologie zu überwinden; die andere neigt dazu, sich in eine »Naturphilosophie« whiteheadscher oder simondonischer Ausprägung zurückzuziehen – *technē* also der Natur zu unterwerfen, das heißt, sich dem *Überwältigenden* oder Gaia auszuliefern. Die Grenzen des zweiten Ansatzes haben wir bereits in der Einleitung gestreift: Schon chinesische Philosophen wie Mou Zongsan und Sinologen wie Joseph Needham sind auf die Affinität der chinesischen Philosophie mit jener Whiteheads gestoßen; sollten wir jedoch einräumen, dass uns die Rückkehr zu einem whiteheadschen Naturbegriff helfen könnte, der Sackgasse der Moderne zu entkommen, würde dann nicht auch die Rückkehr zur traditionellen chinesischen Philosophie einen solchen Fluchtweg bereitstellen? Und sollten wir dasselbe nicht auch von indigenen Ontologien verlangen: Wären sie denn in der Lage, der technologischen Moderne entgegenzutreten? Unsere Pflicht ist es, hier zu zeigen, dass eine solche Rückkehr nicht ausreichend ist. Im Falle Chinas wurde die *Qi-Dao*-Einheit gänzlich zertrümmert. Auch wenn man argumentieren könnte, dass wir aufgrund der beachtlichen politischen Faktoren, die im Spiel sind, weder eine allgemeingültige noch eine negative Antwort auf diese Frage zu geben imstande sind, haben unsere philosophische Analyse in Teil 1 über den Zusammenbruch der *Qi-Dao*-Relation sowie unsere obige Untersuchung des chinesischen Verhältnisses von Geometrie, Zeit und Technik im Vergleich zu jenem Europas zu zeigen versucht, dass es sich hierbei nicht um eine rein gesellschaftspolitische, sondern im Wesentlichen um eine ontologische Frage handelt. Diejenigen, die sich lediglich für eine Rückkehr zur Natur oder zu Kosmologien aussprechen, scheinen anstandslos über die Fehler des im 20. Jahrhundert in Angriff genommenen Projekts zur »Überwindung der Moderne« hinweggegangen zu sein. Diese Fehler müssen jedoch thematisiert werden. Wie sich unten zeigen wird, stellt beispielsweise der fanatische Ansatz der Kyôto-Schule, dieses Projekt zu Ende zu führen, etwas dar, das es heute um jeden Preis zu vermeiden gilt; doch ihre Analysen der Frage nach der Zeit und dem geschichtlichen Bewusstsein sind nach wie vor relevant, sobald es darum geht, die Frage nach der Technologie und der Weltgeschichte von Neuem zu stellen.

§23. Das Nichts und die Moderne

Wie bereits erwähnt, trug sich der in Europa als »Moderne« bezeichnete langwierige Prozess weder in China noch in anderen asiatischen Ländern in einem solchen Maße zu. Die Herrschaft über die Welt als Wille zur Macht trat in China nicht in Erscheinung,[442] und die technologische Unbewusstheit, zumal sie einen derart unerheblichen Effekt zeitigte, wurde nie als ein zu überwindendes Problem angesehen. Wie wir in Teil 1 festgestellt haben, wurde die Technologie erst im Anschluss an die Opiumkriege zum Problem. Doch ist das heutige China gerüstet, die Frage nach der Technologie aufzugreifen und sie aus der Perspektive seiner eigenen Kultur und Tradition adäquat zu reflektieren? Denn insofern wir Heideggers als auch Stieglers Kritik mit einbeziehen, riskieren wir auch heute noch, eine universelle Geschichte der Technologie sowie einen Kosmopolitismus *ohne* Weltgeschichte zu akzeptieren.

Dieses Risiko spiegelt sich im aktuellen Denken hinsichtlich der Gegenüberstellung von global und lokal wider. Innerhalb einer solchen Opposition wird das Lokale als eine Form des Widerstands gegen das Globale betrachtet; doch bei dem lokalen Diskurs handelt es sich selbst um ein Produkt der Globalisation. Die grundlegende Notwendigkeit besteht darin, die Relation von Technik und Zeit weiterführend zu beleuchten – nicht um ihren von europäischen Philosophen ohnehin bereits bloßgelegten ontologischen Grund zu demontieren, sondern vielmehr, um ihre Implikationen für jene Kulturen zu verstehen, in denen eine derartige Reflexion bisher nicht stattgefunden hat, und darüber hinaus, um ein neues Programm zu entwickeln, das nicht – sei es als Form des Widerstands oder als passive Anpassung an das Globale – in einem Rückzug ins Lokale, ins »Unkontaminierte« besteht. Selbstverständlich sollten wir an dieser Stelle auch das Bild des Globus infrage stellen, das instinktiv suggeriert, dass es sich bei der Modernisierung ebenso wie bei der Demodernisierung um eine räumliche Frage handelt, die der Logik von Inklusion und Exklusion unterliegt. Aus diesem Grund werde ich im Folgenden vorschlagen, stattdessen von der Perspektive einer globalen Achse der *Zeit* ausgehend zu denken.

Keiji Nishitani, ein wichtiges Mitglied der Kyôto-Schule, war einer der wenigen asiatischen Philosophen des frühen 20. Jahrhunderts, der eine profunde philosophische Kritik der Technologie in Bezug auf die Zeitfrage formulierte. Dies scheint kaum verwunderlich, wenn man bedenkt, dass Nishitani einst ein Schüler Heideggers in Freiburg war und, gleich seinem Lehrer, mit dem Faschismus in Japan sympathisierte, weshalb er nach dem Zweiten Weltkrieg seiner Lehrtätigkeit enthoben wurde. Sein Technologieverständnis – und hier enthalten wir uns eines Urteils, zumal das, was nachstehend gesagt wird, uns darauf vorbereiten sollte, die gemeinsame Wurzel ihres metaphysischen Faschismus zu erfassen – stimmte mit Heideggers Kritik an der modernen Technik überein. Doch während Heidegger seinen Blick in Richtung der frühen Griechen wandte, versuchte Nishitani, eine »Lösung« vom und für den Osten anzuregen.

In seinen frühen Arbeiten stellte sich Nishitani die Aufgabe, zu beweisen, wie es der östlichen Philosophie im Gegensatz zur westlichen möglich sei, das Nichts beziehungsweise *nihilum* zu transzendieren oder genauer gesagt eine solche Möglichkeit mittels der Aneignung der Kategorien westlicher Philosophie nachzuweisen. Worum genau aber handelt es sich bei diesem *nihilum*, das für Nishitani eine Art Kluft zwischen den beiden Denksystemen darzustellen scheint?

> Dieses Nichts macht den Sinn des Lebens sinnlos. Daß wir uns also selbst zu einer Frage werden und nach dem Wozu unserer Existenz fragen, zeigt an, daß das Nichts vom Grund unseres Seins her aufgetaucht ist, und daß wir von daher dazu getrieben werden, daß sich unser Dasein für uns selber in ein Fragezeichen verwandelt.[443]

Das *nihilum* ist gleich dem Bösen, das in jeder Infragestellung des Daseins zum Vorschein kommt. Es gibt jedoch zwei Umstände, unter denen es möglich wird, es zu ignorieren: entweder in der permanenten Objektivierung der Welt, wodurch die Subjektivitätsfrage zur Nichtfrage wird und eine enorme Kraft den Menschen dennoch hin zum Abgrund des *nihilum* drängt, oder durch ein Denksystem, das ein Mittel gegen das Aufkommen des *nihilum* offeriert – nicht nur, um ihm zu widerstehen, sondern um es in eine absolute Leere zu werfen, welche die Buddhisten »*sūnyatā*« (空, Leerheit) nennen. Nach Nishitani beschleunigt sich durch die moderne Wissenschaft und Technologie das Tempo, mit dem die Menschheit auf eine Situation zusteuert, in der sich die Seinsfrage als Krise präsentiert. Gleich Heidegger das Verhältnis von Wissenschaft und Technologie erwägend, argumentiert Nishitani, dass Erstere darauf beruhe, die Naturgesetze zu verallgemeinern, schließlich würden diese als die absoluten und objektivsten Regeln gelten; daher könnten sie auch in Bereiche vordringen, innerhalb derer sie zuvor als irrelevant oder unzulässig erachtet worden seien. Diese vermeintlich universellen Naturgesetze würden in der Technik zur Anwendung gebracht und ihre Folgen dadurch nicht bloß im natürlichen, sondern auch im gesellschaftlichen und wirtschaftlichen Bereich erhärtet. Daraus ergäben sich zwei Konsequenzen: Erstens durchziehen die Naturgesetze jedes Gebiet, und zweitens wird ihr Einfluss mittels der Technologie dermaßen verstärkt, dass sie in der Lage sind, außerhalb ihres eigenen Bereichs Macht auszuüben:

> [D]ie Naturgesetze [treten] in und durch Aktionen des Menschen am eindringlichsten und offenkundigsten in Erscheinung […] und [gelangen] so in ihre eigene Wirklichkeit […]. In Maschinen, so können wir sagen, hat das Tun des Menschen sich sogar über die Weise menschlichen Handelns hinaus objektiviert und den Charakter des direkten Am-Werk-Seins von Naturgesetzen selbst angenommen.[444]

Nishitani zufolge handelt es sich bei den Naturgesetzen um Abstraktionen, insofern sie sich »[n]irgendwo in der Welt […] als Produkte der Natur finden« lassen,[445] und doch werde die Welt entsprechend dieser Abstraktionen neu gestaltet, wodurch das Reale zum Idealen gewandelt werde. Die moderne Technologie, welche die Gesetze der Natur verkörpere, befreie sie folglich erst von der Natur selbst. Darüber hinaus zeitigt diese dialektische Bewegung laut Nishitani zwei weitere Konsequenzen: Einerseits erzeugt sie »auf Seiten des Menschen de[n] abstrakte[n] Intellekt, der nach wissenschaftlicher Rationalität sucht«, und »auf seiten der Natur [bringt sie andererseits] die gewissermaßen ›denaturalisierte‹ Natur, die ›reiner‹ als die Natur selber ist«, hervor.[446]

Die technologisierte Welt sei daher gemäß einer Unwahrheit konstruiert, die weder der menschlichen Natur noch der Natur selbst folge. Dies bereite den Boden für das *nihilum*, da der Mensch allein an die Naturgesetze glaube, die ihn von der Natur und der Wahrheit distanzieren würden, und die folglich in der Technologie implementierten und im Alltag verankerten Regeln der Natur führten zu einer zweiten Distanzierung des Menschen von der Wahrheit. Der zu weiten Teilen von Heidegger beeinflusste französische Existenzialismus scheint Nishitani nicht ausreichend, um der Sache gerecht zu werden, zumal dessen Absichten »einem noch nicht zu Bewußtsein seiner selbst gekommenen Nihilismus innewohne[]« und er daher die Wurzeln des Nihilismus nicht in Angriff nehmen könne[447] – womit gemeint ist, dass der sartresche Existenzialismus nach wie vor innerhalb der europäischen Tradition – insbesondere jener von Heidegger inspirierten – verwurzelt sei, sodass seine Betrachtung des Nihilismus dem Problem nicht auf den Grund zu gehen imstande sei. Die von Heidegger und Nietzsche erörterte Geschichte des Seins ist nach Aussage Nishitanis »im Osten nicht zu finden«.[448] Ungeachtet dessen argumentiert er, der Osten habe »eine Wende von der Position des *nihilum* zur Position der Leere [*sūnyatā*]«[449] durchlaufen und damit das, was Hegel eine »schlechte Unendlichkeit« nennt,[450] transzendiert:

> Im Buddhismus ist die Transzendenz, die Loslösung von der *saṃsāra*-»Welt« selbst, *nirvana* genannt worden. […] [S]o bedeutet *nirvana* […] die Wendung von der wahren Endlichkeit zur wahren Unendlichkeit, das heißt, die *existenziale* Wendung von der Endlichkeit als »schlechter Unendlichkeit« hin zur Unendlichkeit der Existenz als »Ex-istenz«.[451]

Zwei Fragen stellen sich uns bei dieser Äußerung: (1) Wie ist diese »Wendung« von der wahren Endlichkeit als schlechter Unendlichkeit zur wahren Unendlichkeit möglich und (2) welche Bedeutung hat sie in Bezug auf die Geschichtlichkeit wie auch auf die Geschichtlichkeit der Welt? Nishitanis Verständnis des *sūnyatā* basiert auf einer neuartigen Logik, die das »ausgeschlossene Dritte« für nichtig erklärt – was wiederum bedeutet, dass *sūnyatā* weder positiv noch negativ ist.

Es ließe sich hier von einer privativen Logik sprechen (einem Nicht-Sein), liegend zwischen Affirmation (Seiendem) und Negation (Nicht-Seiendem). Für Nishitani beruhen Wissenschaft und Technologie auf einem substanziellen Denken, das das Wesen des Seins als Selbst-Identität zu erfassen versucht. In dieser Lesart, die auf der Grundlage der Lehre Dōgens entwickelt wurde, nimmt die Logik daher folgenden Verlauf: Um ohne Selbst-Identität *sein* zu können, muss sowohl die eigene Negation als auch die eigene Affirmation negiert werden. Bei Dōgen heißt es: »Versteht doch, daß Geburt-und-Tod selbst *nirvana* ist, nur dann werdet ihr frei von Geburt-und-Tod.«[452] Gerade indem Geburt und Tod negiert werden, kann die Existenz zu solchen Höhen emporsteigen, dass sie das *nihilum* transzendiert.

Sehen wir uns eines von Nishitanis Beispielen an, um zu verstehen, was er mit einem »un-substantielle[n]« Seinsverständnis meint: Wenn jemand fragt, was ein Feuer sei, dann hält man Ausschau nach dem *eidos* des Feuers unter der Bedingung, dass »[d]arin […] das Feuer sein *Selbst*sein vor *uns*« manifestiert.[453] Substanz wird hier in Form des *logos*, als etwas, das wie bei Aristoteles mittels Kategorien in einer logischen und theoretischen Weise erklärbar wird, dargestellt. Wenn wir jedoch sagen, (a) »Feuer verbrennt das Feuer nicht«, dann meint dies, (b) es ist nicht-verbrennend, und also handelt es sich um Feuer:

> »Substanz« bezeichnet ja die Selbst-Identität des Feuers wie sie in der *energeia* […] erkannt wird […]. Wenn wir hingegen behaupten, daß Feuer das Feuer nicht verbrennt, weisen wir auf den Akt des Nicht-Verbrennens des Feuers hin, auf den Akt als Nicht-Akt.[454]

Um dieses Paradoxon ein wenig zu entwirren, wollen wir es uns noch einmal folgendermaßen vor Augen führen: Insofern das Feuer entsprechend dem substanzialistischen Denken als das, was brennt, definiert wird, stellt die Tatsache, dass Feuer das Feuer nicht verbrennt, den ersten Schritt weg von der Selbst-Identität des Feuers als Substanz, hin zu seiner *energeia* im eigentlichen Sinne, zu einer anderen Selbst-Identität dar, die für das Selbstsein des Feuers der »ureigene Grund« ist.[455] Gerade weil Feuer nicht als etwas Verbrennendes betrachtet wird – bei dem es sich aus substanzialistischer Sicht um sein Wesen handelt –, gewinnt es durch eben diesen Schritt seine »wahre« Identität zurück und ist somit Feuer.[456] Dass »Nicht-Verbrennen« einem »Akt als Nicht-Akt« entspricht, bedeutet, dass sich der Akt des Feuers in der Privation seiner substanziellen Form manifestiert und das Feuer seine Definition folglich in einem anderen Grund findet. Diese permanente Negation endet weder an einem bestimmten Punkt noch wird sie zu einer unendlichen Regression; vielmehr versucht sie, sich in einem Zustand zu bewahren, in dem das substanzielle Denken daran gehindert wird, sie sich anzueignen:

> Während der Substanzbegriff das Selbstsein des Feuers lediglich in dessen Feuernatur begreift, folglich als *Sein*, ist sein wahres Selbstsein »Nicht-Feuernatur«. Das Selbstsein des Feuers liegt im Nicht-Brennen. Freilich kann dieses Nicht-Brennen nicht gesondert vom Brennen existieren. Gerade in seinem Brennen ist Feuer Nicht-Brennen. Worauf es jedoch ankommt, ist, daß das Brennen in der Tat nicht erfaßt werden kann ohne sein Nicht-Brennen, das heißt, so lange die Perspektive, daß Feuer sich selbst nicht verbrennt, unerschlossen bleibt.[457]

Nishitani möchte den »ureigenen Grund« des Feuers aufspüren, der weder in dessen Aktualität als Feuer noch in dessen Potenzialität zu verbrennen besteht, sondern in seinem eigenen Grund, der definiert wird durch das »Nicht-Brennen«, durch die Unfähigkeit, »sich selbst zu verbrennen«. Diese Absicht rührt jedoch nicht aus wissenschaftlicher Beobachtung her, sondern aus der Privation der »Leere« im buddhistischen Sinne. Hier zeigt sich, dass Nishitani sich einem ähnlichen Problem wie Mou Zongsan zu stellen sucht, wobei Letzterer die Terminologie Kants beanspruchte und Ersterer stark von Heidegger und dessen Sprache beeinflusst war. Beide argumentieren, dass, obgleich die theoretische Vernunft nicht bis in den Bereich des Noumenons vordringen könne, es der »intellektuellen Anschauung« mittels einer Selbstverneinung möglich sei, bis zur theoretischen Vernunft zu gelangen. Allein mit einer anderen Art des Denkens könne man in die die *Existenz* bestimmende »gute Unendlichkeit« eintreten:

> »Unendlichkeit« als Realität entzieht sich dem Zugriff der Vernunft. Sobald wir sie auf der Stufe der Vernunft zu fassen suchen, »idealisieren« wir sie und lassen sie zu etwas Begrifflichem werden.[458]

Genügt diese Logik jedoch, um ein ostasiatisches Denken der modernen Wissenschaft und Technologie zu entwickeln? Im Bereich des Noumenon (ein Begriff, der lediglich von Mou Zongsan, nicht aber von Nishitani verwendet wird, um eine solche Unendlichkeit zu kennzeichnen) ist es nicht möglich, Technik zu konstruieren – mit dem Demiurg in Platons *Timaios* als einziger Ausnahme vielleicht. Anders als der Wille, der sich in der Wiederkunft Christi ausdrückt und als geschichtlicher Fortschritt des Geistes fungiert,[459] ist der Wille als Nicht-Wille innerhalb der von Nishitani beschriebenen ostasiatischen Kultur von jedweden geschichtlichen Geschehnissen losgelöst. Gleichsam scheint das von Mou charakterisierte noumenale Denken einer anderen Art des Geschichtsbewusstseins zu entsprechen, zumal es bei diesem nicht darum geht, auf ein Ereignis zu warten; vielmehr ist das Geschichtsbewusstsein hier einer Ordnung unterstellt, die der Geschichte bereits voraus ist – als ein kosmologisches Bewusstsein.

§24. Überwindung der Moderne

Gegen Ende von *Was ist Religion?* warf Nishitani eine Frage auf, die er, trotz der langjährigen Beschäftigung damit, nicht beantworten konnte:

> Seitdem hat das geschichtliche Bewußtsein im Abendland eine auffällige Entwicklung durchgemacht und hat sich, insbesondere in der Neuzeit, dahingehend gewandelt, daß das Leben des Menschen ständig unter der Direktive seines eigenen geschichtlichen Bewußtseins konstituiert und rekonstruiert wird. Was besagt diese Entwicklung?[460]

Nishitani meint den Unterschied zwischen dem Westen und dem Osten in der Tatsache ausmachen zu können, dass Erstgenannter eine stärkere Vorstellung des Geschichtsbewusstseins entwickelte habe. Zu verstehen, weshalb sich ein solches geschichtliches Bewusstsein im Osten nicht gleichermaßen entfaltet hat, bildet den Schlüssel für das Verständnis der Beziehung zwischen Technik und Zeit im Osten. Die Frage selbst bekümmerte Nishitani bereits am Anfang seiner Karriere und sollte auch innerhalb seiner politischen Philosophie noch eine wichtige Rolle einnehmen. Daher ist es erforderlich, diesen Punkt genauer zu untersuchen, zumal dieser sowohl die Notwendigkeit als auch die Gefahr des Geschichtsbewusstseins veranschaulicht.

Gemeinsam mit anderen Philosophen der Kyôto-Schule, darunter Kōsaka Masaaki und Kōyama Iwao (allesamt Schüler Nishida Kitarōs [1870–1945] und Tanabe Hajimes [1885–1962] an der Kaiserlichen Universität Kyôto), sowie dem Historiker Suzuki Shigetaka (1907–1988) engagierte sich Nishitani zwischen 1940 und 1945 aktiv in dem Projekt zur »Überwindung der Moderne«. Nishitanis Ideen dieser Zeit finden sich unter anderem in Niederschriften der von der Literaturzeitschrift *Chūōkōron* 1941 bis 1942 organisierten Diskussionen (deren erste unter dem Titel »Der weltgeschichtliche Standpunkt und Japan« berühmt wurde), der Monographie *Sekaikan to kokkakan* [»Weltanschauung und Staatsanschauung«] (1941) und den Aufsätzen »My View of ›Overcoming Modernity‹« (1942) und »Sekaishi no tesugaku« [»Die Philosophie der Weltgeschichte«] (1944). Viele Wissenschaftler und Historiker, deren Argumente wiederzugeben mir an dieser Stelle unmöglich ist, haben sich bereits eingehend mit dem Problem des Nationalismus und Imperialismus, das diesen Diskussionen und Texten eingeschrieben ist, befasst,[461] sodass ich mich stattdessen auf die Frage der Weltgeschichte und des geschichtlichen Bewusstseins konzentrieren werde.

Nishitanis Projekt zur Überwindung der Moderne beruht auf dem Wunsch, zur japanischen Kultur zurückzukehren und die westliche Kultur und Technologie, die der japanischen Gesellschaft seit der Ankunft der »Schwarzen Schiffe« (westliche Wasserfahrzeuge) im 16. und 17. Jahrhundert auferlegt wurden, hinter sich zu lassen. Nishitani zufolge hatten die westliche Kultur und Technologie eine riesige Kluft zwischen Tradition und modernem Leben gerissen, und der Buddhismus und Konfuzianismus, welche die japanische Gesellschaft einst geerdet hatten, waren nicht länger in der Lage, sich effektiv mit dem politischen und kulturellen Leben auseinanderzusetzen. Diese Beobachtung Nishitanis stimmte offensichtlich mit jener seiner Kollegen sowie mit jener von chinesischen Philosophen der gleichen Periode überein. Die Neukonfuzianer schlugen beispielsweise vor, die chinesische Philosophie in solch einer Weise auszugestalten, dass sie die westliche Rationalität als eine ihrer Möglichkeiten in sich aufnehmen könnte. In Teil 1 haben wir gesehen, wie bei Mou Zongsan die von Wang Yangming formulierte Frage nach dem *xin* (心, »Herz«) oder *liangzhi* (良知, »Gewissen«) heraufbeschworen wurde, um von der noumenalen Erfahrung zur Kenntnis der Phänomene hinabzusteigen. Das *shin* (das japanische Äquivalent des *xin*) ist für Nishitani bei seiner Neuformulierung der Frage nach dem Bewusstsein und somit nach dem geschichtlichen Bewusstsein gleichermaßen von Bedeutung; doch eröffnet es ihm darüber hinaus noch etwas anderes: das absolute Nichts. Im Grunde wird dadurch unmittelbar ersichtlich, dass die chinesischen und japanischen Denker, obwohl ihre intellektuellen Bemühungen ähnliche Verläufe nahmen, bei zwei unterschiedlichen Antworten hinsichtlich der Modernisierungen landeten.

An dieser Stelle sollten wir ein paar Worte zu Nishitanis Lehrer Nishida Kitarō sagen, schließlich war er es, der das Konzept des absoluten Nichts entwickelte. Darüber hinaus beschäftigte sich Nishida jedoch auch mit Wang Yangmings Lehre über die Einheit von Handeln und Wissen (知行合一) und las dessen Schriften mit Fichtes Konzept der *Tathandlung* sowie William James' Begriff der »reinen Erfahrung« neu.[462] Fichte gebraucht *Tathandlung*, um einen selbst-setzenden Anfang zu beschreiben, der nicht durch etwas anderes bedingt ist – das heißt als das *Unbedingte*, das zunächst das Absolute oder Uneingeschränkte meint, jedoch auch das, was nicht als Ding interpretiert werden kann. Nishida argumentierte, dass es nicht das erkennende Subjekt sei, das die Realität ergründe; vielmehr konstituiere die erfahrene Realität das erkennende Subjekt. Die reine Erfahrung definiert Nishida daher als die »unmittelbare Schau der Tatsachen, so wie sie sind«, wobei die »unmittelbare Schau« der japanischen Übersetzung der deutschen Anschauung entspricht. Hierbei geht es weniger um das Absolute als um die reine Erfahrung, welche die Isoliertheit des fichteschen Ichs überwindet und mit Mou Zongsans Charakterisierung von Wang Yangmings *liangzhi* als intellektuelle Anschauung harmoniert. Später erkundete Nishida die Bedingung der Möglichkeit solch einer Anschauung noch genauer, ging dabei jedoch von Wang Yangming zu den Lehren bezüglich des Nichts der Zen-Meister Dōgen und Shinran (1173–1662)[463] über. Insofern der Westen, so Nishida, das Sein als den Grund der Realität in Betracht gezogen habe, habe der Osten das Nichts als seinen Grund angenommen[464] – das *Nichts*, das »nicht selbst entsteht oder vergeht«, ist der Welt des Seins entgegengesetzt und in dem Sinne *absolut*, als dass es »weit über das, was Phänomene, Individuen, Ereignisse oder Beziehungen in der Welt erfassen können, hinausgeht«.[465] Dieses absolute Nichts steht für das höchste Prinzip der Realität, das Nishida das »Universell-Allgemeine« nennt, da es alle anderen universellen Gedanken relativiert.[466] Es ist nicht leicht, dieses »Nichts« gedanklich zu erfassen. Zum einen ist es paradoxal, die Frage »Was ist das Nichts?« zu stellen, da dies unmittelbar zur Frage des Seins führt. Zum anderen kann man aber auch nicht sagen, es sei nicht real; denn obwohl dies darauf hindeuten könnte, dass es *existiert*, verfügt es laut Nashida über einen Ort (*basho*, 場所),[467] an dem sich das Sein und/oder das Nichts manifestieren.[468] Andrew Feenberg fasst dieses Konzept als »eine Erfahrung zusammen, die der unmittelbaren Subjekt-Objekt-Einheit der Kultur, dem Handeln und Wissen als Feld zugrunde liegt und diese als Objektivierung der vorhergehenden Einheit ermöglicht«.[469] Für Nishida handelt es sich beim absoluten Nichts um die »spirituelle Essenz«, die dem »Materialismus des Westens« beigefügt werden muss, um eine korrekte Ordnung herbeizuführen.[470] Anknüpfend an eine hegelsche Logik, entwickelt Nishidas Kollege Tanabe den Gedanken des absoluten Nichts zu einem politischen und geschichtlichen Konzept weiter, das ein »vereinendes Telos der Geschichte« offeriert.[471] Nishitanis Arbeit spinnt diesen Ansatz noch weiter: Für ihn ist das absolute Nichts nicht mehr theoretisch und individuell; er ist der Meinung, es ließe sich konkret auf Staaten anwenden. Wie aber kann man das absolute Nichts auf diese Weise verstehen? In dem Aufsatz »Mein philosophischer Ausgangspunkt« behauptet Nishitani:

> Ich denke auch, daß in dem Gegensatz zwischen Religion und Naturwissenschaft im Grunde das Problem des Nihilismus verborgen liegt. In dieser Weise wurde das Problem des Nihilismus, das mein Ausgangspunkt war, größer und größer und entwickelte sich, so daß es schließlich fast alles beinhaltete. [...] Für mich [war] die grundlegende Aufgabe – einfach gesagt – die Überwindung des Nihilismus im Durchgang durch den Nihilismus.[472]

Die gleiche quasi-nietzscheanische Logik wendet Nishitani schließlich dazu an, um vorzuschlagen, dass »der Nationalismus mit einem Nationalismus überwunden« werden könne. Er stellt sich einen Nationalismus vor, der sich von dem des modernen Nationalstaats unterscheidet – ja, der in der Negation gerade solch eines besteht. Den modernen Staat versteht er als eine Form der Subtraktion, die darauf abzielt, den Grund der gemeinschaftlichen Einheit freizulegen; die Negation ereignet sich, sobald sich die individuelle Freiheit bewusst die Kontrolle über den Staat aneignet – und diesen dadurch zu guter Letzt subjektiviert.[473] Hierbei handelt es sich um eine andere Form des Nationalismus, die weder zu einem Absolutismus des Staates noch zu einem das Individuum vom Staat absondernden Liberalismus führt. Um die Grenzen des modernen Nationalstaates zu überschreiten, genügt es laut Nishitani nicht, sich lediglich wieder der traditionellen japanischen Werte zu besinnen; stattdessen müsse man eine japanische Nation vom weltgeschichtlichen Standpunkt aus errichten. Dadurch, so Nishitani, könne man einen »Sprung von der Subjektivität eines nationalen Ichs hin zu einem nationalen Nicht-Ich« bewerkstelligen.[474] Die Nation nähme somit die Form eines Subjekts an, dessen Einheit im Willen aller freien Individuen bestünde.

Das Projekt der Kyôto-Schule erinnert an jenes des Idealismus des 19. Jahrhunderts – was kein Zufall ist, schließlich begann Nishitani seine akademische Laufbahn als Leser Schellings und übersetzte dessen Abhandlung *Über das Wesen der menschlichen Freiheit* ebenso wie *Philosophie und Religion* ins Japanische, und Nishida und Tanabe zeigten großes Interesse an Hegel. Doch machte sich die Kyôto-Schule zugleich zur Aufgabe, über das Projekt der Idealisten hinauszugehen, wie es in Nishitanis Philosophie der Weltgeschichte heißt:

> Die Welt von heute macht es erforderlich, dass ein neuartiges Verhältnis von weltgeschichtlicher Forschung und der Philosophie der Weltgeschichte anders als in Hegels oder Rankes Philosophie der Weltgeschichte gedacht wird. Und darüber hinaus macht sie es erforderlich, Hegels Vernunft des Staates und rationalen Idealismus sowie Rankes *moralische Energie* und historischen Idealismus – indem selbst die Standpunkte solch bedeutender Männer transzendiert werden – in einer noch grundlegenderen Weise zu überdenken.[475]

Was Nishitani hier mit »weltgeschichtlicher Forschung« und »Philosophie der Weltgeschichte« meint, lässt sich am besten verstehen, indem wir uns kurz den beiden Lagern innerhalb der in Deutschland von 1880 bis 1930 geführten Historismusdebatte zuwenden. Auf der einen Seite stand das von Neukantianern wie Wilhelm Windelband und seinem Schüler Heinrich Rickert befürwortete Leitbild wissenschaftlicher Forschung; auf der anderen Seite waren jene, deren Geschichtsauffassung aufgrund der Tendenz zum »Relativismus« angegriffen wurde, darunter Friedrich Meineckes »vitalistische« Sicht und Diltheys *Weltanschauungslehre*.[476] Ihr Ende fand diese Debatte im Anschluss an Heideggers *Destruktion* der Ontologie in *Sein und Zeit*. Die Kyôto-Schule versuchte, sich von Hegels rational-idealistischer Betrachtung der Geschichte als Verwirklichung des Geistes – eine Vorstellung, die der leibnizschen Theodizee nicht unähnlich ist, bedenkt man, dass die Geschichte laut Hegel »die Rechtfertigung Gottes« ist –[477] zu emanzipieren. Gleichzeitig aber wollten sie Leopold von Rankes Beschreibung der Geschichte als eine Reihe von einzigartigen und singulären, von »moralischer Energie« geleiteten Ereignissen hinter sich lassen. Kurzum, das Denken der Kyôto-Schule war in hohem Maße von der deutschen Philosophie beeinflusst und knüpfte, ob bewusst oder unbewusst, an Deutschlands philosophische Aufgabe an, eine Philosophie der Weltgeschichte ohne christliche Programmatik zu formulieren, so als läge dies nun vorrangig in der Verantwortung Japans – wie Suzuki in einer Forderung, die an Heideggers 1933 gehaltene Antrittsrede als Rektor der Universität Freiburg erinnert, während eines *Chūōkōron*-Treffens unverhohlen verlautbarte:

> Nach Aussage von Hegel waren es das römische und das deutsche Volk, die das Schicksal der Welt auf ihren Rücken trugen, doch heute ist es Japan, das sich einer solchen weltgeschichtlichen Bestimmung bewusst geworden ist. […] Der Grund, weshalb Japan in Ostasien die Führerschaft innehat, beruht auf der Tatsache, dass Japan sich seiner weltgeschichtlichen Bestimmung bewusst ist, bei der es sich in Wahrheit genau um dieses Bewusstsein *handelt*. Diese Bestimmung wird Japan nicht objektiv aufgelastet, sondern Japan macht sie sich subjektiv selbst bewusst.[478]

Ihre Aufgabe sollte nun also darin bestehen, die Grenzen der europäischen Kultur zu überwinden, wie sie sich in gegenwärtigen Formen wie dem Nationalstaat, Kapitalismus, Individualismus und Imperialismus, sprich in der Sackgasse der europäischen Moderne verwirklichen. Nach Ansicht der Kyôto-Schule liege es an der japanischen Nation, dieses Erbe durch die Etablierung einer neuen Weltgeschichte mithilfe eines ihr angemessenen Nationalismus und Imperialismus abzustreifen[479] – und der einzige Weg, dieses ganze Projekt zu realisieren, sei ein »totaler Krieg« (*sōryokusen*, eine Übersetzung des deutschen Wortes).[480] Dieser totale Krieg wird als eine Läuterung dargestellt, durch die sich neue Subjektivitäten aus dem verlorenen japanischen Geist erheben und das absolute Nichts als den Grund einer »universalen Weltgeschichte« realisieren würden, in der viele »spezifische Weltgeschichten« »harmonisch und sich völlig durchdringend existieren« könnten.[481] Bei diesem »totalen Krieg« handelt es sich somit um eine »akzelerationistische« Strategie par excellence, die darauf abzielt, die Konflikte zwischen Staat und Individuum zu intensivieren, um die Welt als objektive Totalität zu transzendieren. Denn der Krieg ist für die Philosophen der Kyôto-Schule jene Kraft, welche die Geschichte und damit die Weltgeschichte definiert.[482] Es ließe sich durchaus behaupten, dass der *Streit*-Begriff der Idealisten hier im Konzept des Krieges eine Wiedergeburt erfuhr. Idealisten wie Schelling, Hölderlin, Hegel wie auch die Frühromantiker fanden in der griechischen Tragödie eine literarische Form, die solch einen Streit zum Ausdruck bringt: Die Tragödie basiert auf der Schicksalsnotwendigkeit, und der tragische Held affirmiert die Notwendigkeit des Leidens als Verwirklichung seiner Freiheit.[483] In der japanischen Variante findet die Tragödie hingegen ihre Verwirklichung in einer Vision der »Weltgeschichte als Fegefeuer«.[484] Nach Meinung der Kyôto-Schule stand der Japanisch-Chinesische Krieg nicht im Zusammenhang mit imperialistischen Bestrebungen, sondern geschah, weil es die moralische Pflicht Japans gewesen sei, China zu retten.[485] Die Realisierung der großostasiatischen Wohlstandssphäre ist ein Teil dieser neuen Geschichte, derer sich Japan »verpflichtet« fühlte, sie zugunsten Ostasiens zu verwirklichen. Die Konzeption dieses »gerechten Krieges« wurde in Kōsaka Masaakis Schlusswort des ersten Gesprächsteils der *Chūōkōron*-Diskussion folgendermaßen zusammengefasst:

> Wenn der Mensch empört wird, ist seine Empörung total. Er ist sowohl im Geist als auch im Körper empört. So ist es auch im Falle des Krieges: Sowohl Himmel als auch Erde werden empört. Auf diese Weise wird die Seele der Menschheit geläutert. Somit ist es der Krieg, der die entscheidenden Wendepunkte innerhalb der Weltgeschichte herbeiführt. Und aus diesem Grund entspricht die Weltgeschichte dem Fegefeuer.[486]

Besieht man sich diesen Fanatismus neuerdings, lässt sich in Nishitanis Philosophie eine Rechtfertigung für eine Art des Rassismus und Nationalismus erkennen, die als »Mittel« zu ihrer eigenen Negation angesehen werden kann – einer Negation in Richtung des absoluten Nichts und eines politischen Projektes der Weltgeschichte, die sich radikal von jener unterscheidet, die einzig von der westlichen Moderne definiert wird.

Die unterschiedlichen intellektuellen Milieus Chinas und Japans brachten schließlich unterschiedliche Interpretationen der Moderne hervor. Man könnte sagen, dass die japanischen Intellektuellen ein tiefergehendes Zeit- und Geschichtsproblem erfuhren und dass es die Frage der Zeit qua Geschichte war, die sie zu überwinden trachteten. Demgegenüber standen chinesische Intellektuelle wie Mou Zongsan der Frage, weshalb die moderne Wissenschaft und Technologie nicht dem chinesischen Denken entsprungen waren, ratlos gegenüber und folgerten, dies sei vermutlich weitgehend auf Chinas lange intellektuelle Geschichte zurückzuführen, die ein vollkommen anderes philosophisches Temperament als der Westen besitze. Wie wir gesehen haben, bestand Mou Zongsans Strategie daher darin, nachzuweisen, dass es China unter Beibehaltung seiner Traditionen und moralischen Lehren dennoch möglich sei, eine dem Westen entsprechende Modernität hervorzubringen und die Krise Europas zu umgehen.[487] Nishitani (und die anderen Mitglieder der Kyôto-Schule) wiederum versuchten, zu beweisen, dass der einzige Weg, den Nihilismus der Moderne zu überwinden, darin bestehe, die Weltgeschichte auf dem Grund des absoluten Nichts neu zu errichten.

Gleich Nishida beschäftigte sich auch Mou Zongsan mit Wang Yangming und später mit dem Buddhismus, gelangte dabei jedoch zu einer völlig anderen Lesart. Seine letzte Monografie 圓善論 (*Über das Höchste Gut*, 1985) basiert auf einer Neuinterpretation des Tiantai-Buddhismus, mit dem er sich, wie er in seinen *Neunzehn Vorlesungen über chinesische Philosophie* (1983) einräumte, in seinem Buch *Phänomen und Ding an sich* nicht befasst hatte.[488] In *Über das Höchste Gut* erkannte er, dass die »vollkommene Lehre [圓教]«[489] im Tiantai-Buddhismus weiter fortgeschritten sei als die Lehre von »Ein Geist eröffnet zwei Tore«, welche es ihm ermöglicht hatte, die »ontologische Differenz« zwischen Phänomen und Noumenon sowie die kantische Antinomie der praktischen Vernunft zu beschließen. Tatsächlich hatte Mou bereits in *Intellektuelle Anschauung und chinesische Philosophie* (1971), als er die intellektuelle Anschauung im Buddhismus zu erklären suchte, auf die gegenüber anderen Schulen überlegene Lehre des Tiantai-Buddhismus hingewiesen,[490] eine Überlegenheit, die sowohl aufgrund ihrer Kritik an anderen Lehren als auch aufgrund ihrer eigenen Lehrsätze ermessen werden kann. Der Tiantai-Buddhismus warf dem Huayan-Buddhismus insbesondere vor, die niederen Daseinsbereiche (d. h. die Daseinsbereiche der Tiere, Geister usw.) auszugliedern und verloren zu geben und gleichzeitig die Reinheit der Wahrheit hervorzuheben (緣理斷九).[491] Diese Kritik steht in der Tat im Einklang mit Wang Yangmings Kritik am Buddhismus, die besagt, dass dieser es einzig darauf abgesehen habe, das Seiende zu transzendieren, ohne Sorge dafür zu tragen, woraus er sodann folgert, dass der Konfuzianismus dem Buddhismus als eine Form des sozialen und politischen

Denkens überlegen sei. Die »vollkommene Lehre« des Tiantai beruht auf der Formel »Dreitausend Bereiche in einem einzigen Geistesmoment« (一念三千), der für Mou die intellektuelle Anschauung umfassender zum Ausdruck bringt als »Ein Geist eröffnet zwei Tore«.

Wie Tomomi Asakura richtig zum Ausdruck gebracht hat, lässt sich der Unterschied zwischen Mou und der Kyôto-Schule am besten verstehen, wenn man bedenkt, dass Mou von einem moralischen Standpunkt ausgeht, wohingegen die Kyôto-Schule bei einem religiösen ansetzt – oder wie es bei Tanabe heißt, bei jener »Einstellung, welche die Wirklichkeit als absoluten Widerspruch und absolute Selbstzersetzung begreift«.[492] Mou strebte eine »immanente Transzendenz« (内在的超越) innerhalb seiner »Ontologie des Nicht-Anhaftens« (無執的存有論) an, wohingegen Nishitani nach einer Überwindung suchte, deren radikalste Form sich in der Leere durch Krieg zeigen sollte. Was für beide jedoch eine zentrale Rolle spielt, ist das Problem der Zeit sowie das einer Geschichte, die einer *Zeitachse* vollumfänglich unterliegt, welche weitgehend durch die europäische Ontotheologie und deren Vollendung in der Verwirklichung der modernen Technologie definiert wird. Zwar lässt sich der Niedergang der Kyôto-Schule vor allem auf die Niederlage Japans am Ende des Zweiten Weltkriegs zurückführen, doch gescheitert sind letztlich beide Projekte. Wollten wir aus ihrem Scheitern dennoch etwas lernen, dann, dass es zur Überwindung der Moderne unbedingt erforderlich ist, sich der Frage der Zeit neuerlich zu widmen und uns eine Pluralität zu erschließen, die es einer neuen Weltgeschichte ermöglicht, in Erscheinung zu treten – einer Weltgeschichte, die weder dem globalen Kapitalismus, einem Nationalismus noch einem absoluten metaphysischen Grund untergeordnet ist. Anstatt daher schlichtweg das Ende der Moderne, das Ende der Metaphysik, die Rückkehr zur »Natur« oder – was noch weniger glaubwürdig erscheint – den Anbruch der Multitude zu proklamieren, kann diese neue Weltgeschichte einzig dann Gestalt annehmen, wenn man ein metaphysisches und geschichtliches Projekt ins Werk setzt.

Eine nähere Betrachtung des im Zentrum von Nishitanis Programm zur Überwindung der Moderne liegenden Geschichtsbewusstseins wird uns in die Lage versetzen, die Frage nach dem Mangel an geschichtlichem Bewusstsein innerhalb der ostasiatischen Kultur zu beantworten. Dabei sollte zunächst im Auge behalten werden, dass Granets und Julliens Äußerungen hinsichtlich der Frage der Zeit genauso sehr auch für Nishitani gelten. In den 1970er-Jahren hielt Nishitani in verschiedenen Tempeln Japans eine Reihe an Vorträgen über Modernisierung und Buddhismus, die später unter dem Titel 仏教について [»Über Buddhismus«] herausgegeben wurden. Wie bereits angedeutet, können wir annehmen, dass Nishitani von der Frage nach dem Geschichtsbewusstsein heimgesucht wurde, und tatsächlich behauptet er an einer bestimmten Stelle, dass das Konzept des Geschichtlichen innerhalb der ostasiatischen Kultur nicht existiert. Was er mit »geschichtlich« meint, ist die Wahrnehmung, sich selbst als ein geschichtliches Seiendes zu verorten sowie die Anamnese als Rekonstruktion der Historizität, der *Geschichtlichkeit*. Rückblickend scheint Nishitanis Konzept der Weltgeschichte – jedenfalls insofern man dem, was er in seinen Vorträgen verlautbarte, sowie seiner persönlichen Beziehung zu Heidegger Beachtung schenkt – weniger von Hegel oder Ranke als von Heidegger herzurühren:

> Ich bin überzeugt davon, dass der Buddhismus für ein solches geschichtliches Bewusstsein zu kurz greift, zumindest in gewissem Maße. Im Allgemeinen existiert so etwas, das als »geschichtlich« bezeichnet werden könnte, in China nicht weniger als in Indien und Japan. Und dennoch habe ich das Gefühl, dass es in diesen Ländern keine Spur davon gegeben hat, die Welt als Geschichte im wahrsten Sinne des Wortes zu sehen. […] Diese Denkweise unterscheidet sich ein Stück weit von einer historischen, zumindest von jener Art, die in der modernen Welt richtungsweisend ist.[493]

Indem er behauptet, dass Asien nicht in der Lage gewesen sei, »die Welt als Geschichte im wahrsten Sinne des Wortes zu verstehen«, will Nishitani zum Ausdruck bringen, dass es innerhalb des östlichen Denkens an einer Ausarbeitung der Temporalisierung von Vergangenheit, Gegenwart und Zukunft mangelt. Er ist der Meinung, das Geschichtskonzept sei dem Christentum immanent.[494] Im Christentum markieren die Erbsünde und die Eschatologie den Anfang und das Ende sowie die Begrenzungen des Wartens auf den Beginn einer neuen Epoche durch die Wiederkunft Christi. Doch auch in einem zweiten Sinne ist das Christentum geschichtlich, was durch die progressive Auffassung, die dem Menschen in Bezug auf Gott eigen ist, angedeutet wird. Für Nishitani kam dieses Geschichtsbewusstsein ursprünglich während der Renaissance auf und gipfelte schließlich in der Reformation. Zur Zeit der Renaissance wurde durch das Bewusstsein signalisiert, dass die Ordnung der Welt nicht vollends von der göttlichen Vorsehung abhängig und die persönliche Beziehung zwischen Gott und Mensch durch die Naturwissenschaften durchschnitten sei;[495] wohingegen es sich während der Reformation in der Erkenntnis bemerkbar machte, es handele sich bei der Geschichte lediglich um ein menschliches Erzeugnis. Im Gegensatz dazu stellt Nishitani fest, dass der Zeit im Buddhismus eine Negativität zugrunde liege, die es zu überwinden gelte, was heißt, dass die Endlichkeit sowohl in ihrer linearen als auch in ihrer zyklischen Form transzendiert werden müsse, um zur absoluten Leere zu gelangen. Aus diesem Grund sei der Buddhismus nicht in der Lage, die Frage nach dem geschichtlichen Bewusstsein aufzuwerfen und die Möglichkeit einer »Emergenz« in jeglichem »Augenblick« zu erkennen.[496] Bei Nishitani heißt es dann:

> [D]er andere Aspekt – nämlich, dass sie [die Zeit, Anm. d. Ü.] geschichtlich ist und dass Sein Zeit ist – wird vergleichsweise missachtet. Oder, sollte der Begriff »Missachtung« etwas übertrieben erscheinen, wäre es besser, davon zu sprechen, dass sie nicht hinreichend entwickelt wurde. Dies lässt sich darauf zurückführen, dass der Buddhismus den Schwerpunkt auf das der Behauptung, die Zeit sei doch gleichsam vergänglich und dies eine Welt des Leidens, inhärent Negative legt. Der Buddhismus scheint nicht begriffen zu haben, dass die Welt der Zeit einen Bereich darstellt, in dem ohne Unterbrechung etwas Neues entsteht.[497]

Nishitani bedient sich hier am heideggerschen Vokabular, um das »Jetzt« mit *Augenblick* zu übersetzen, das gemäß Heidegger als vertikaler Schnitt im Fluss der Zeit agiert.[498] Heidegger hatte es gebraucht, um das griechische Wort *kairos* zu übertragen, das auf eine nicht-chronologische Zeit hindeutet, die als Riss oder Sprung dargestellt werden kann. Mit Sicherheit findet sich ein Gespür für solch einen Riss oder Sprung auch im Chan-Buddhismus, und zwar im sogenannten *dun wu* (頓悟, »Offenbarung«, »plötzliche Erleuchtung«). Im Moment des *dun wu* wird ein Buddhist zum Meister, das sich wie ein Blitz am Himmel ereignet – zum Beispiel geschieht es in dem Moment, in dem man einen Frosch in einen Teich springen sieht, wie es in dem Haiku Matsuo Bashōs (1644–1694) heißt: »Ein uralter Weiher, / Vom Sprung eines Frosches / ein kleiner Laut.«[499] Doch *dun wu* ereignet sich weder in jeglichem Augenblick noch erfordert es einen langwierigen, zielstrebigen Prozess: Es handelt sich um ein einmaliges und immerwährendes Geschehen, da *dun wu* einer radikalen Transformation oder Elevation entspricht, die einen neuen Erfahrungsbereich und eine neue Weise zu denken eröffnet. Es transzendiert die Zeit und lässt sich gewissermaßen mit Nishitanis eigenem Begriff des »Übergeschichtlichen« [*superhistory*] beschreiben. In Bezug auf Heidegger weicht Nishitanis Haltung hinsichtlich dieses Themas von jener, die Mou Zongsans an den Tag legte, ab: Wie bereits angemerkt, behauptete Mou, Heidegger würde nicht begreifen, dass das Dasein zwar endlich sei, sich jedoch auch selbst transzendieren und mittels intellektueller Anschauung dem Unendlichen einschreiben könne.

An Heidegger anknüpfend, unterscheidet auch Nishitani zwischen *Geschichte* und *Historie. Historie* bedeutet, »über Geschichten zu sprechen oder Legenden zu überliefern«, wohingegen *Geschichte* anzeigt, dass »etwas geschieht oder dass etwas Neues, noch nie zuvor Dagewesenes, eingetreten ist«.[500] Gleich Heidegger verbindet er *Geschichte* mit dem Verb *geschehen. Geschichte* ist an das *Ereignis* geknüpft und durch ein geschichtliches Bewusstsein bedingt. Innerhalb eines solchen Bewusstseins liegen Vergangenheit, Gegenwart und Zukunft schlichtweg zeitgleich miteinander vor, sodass es keines Subjekts mehr bedarf, das auf die Vergangenheit als eine Reihe von historischen Ereignissen zurückblickt. Vielmehr bringt solch ein Bewusstsein ein Subjekt mit sich, das sich selbst als ein in der Hermeneutik der Geschichte verankertes geschichtliches Seiendes begreift.

Man muss hier Vorsicht walten lassen, um nicht Nishitanis Interpretation des Buddhismus mit Mou Zongsans Deutung durcheinanderzuwerfen – ganz zu schweigen davon, dass es verfehlt wäre, buddhistische und chinesische Kultur in eins zu setzen. Dessen ungeachtet lässt sich jedoch zumindest nun sagen, dass der Zeitbegriff in beiden Kulturen nicht nur unterentwickelt war, sondern auch als etwas angesehen wurde, das es zu überwinden, zu transzendieren galt. Eine derartige Transzendenz liegt im Rahmen der Möglichkeiten der intellektuellen Anschauung, die in Mous Arbeiten dem Subjekt den Zugang zur moralischen Kosmologie, zur Natur und zur Leere ermöglicht.

Um uns nun wieder Stieglers These von der Technik als der ursprünglichen Fragestellung widmen zu können, gilt es einmal mehr, anzuerkennen, dass ein solches Geschichtsbewusstsein immer auch von einer Reihe technologischer Erfindungen wie der Reproduktion und dem Buchdruck abhängig ist (insbesondere, wenn man den Bibeldruck während der Reformation in Betracht zieht). Das heißt, neben der christlichen Eschatologie ist es zugleich die Technizität, die es dem »Augenblick« ermöglicht, sich als ein vertikaler Schnitt, als ein *Ereignis* zuzutragen. Und genau auf der Basis von Stieglers diesbezüglicher Kritik an Heidegger lassen sich Nishitani und Stiegler in einen Dialog miteinander setzen: Stiegler zeigte, dass Heidegger die Weltgeschichte lediglich als Möglichkeit des Daseins erwog, ohne dabei anzuerkennen, welche Notwendigkeit der Exteriorisierung bei der Daseinskonstitution zukomme; dies hat zur Folge, dass es sich beim Konzept der Weltgeschichte in *Sein und Zeit* um nicht mehr als eine Art transzendentaler Diskurs handelt.[501] Sehen wir uns an, wie Heidegger Weltgeschichte definiert:

> *Mit der Existenz des geschichtlichen In-der-Welt-seins ist Zuhandenes und Vorhandenes je schon in die Geschichte der Welt einbezogen.* Zeug und Werk, Bücher zum Beispiel haben ihre »Schicksale«, Bauwerke und Institutionen haben ihre Geschichte. […] Dieses innerweltliche Seiende *ist* als solches geschichtlich, und seine Geschichte bedeutet nicht ein »Äußeres«, das die »innere« Geschichte der »Seele« lediglich begleitet. Wir nennen dieses Seiende das *Welt-Geschichtliche.*[502]

Das Welt-Geschichtliche entspricht dem, was Stiegler »tertiäre Retention« nennt.[503] Doch Heidegger klammerte die Technik selbstverständlich keineswegs aus; ebenso wenig versäumte er es, darüber nachzudenken, dass die Welt, in die das Dasein geworfen ist, als ein »Schon-da« wirkt, das er als eine »Faktizität« präsentiert. Was er hingegen unterließ, war, die Verzeitlichung des Daseins aus der Perspektive der Technik zu betrachten, die zugleich die Voraussetzung einer solchen Temporalisierung darstellt; stattdessen gestand er dem Dasein die letztgültige Möglichkeit in der Verwirklichung des Sein zum Tode zu. Stieglers Kritik daran lautet, dass das Welt-Geschichtliche »nicht einfach das *Resultat*, das das zeitigende *Wer* in Form von Spuren hinterlassen hat«, ist, sondern vielmehr die faktische Konstitution »dieses [Wer] in seiner eigentlichen Zeitlichkeit«.[504] Diese Geschichtlichkeit gilt es, mithilfe der Anamnese der Schrift beziehungsweise durch die Technik wiederzuerlangen. Wie Stiegler im dritten Band von *Technik und Zeit* überdies zeigt, handelt es sich bei der Schrift um die »Verräumlichung der Zeit des vergangenen und vergehenden Bewusstseins als *Weltgeschichtlichkeit*«.[505] Technische Objekte wiederum stellen die zweite Verräumlichung der Zeit als Intervall dar, und allein durch eine von Mnemotechniken unterstützte Anamnese wird Geschichtlichkeit möglich.

Es lässt sich hier eine Art Widerspruch erkennen zwischen Nishitanis absolutem Nichts und Stieglers Postulat von der Notwendigkeit einer Weltgeschichte in technischer Form. Während Weltgeschichte im Wesentlichen eine Anamnese par excellence darstellt, ist das absolute Nichts der ursprüngliche, jedweder Relativität enthobene Grund, eine selbst gründende absolute Leere oder Lücke. Hier soll es jedoch nicht darum gehen, Nishitanis Konzept des geschichtlichen Bewusstseins einer Dekonstruktion zu unterziehen, sondern vielmehr darauf aufmerksam zu machen, dass hinter dem geschichtlichen Bewusstsein das Wirken einer technologischen Unbewusstheit steht. Anders ausgedrückt: Unter keinen Umständen hätte Nishitani sein Ziel ohne eine »Psychoanalyse« des technologischen Unbewussten der ostasiatischen Kulturen erreichen können. Denn wenn es wahr ist, wie Stiegler behauptet, dass ein Geschichtsbewusstsein ohne technische Unterstützung nicht möglich ist, dann lässt sich feststellen, dass es auch in China und Japan eine Art technologische Unterbewusstheit geben muss, insofern als historische Aufzeichnungen, Drucke und andere technologische Verfahren vorhanden sind, die zu ihrer Zeit so ausgefeilt und komplex wie überall sonst waren. In diesem Fall aber gilt es zu erklären, wie es möglich sein konnte, dass diese technische Unterstützung – all die Schriftstücke und Druckverfahren, die in China in einem gleichwertigen, wenn nicht sogar fortgeschritteneren Zustand als im antiken Europa existierten – in China nicht zu einem solchen Geschichtsbewusstsein geführt hat. Keinesfalls soll damit zur Diskussion gestellt werden, diese Techniken wären in China und Japan unabhängig von Gedächtnis und Erinnerung. Stattdessen wollen wir zeigen, dass ein philosophisches System, das auf der Basis der intellektuellen Anschauung wirkt und Einblick in das Noumenon zu gewinnen sucht, sich weigert, ebendieses Gedächtnis zu berücksichtigen, und dass daraus zwei Ontologien resultieren, nämlich eine noumenale Ontologie und eine phänomenale Ontologie, wobei die Dominanz der Ersten die Nachrangigkeit Letzterer mit sich bringt.

Nun scheint dies auf nichts anderes als auf einen Zirkelschluss hinauszulaufen: (1) Es mangelt an Geschichtsbewusstsein, da die Zeitfrage nicht ausgearbeitet wurde; (2) da die Zeitfrage nicht ausgearbeitet wurde, stand die Beziehung zwischen Technik und Zeit nie zur Debatte; (3) da die Beziehung zwischen Technik und Zeit nicht zur Debatte stand, kam kein Geschichtsbewusstsein in Form einer Anamnese auf. Doch genau an diesem Punkt tritt die oben diskutierte Frage nach Geometrie, Zeit und Anamnese wieder in den Vordergrund und bringt uns zurück zu der Frage nach der Relation zwischen *Qi* und *Dao*.

In Stieglers Begriffen ließe sich *Qi* als ein »retentionales Objekt« beschreiben, zumal es in Gestalt eines technischen Objekts Spuren und Erinnerungen bewahrt. Doch in China ist *Qi* ontologisch zeitlos, ahistorisch, da es mit dem *Dao* korrespondiert und es zum Ausdruck bringt – und um »gut« zu sein, ist nichts wichtiger, als mit dem *Dao* zu korrespondieren. Das *Dao* hier entspricht einem kosmologischen und moralischen; *Qi* ist Teil der Kosmologie, wird jedoch von einem Prinzip regiert, das weniger durch als in sich selbst definiert ist, sondern vielmehr aufgrund seiner Beziehung zu anderem Seienden, sei es menschlich oder nichtmenschlich. In Teil 1 (§14–15) behandelten wir die von Zhang Xuecheng und Wei Yuan vertretene Überlegung hinsichtlich der Relation zwischen *Dao* und *Qi*. Zhang Xuecheng wies nachdrücklich darauf hin, dass man die Beziehung zwischen *Qi* und *Dao* als eine historisch-temporale betrachten müsse. Ihm zufolge handelt es sich bei den sechs Klassikern um historische Artefakte, die daher dem *Qi* beizumessen sind. Dies entabsolutiert die Relation zwischen *Qi* und *Dao*, führt jedoch zugleich zu einer Neuzementierung, einer Wieder-Einschreibung davon, da entsprechend dieser Darstellung *Qi* das *Dao* der Epoche befördert. Wei Yuans umgekehrter und im Anschluss an die beiden Opiumkriege vorgeschlagener Ansatz, das *Dao* dem *Qi* einzuschreiben, stellte den Versuch dar, sich eines technologischen Bewusstseins zu versichern. Ein solches Bewusstsein kann sich jedoch nicht behaupten und wird geradewegs durch die »kartesianische Trennung« des chinesischen Denkens als Geist von der westlichen Technologie als bloßes Instrument fortgeschwemmt. Doch lassen sich beide Fälle zumindest durchaus als Bemühungen verstehen, die ontologische *Qi*-*Dao*-Relation aufzubieten, um eine neue *episteme* hervorzubringen.[506]

§25. Anamnese der Postmoderne

Vierzig Jahre nach dem Untergang der Kyôto-Schule nahm die Angelegenheit, die »Moderne zu überwinden«, in Europa eine neue Gestalt an: die durch Lyotard bekannt gemachte »Postmoderne«. Tatsächlich stieß die Aufgabe, die sich Nishitani gestellt hatte – nämlich die europäische Kultur und Technologie mittels des absoluten Nichts zu überwinden –, auf eine gewisse Resonanz in Lyotards Formulierung der Postmoderne. Ich beziehe mich hier im Besonderen auf Lyotards Text »Logos und Techne, oder: die Telegraphie«, der in dem 1989 auf Deutsch erschienenen Band *Das Inhumane. Plaudereien über die Zeit* enthalten ist. Lyotard hielt diesen Vortrag erstmals 1986 im Rahmen eines von Bernard Stiegler organisierten Seminars des IRCAM (Institut de Recherche et Coordination Acoustique/Musique) am Centre Georges-Pompidou, der zu jener Zeit an seiner von Lyotard betreuten Masterarbeit schrieb. Womit sich das Referat insbesondere auseinandersetzte, war das Problem der Anamnese und Technik – ein Thema, das schließlich im Mittelpunkt von Stieglers Philosophie stehen sollte.

Die zentrale These des Seminars besteht darin, dass sich die Beziehungen zwischen Materie und Zeit, so Lyotard, auf drei unterschiedliche Weisen der Zeitsynthese erfassen lasse: Gewohnheit, Erinnerung und Anamnese. Bei der Gewohnheit handelt es sich um eine Synthese, die sich körperlich ausdrückt. Erinnerung strebt nach einer Erzählung mit Ursprung oder Anfang. Anamnese wiederum meint für Lyotard etwas vollkommen anderes und muss gewissenhaft von der Erinnerung unterschieden werden. Diese Unterscheidung nimmt seinen Ausgang bei Freud, insbesondere in seinem Aufsatz »Erinnern, Wiederholen und Durcharbeiten« aus dem Jahr 1914. Darin versuchte Freud aufzuzeigen, dass es zwei Analysetechniken gibt: Hypnose, die dem Patienten dabei hilft, den unbewussten Gehalt unter Zuhilfenahme einer einfachen Form des Erinnerns zu rekonstruieren (einfach in dem Sinne, dass der Analysierte der Gegenwart enthoben ist, um sich auf die frühere Situation zu konzentrieren), sowie eine für einen Sachverhalt, bei dem »sich eine Erinnerung meist nicht erwecken« lässt.[507] Diese zweite Art tritt beispielsweise bei bestimmten Kindheitserlebnissen auf, die »seinerzeit ohne Verständnis erlebt worden sind, *nachträglich* aber Verständnis und Deutung gefunden haben«.[508] Der wichtigste Unterschied zwischen der Erinnerungstechnik in der Hypnose und der aufdeckenden Wiederholungstechnik besteht darin, dass bei Letzterer der Analysierte das Vergessene und Verdrängte »nicht als Erinnerung, sondern als Tat [reproduziert], er *wiederholt* es, ohne natürlich zu wissen, daß er es wiederholt«.[509] Die Aufgabe des Analytikers in diesem Fall ist es, dem Patienten dabei zu helfen, die Ursache des Widerstands aufzudecken. Wie Freud jedoch feststellte, ergeben sich dabei zwei Schwierigkeiten: Bei der ersten handelt es sich darum, dass sich der Analysierte anzuerkennen weigern kann, es liege ein Problem vor – das heißt, er oder sie kann sich weigern, sich zu erinnern; die zweite besteht darin, dass Anfänger in der Analyse häufig bemerken, dass selbst nachdem sie dem Patienten den Widerstand mitgeteilt hätten, keine Veränderung eingetreten sei. Genau an dieser Stelle führt Freud den dritten Terminus ein, *Durcharbeiten*:

> Man muß dem Kranken die Zeit lassen, sich in den ihm nun bekannten Widerstand zu vertiefen, ihn *durchzuarbeiten*, ihn zu

> überwinden, indem er ihn zum Trotze die Arbeit nach der analytischen Grundregel fortsetzt.[510]

In »Logos und Techne, oder: die Telegraphie« verweist Lyotard auf Stieglers retentionales Modell des Gedächtnisses (mittels Verräumlichung), indem er sich auf die drei Arten des Gedächtniseffekts beruft – Bahnung (*frayage*), Peilung (*balayage*) und Durchgang (*passage*), die sich jeweils bis zu einem gewissen Grad mit Gewohnheit, Erinnerung und Anamnese decken – und Freuds *Durcharbeiten* mit der dritten Art der Zeitsynthese, Anamnese, identifiziert. Lyotards Lesart des *Durcharbeitens* weicht jedoch deutlich von Freuds Auffassung ab.[511] Laut Lyotard besitzt die Anamnese zwei verschiedene Bedeutungen, deren Abstufungen gewissenhaft differenziert werden müssen. Die erste Bedeutung von *Durcharbeiten* nimmt die Form der freien Assoziation an: Wie Lyotard sagt, erfordert der »Durchgang« mehr Kraft als Peilung und Bahnung, gerade weil er über keine zuvor festgelegten Regeln verfügt.[512] Diese Bedeutung wird an anderer Stelle erneut aufgegriffen, und zwar in dem Buch *Postmoderne für Kinder*, worin Lyotard den Avantgardismus als eine Bewegung betrachtet, die auf die Suche nach den in der Moderne enthaltenen Voraussetzungen ausgerichtet war. Das Werk moderner Maler, von Manet über Duchamp bis zu Barnett Newman, ließe sich, so Lyotard, in Form einer Anamnese im Sinne der psychoanalytischen Therapeutik verstehen:

> Ebenso wie der Patient versucht, seine gegemwärtigen Störungen zu verarbeiten, indem er scheinbar inkonsistente Elemente mit vergangenen Situationen frei assoziiert, was ihm ermöglicht, verborgene Bedeutungen in seinem Leben und seinem Verhalten zu entdecken, kann man die Arbeit von Cézanne, Picasso, Delaunay, Kandinsky, Klee, Mondrian, Malewitsch und schließlich Duchamp als »Durcharbeiten« ansehen, das die Moderne in Bezug auf ihren eigenen Sinn bewerkstelligt.[513]

Für Lyotard stellen diese Künstler weniger einen Bruch mit der Moderne als vielmehr deren Anamnese dar. Folglich handelt es sich bei ihnen um Repräsentanten einer postmodernen Kunst, die sich von Regeln und Verantwortung befreit und mithilfe der Anamnese über die Gesetze der Einschreibung hinausgeht. Faszinierender, wenn auch ein wenig rätselhafter, ist jedoch Lyotards Forderung nach etwas, das nicht eingeschrieben worden ist und daher nicht durch die Regeln der Schrift beschränkt werden kann – ein Ursprung, an den man sich nicht erinnern kann, ja, eine Erinnerung, die nicht eingeschrieben worden ist und dennoch nicht vergessen werden kann –, beispielhaft zum Ausdruck gebracht in Freuds Anmerkung über die Kindheitserfahrung als etwas, das nicht erinnert werden kann, das es aber dennoch durchzuarbeiten gilt. Hinsichtlich dessen empfiehlt Christopher Fynsk, die Rolle der Kindheit in Lyotards Anamnesekonzept stärker hervorzukehren, und merkt an, dass Lyotard »sich selbst als *von* einer frühen Kindheit und *zu* einer frühen Kindheit schreibend verstand«.[514] In dem Abschnitt über Anamnese, in einer für unsere Untersuchung entscheidenden Passage von »Logos und Techne, oder: die Telegraphie«, führt Lyotard auf dramatische Weise ein Beispiel Dōgens an, um deutlich zu machen, was er mit »Durchgang« oder Anamnese meint. In dieser Inanspruchnahme Dōgens lassen sich die unterschiedlichen Abstufungen erkennen, die den »Durchgang« von der Anamnese in Form des *Durcharbeitens* abgrenzen. Fynsk schreibt:

> Ich denke, dass die Berufung auf Dōgen hier nicht allein einen Fall von Exotismus darstellt, so effektiv es in dieser Hinsicht auch sein mag. Es scheint eher ein implizites Eingeständnis, dass das, was [Lyotard] zu denken sucht, sich nicht dem Konzept oder irgendeiner theoretischen Erläuterung beugt – dass, sollte es einen Durchgang von der frühen Kindheit zum Denken geben, dieser nicht durch das Konzept festgelegt wird.[515]

Ich würde diesen Verweis auf Dōgen ernster nehmen, als Fynsk es an dieser Stelle tut. Denn tatsächlich beschränkt sich Lyotards Bezugnahme auf Dōgen nicht allein auf diese Stelle, sondern wiederholt sich innerhalb verschiedener Notizen und Interviews. Und was Lyotard hier zu denken versuchte, ist weitaus faszinierender und unheimlicher, als Fynsk nahelegt: Es handelt sich um nichts anderes als um jene Logik, die Nishitani etwa in seinem Beispiel über das Feuer zum Einsatz brachte, um zu vermeiden, dass das Sein auf sein Wesen reduziert würde. Ich nenne diese Logik die *Negation des Logos* – auch wenn das Wort »Negation« womöglich nicht ganz richtig ist, schließlich stellt die Negation an dieser Stelle weder eine uneingeschränkte Negation noch eine partielle Privation (z. B. eines Teils, einer Intensität) dar. Klären ließe sich diese Differenzierung zwischen Privation und Negation, indem wir Heideggers eigentümliches Beispiel paraphrasieren, mit dem er den Unterschied aufzuzeigen versucht, wie ihn die Griechen gesehen haben: Wenn ich gefragt werde, ob ich Zeit zum Skifahren habe, antworte ich: »Nein, ich habe keine Zeit.« Ich habe zwar Zeit, aber ich habe keine Zeit für *dich*.[516] Hier wird das Sein weniger in gegenläufiger Richtung negiert, als dass es der Privation vielmehr dergestalt unterworfen wird, dass es seines gewohnten Kontextes enthoben ist (wie in »Feuer verbrennt das Feuer nicht«). Veranschaulicht wird diese Logik in der Bewegung von der Moderne hin zur Postmoderne. Die Postmoderne ist die Selbstverneinung der Moderne. Es ist nicht so, dass an einem bestimmten Punkt der Moderne etwas geschehen ist und sich ab diesem Zeitpunkt die Postmoderne einstellte; eher ist es so, dass sich die Logik der Moderne an einem bestimmten Punkt ihrer Entwicklung gegen sich selbst richtete und sich in einen anderen Kontext verlagerte.[517] Der Verweis auf Dōgen, so denke ich, versucht ebendiese Logik aufzuzeigen – nicht mehr beschränkt auf den Umstand der Moderne, sondern auf den *Logos* an sich angewandt. Und es ist meines Empfindens an diesem Punkt, dass Lyotard seine äußerste Frage zur Technik stellt, auch wenn sie sich in Uneindeutigkeiten hüllt – er versucht nämlich, das, was er Anamnese nennt, mit dem zu vergleichen, was Dōgen in seinem Hauptwerk, dem Klassiker des Zen-Buddhismus *Shōbōgenzō*, als »lichten Spiegel« bezeichnet. Ich gebe Lyotards Kommentar hier in Gänze wieder:

> Es ist sinnvoll zu versuchen, sich an etwas (sagen wir etwas) zu erinnern, das nicht eingeschrieben worden ist, wenn die Einschreibung dieses Etwas die beschreib- oder erinnerbare Unterlage *(support) zerbrochen* hat. Ich entlehne die folgende Metapher des Spiegels Dogen, einer der Abhandlungen des *Shobogenzo*, dem *Zenki*: es kann eine Präsenz geben, die der Spiegel nicht reflektieren kann,

> die ihn jedoch in Stücke bricht. Ein Fremder oder ein Chinese können vor den Spiegel treten, und ihr Bild wird darauf erscheinen. Doch wenn das, was Dogen einen »lichten Spiegel« nennt, dem Spiegel gegenübersteht, dann »wird alles in Stücke zerbrechen«. Dogen präzisiert: »Stellt Euch nicht vor, daß es zuerst einen Zeitpunkt gibt, wo der Bruch noch nicht stattgefunden hat und dann einen, wo alles zerbricht. Es handelt sich einfach um den Bruch«. Es gibt also eine zerbrechende Präsenz, die weder jemals eingeschrieben noch erinnerbar ist. Sie tritt nicht in Erscheinung. Sie ist keine vergessene Einschreibung. Sie findet an keinem Ort und zu keinem Zeitpunkt auf dem Einschreibungsträger, im reflektierenden Spiegel statt. Sie wird von den Bahnungen und Peilungen nicht bemerkt.[518]

Dieser Absatz ist zweifellos der rätselhafteste Teil von Lyotards Überlegungen. An metaphorischen Konnotationen erschöpfen sich der Spiegel sowie der lichte Spiegel mit Sicherheit nicht. Und dennoch ist es, wie Fynsk betont, äußerst schwierig für uns, diese Passage zu analysieren – einen Dialog zwischen einem französischen Philosophen des 20. Jahrhunderts und einem japanischen Mönch des 13. Jahrhunderts zu erwägen –, ohne einer Art Exotismus anheimzufallen.

Bei Dōgen steht der lichte Spiegel darüber hinaus für den Geist oder Verstand (oder für die intellektuelle Anschauung), vor dem das Phänomen auseinandergenommen wird. Als Leere stellt der lichte Spiegel etwas beinahe Gegensätzliches zu jedweder Konzeptualisierung der Substanz dar. Er ist es, der die Substanz beziehungsweise die Essenz oder das Wesen (*ousia*) als *eidos* negiert. Dies erinnert mitunter an Nishitanis verworrene Logik der Selbstidentifikation: Feuer verbrennt das Feuer nicht, also ist es Feuer. Für gewöhnlich bietet sich die phänomenale Erfahrung aus der Verwirklichung des Geistes heraus dar, da ein normaler Mensch sie meist zu substanzialisieren sucht. Beim lichten Spiegel hingegen handelt es sich um eine andere Art des Geistes; um einen, der imstande ist, eine Privation dieser substanzialistischen Inklination zu betreiben, und dem die Welt in ständigem Wandel erscheint, ohne jegliche Dauer. Kein Ereignis hat ihn zerbrochen und einen Anfang markiert. Vor dem klaren Spiegel gibt es nur das permanente Zerbrechen, das das Konzept des Selbsts zerstört (das Selbst kann in keiner Weise gespiegelt werden). Demgegenüber ist eine Person, die nicht über einen Verstand wie der lichte Spiegel verfügt, in der Lage, sich selbst zu sehen, schließlich ist sie nach wie vor von *upādāna* (Festhalten, Klammern, Anhaften) beherrscht, das, da es sich nur mithilfe von Gestalten zu bewegen weiß, lediglich Phänomene erblickt. Im Gegensatz dazu sieht der lichte Spiegel alles zerbrochen, gerade weil er in sich selbst leer ist. Bei Lyotard heißt es weiter:

> Ich bin mir nicht sicher, ob es dem Abendland – gerade aufgrund seiner techno-logischen Berufung – gelungen ist, sich dies vorzustellen – dem philosophischen Abendland. Platon vielleicht, als er versucht, sich das *agathon* jenseits der Essenz vorzustellen. Freud vielleicht, als er versucht, sich die Urverdrängung vorzustellen. Aber beiden droht immer der Rückfall in den *technologos*. Weil sie versuchen, »das Wort, das befreit« zu finden, wie Dogen schreibt. Und zuletzt Heidegger selbst, bei dem wahrscheinlich die Gewalt des Zerbrechens fehlt […].[519]

Unklar ist, wie viel Lyotard über die Geschichte des »lichten Spiegels« wusste – einer trotz ihres apokryphen Status berühmten Geschichte innerhalb des Chan-Buddhismus. Laut der überlieferten Erzählung wollte der Fünfte Patriarch des Chan-Buddhismus, Daman Hongren (大滿弘忍, 601–674), einen Nachfolger bestimmen, und sein Schüler Shenxiu (神秀, 606–706) galt als vielversprechender Kandidat. Hongren hatte jedoch Zweifel und bemühte sich, eine geeignetere Person zu finden. Um seine Auswahl zu erleichtern, bat er seine Schüler, ein Gedicht zu schreiben, das erklären würde, was der Geist sei. Shenxiu schrieb Folgendes nieder:

身是菩提樹，	Der Leib, das ist der Bodhi-Baum,
心為明鏡台。	der Geist, er gleicht dem lichten Spiegel.
時時勤拂拭，	Wisch ihn denn immer wieder rein,
勿使惹塵埃。	laß keinen Staub sich darauf sammeln.[520]

Huineng (慧能, 638–713), eine unbedeutende Figur im Tempelleben, begegnete dem mit einem zweiten Gedicht. Genau genommen konnte Huineng weder lesen noch schreiben, weshalb er jemand anderen bitten musste, dies für ihn zu tun. (Hierbei handelt es sich um eines der Merkmale der chan-buddhistischen Praxis, innerhalb derer die Lese- und Schreibfähigkeit nicht zu Tugenden mit hohem Stellenwert zählt.) Das Gedicht fand die Billigung Hongrens, und Huineng wurde der Sechste Patriarch des Chan-Buddhismus. Der lichte Spiegel entspricht darin dem Geist, den der Chan-Buddhismus zu erlangen sucht:

菩提本非樹， Im Grunde gibt es keinen Bodhi-Baum,
明鏡亦非台， noch gibt es Spiegel und Gestell.
本來無一物， Da ist ursprünglich kein (einziges) Ding –
何處惹塵埃。 wo heftete sich Staub denn hin?[521]

Lyotard aber macht den lichten Spiegel zu einer Frage der Schrift und damit auch zu einer Frage des *Logos*. Hier nun stoßen wir auf eine weitere Bedeutung von Substanz: das Zugrundeliegende beziehungsweise *Hypokeimenon*. Die Frage lautet: Kann das Sein sein, ohne von einem *Hypokeimenon* getragen zu werden? Oder wie Lyotard im ersten Text von *Das Inhumane* fragte: »Ob man ohne Körper denken kann«? Ist der *Logos* in der Lage, eine Anamnese herbeizuführen, in die er nicht eingeschrieben ist? Mit anderen Worten: Kann der *Logos*, und in diesem Falle der *techno-logos*, anstatt die Anamnese zu determinieren, ihr erlauben, sich in einer nichtdeterministischen Weise einzustellen? Lyotard hoffte dementsprechend, *Logos mittels Logos zu überwinden*, so wie schon Nietzsche und Nishitani erhofft hatten, *Nihilismus mittels Nihilismus zu überwinden*. An anderer Stelle bei Dōgen wird diese Logik veranschaulicht: Der Zen-Meister lehrt: »Denkt Nicht-Denken. Wie denkt [*shiryō*] man Nicht-Denken [*fushiryō*]? Durch Un-Denken [*hishiryō*]. Das ist die wesentliche Kunst des *zazen*« (*zazen* oder *tso-ch'an* bedeutet wörtlich »Zen sitzen« und ist eine Meditationspraktik).[522] Der Gegensatz, den Dōgen hier entwirft, ist jener zwischen Denken und Nicht-Denken. Dies stellt eine reine Negation dar, denn Denken kann nicht Nicht-Denken sein, so wie Nicht-Denken nicht Denken sein kann. Für Dōgen aber liegt zwischen Denken (*shiryō*) und Nicht-Denken (*fushiryō*) eine dritte Möglichkeit, und zwar Un-Denken (*hishiryō*), das sowohl das Denken als auch das Nicht-Denken mithilfe der Privation des Denkens negiert. Für Lyotard führt diese Privation des *Logos* in einen Bereich, der nicht eingeschrieben ist und auch nicht in den *Logos* eingeschrieben werden kann. Lyotard wendet diese Logik selbst an, wenn er in einem später unter dem Titel »Die Malerei, Anamnese des Sichtbaren« veröffentlichten Vortrag anlässlich der Ausstellungseröffnung der Künstlerin Bracha Lichtenberg Ettinger ihr Werk mit dem Satz »Ich erinnere mich, dass ich mich nicht mehr erinnere« beschreibt.[523] Man könnte sagen, dass dieses Doublebind der anamnetischen Logik entspricht: Ist der Un-*Logos* durch die Negation des *Logos* innerhalb des *Logos* denkbar? Im letzten Absatz von »Logos und Techne, oder: die Telegraphie« wirft Lyotard jene Frage auf, die wir bereits in der Einleitung zitiert haben:

> [Wird] durch den neuen Einschreibungs- und Speichermodus, der die neuen Technologien charakterisiert, der Durchgang ermöglicht und erlaubt (werden)[?] Zwingen sie die Synthesen – und zwar die konzipierten Synthesen – nicht noch tiefer in die Seelen hinein, als es je eine der vorherigen Technologien getan hat?[524]

Lyotard fragt demgemäß, ob sich durch diese neuartige Technologie eine neue und unbekannte Möglichkeit erschließen lasse oder ob die neue Technologie nicht vielmehr nur eine immer effizientere und hegemonischere Synthese bevorzugen würde, nämlich die Automatisierung. Diese Frage richtete sich an Philosophen der Schrift beziehungsweise der *Mnemotechnik. Logos* wird mit dem lichten Spiegel konfrontiert, um darüber nachzudenken, ob der lichte Spiegel mithilfe des *techno-logos* zu verwirklichen imstande wäre.

Wie bereits angedeutet wurde, ließe sich zurückblickend fragen, ob die Anamnese, auf die sich Lyotard hier beruft, nicht starke Ähnlichkeit mit der von Nishitani zur Diskussion gestellten Leere aufweist. Tatsächlich entstammt beides der gleichen Tradition, wenn nicht sogar dem gleichen Chan-Meister. Die Anamnese, mithilfe derer Lyotard versuchte, die europäische Moderne zu überwinden, stellt, wie er mit Sicherheit wusste, den Grund des ostasiatischen Denkens dar.

Worüber er sich aller Voraussicht nach jedoch nicht bewusst war, ist, dass es sich bei ebendieser Anamnese im Falle einer Auseinandersetzung mit der Modernisierung zugleich um die größte Schwäche jenes Denkens handelt. Darüber hinaus kommt Lyotards Analyse noch nicht einmal mit dem eigentlichen Problem in Berührung, das ein geschichtliches, techno-logisches und geo-politisches ist. Lyotard hofft, der »lichte Spiegel« könne die Tendenz zur Totalisierung des Systems widerrufen und so den Austritt aus dem System qua *Ge-stell* ermöglichen; er hofft, der »lichte Spiegel« könne sich der hegemonialen Industrialisierung des Gedächtnisses widersetzen, indem er von seiner Zeitachse, die Lyotard die »gemeinsame Zeit« nennt, abweicht.[525] In diesem Sinne, verspricht er sich, könne die Postmoderne das Nicht-Moderne aufgreifen und als ein konzeptuelles Werkzeug verwenden, um die Moderne zu überwinden. Es gilt jedoch, den einfachen Gegensatz zwischen Nicht-Moderne und Moderne zu problematisieren; und die Postmoderne, insofern sie ein globales und nicht nur ein europäisches Projekt sein möchte, muss sich als *Aufhebung*, die nach einer Klärung der Inkonsistenzen zwischen unterschiedlichen Ontologien, unterschiedlichen *episteme* sucht, neu positionieren.

Gestatten Sie mir, noch ein paar Worte bezüglich dieser Achse der Zeit zu äußern, die aufgrund der Globalisierung ein hegemoniales Niveau erreicht hat. Wie weiter oben bereits angedeutet, ist es erforderlich, uns von einem visuellen Bild der Weltkugel zu verabschieden, schließlich bringt dieses die Frage nach Inklusion und Exklusion mit sich. Die Idee des Kosmos als »Haus« und Sphäre leitet sich aus einer antiken europäischen Kosmologie ab; ein »stimulierende[s] Bild einer allumfassenden Sphäre«, ausgedrückt durch ein ptolemäisches Modell, wie Peter Sloterdijk richtig anmerkte, das bis ins 20. Jahrhundert überdauern konnte.[526] In Absetzung zum Bild eines Globus schlägt er daher eine Theorie des Schaumes vor, die er als »Polykosmologie« bezeichnet. Und insofern mag Sloterdijks neue visuelle und räumliche Blasenform, entworfen als Fundament einer »diskreten Theorie der Existenz«, eine gewisse Anziehung ausüben.[527] Besieht man sich jedoch Sloterdijks unlängst gemachte Kommentare zur Flüchtlingspolitik, könnte man sich zu der Frage veranlasst fühlen, ob solch autonome Blasen nicht lediglich eine exklusive und offensichtlich faschistische

Tendenz kaschieren: In einem Interview mit dem deutschsprachigen Politmagazin *Cicero* im Januar 2016 kritisierte Sloterdijk Angela Merkels Flüchtlingspolitik mit der Begründung, »[w]ir haben das Lob der Grenzen nicht gelernt« und dass die »Europäer früher oder später eine effiziente gemeinsame Grenzpolitik entwickeln [werden]. Auf die Dauer setzt der territoriale Imperativ sich durch. Es gibt schließlich keine moralische Pflicht zur Selbstzerstörung.«[528] Heißt dies, der Einsatz von Blasen untermauere erst die Irreduzibilität von Grenzen? Und lässt uns deren Verlockung nicht einfach weiterhin mit der Frage nach Inklusion und Exklusion allein?

Die eigentliche Gefahr der Globalisierung scheint zweigeteilt sein: Einerseits besteht sie, wie wir bisher zu zeigen unternommen haben, in der Unterwerfung unter die rein zeitliche Determiniertheit und das technologische Werden und andererseits in den Versuchen, die Moderne zu überwinden, die sich allzu schnell in faschistische und fanatische Bewegungen gegen »entwurzelte Völker« verwandeln. Den ersten Punkt werden wir hier zu einem Abschluss bringen, sodass wir uns im folgenden Abschnitt noch mit dem zweiten beschäftigen können.

Gegen Ende von *Hand und Wort* warf Leroi-Gourhan noch das Problem des Rhythmus auf, das mit dem Synchronisationseffekt technologischer Systeme einhergeht: »Derzeit sind die Individuen gekränkt und bestimmt von einer Rhythmizität, die das Stadium einer praktisch totalen Maschinisierung (eher als das einer Humanisierung) erreicht hat.«[529] Die Aufforderung, von der räumlichen Metapher zu einer temporalen Erfahrung überzugehen, ist eine Aufforderung, jene Rhythmen zu überdenken, die – im Anschluss an den Triumph der globalen technologischen, mittlerweile in jedem Bereich unseres täglichen Lebens vorhandenen und jedes Gebiet durchziehenden Systeme – dabei sind, sich zu synchronisieren und homogen zu werden: Telekommunikation, Logistik, Finanzen und so weiter. Es ist dieses Über- beziehungsweise Umdenken, das zur Hauptaufgabe eines Programms zur »Neu-Orientierung« nach Lyotards postmoderner »Desorientierung« werden muss; eines Programms, das darauf abzielt, die Opposition von Globalem und Lokalem als konstituierendem Element einer kulturellen und politischen Identität hinter sich zu lassen. Anstatt Technologie und Tradition zu verneinen, wird sich ein solches Programm für einen kosmotechnischen Pluralismus und eine Vielfalt an Rhythmen öffnen müssen, indem es das bereits Vorhandene transformiert. Die einzige Möglichkeit, dies zu tun, besteht in der Aufhebung und Neugestaltung jener Kategorien, die weithin als Technik und Technologie gelten.

Im Gegensatz zu Lyotard scheiterten die östlichen Versuche der Überwindung der Moderne – sei es der fanatische Vorschlag der Kyôto-Schule, sie mithilfe eines Krieges zu bewältigen, sei es Mou Zongsans optimistisches Programm, über sie hinauszugehen, indem man *liangzhi* zum Ausgangspunkt nehme –, da sie nicht in der Lage waren, die auf globaler Ebene durch die technologische Unbewusstheit der Moderne konstituierte Zeitachse zu überwinden. Nishitanis Strategie war es, dieser Zeitachse zu entkommen, indem er sie einhüllte, um ihr so einen neuen Grund zu unterbreiten – das absolute Nichts. Mous Strategie hingegen bestand darin, sich dieser Zeitachse bedachtsam anzunehmen, in der Hoffnung, sie sich einverleiben zu können – vergleichbar der Strategie des Spruches »Ein Herz/Geist eröffnet zwei Tore/Perspektiven (一心開兩門)«. Problematisch in beiden Fällen ist letztlich, dass ein Dualismus als Lösung präsentiert wird. Dieser Dualismus entspricht weniger einem kartesianischen – denn in der Tat waren sich beide Denker des Problems des kartesianischen Dualismus bewusst, weshalb sie ihn in ihren Philosophien zu überwinden suchten –; vielmehr besteht er darin, dass eine für das Dasein und die *Weltgeschichtlichkeit* konstituierende Technik zur bloßen Möglichkeit des *xin* geschmälert würde. Alle drei Versuche, so ließe sich zusammenfassen, sind gescheitert. Die Art und Weise, wie diese Fragen jedoch aufgeworfen wurden, wird es uns ermöglichen, ein anderes Programm aufzustellen. Lyotards spekulative Fragestellung hat heute nichts von ihrer Potenz eingebüßt, da die eigentliche Frage nicht lautet, ob chinesische und japanische Traditionen imstande sind, Wissenschaft und Technologien hervorzubringen, sondern vielmehr, in welcher Weise sie sich die globale Achse der Zeit zu eigen machen können, um sich, wie Lyotard (jedoch in umgekehrter Richtung) beschrieb, radikal einen neuen und eigenen Bereich zu erschließen, und wie sie dies tun können, ohne in einen Dualismus zurückzufallen.

§26. Das Dilemma der Heimkunft

Welche Schlüsse lassen sich aus diesen Ansätzen zur Überwindung der Moderne ziehen? Jene, die Heideggers Interpretation der Philosophie und Technologie verhaftet blieben, landeten letztlich bei einem metaphysischen Faschismus. Die Übernahme hegelscher Dialektik durch die Kyôto-Schule zum Erreichen der großostasiatischen Wohlstandssphäre und der von Heidegger an die Philosophie herangetragene Auftrag, als Theorie des Dritten Reiches zu fungieren,[530] führten nicht nur zu einem metaphysischen Irrtum, sondern auch zu einem unverzeihlichen Verbrechen. Es ist jedoch nicht damit getan, sie allein aus moralischer Empörung heraus zu kritisieren, schließlich ist nicht zu leugnen, dass Heidegger auf ein Problem aufmerksam machte, das durch die Planetarisierung der Technologie hervorgerufen wird, nämlich die Zerstörung der Tradition und das Verschwinden jeglichen »Heims«. Doch die Frage danach muss über eine nationalistische Kritik hinausgehen, um sich der schwerwiegenden Folgen der technologischen Globalisierung wirklich stellen zu können. Scheitert man daran, dieses Dilemma zu verstehen, läuft man Gefahr, im Fanatismus der Kyôto-Schule stecken zu bleiben, die versuchte, selbst auf Kosten eines totalen Krieges eine Weltgeschichte wiederherzustellen, oder in jenem des islamischen Extremismus, der glaubt, das Problem mithilfe von Terror überwinden zu können. Die noch glühende Asche des Fanatismus wird nicht gelöscht werden ohne eine direkte Konfrontation der technologischen Globalisierung, und ohne sie wird sich der Fanatismus in unterschiedlichen Spielarten überall hin, sowohl innerhalb als auch außerhalb Europas, ausbreiten. Die ersten beiden Jahrzehnte des 21. Jahrhunderts spiegeln diese Unfähigkeit wider, die Moderne zu überwinden.

Die Theorie des russischen neurechten und von Heidegger beeinflussten Denkers Alexander Dugin kann dabei als ein jüngeres und repräsentatives Beispiel für die Tendenz angeführt werden, sich der »Heimkunft« der Philosophie als Antwort auf die technologische Planetarisierung zu bemächtigen. Dugin schlägt eine sogenannte »Vierte Politische Theorie« als Nachfolgemodell der wichtigsten politischen Theorien des 20. Jahrhunderts vor, nämlich des Faschismus, des Kommunismus und des Liberalismus.[531] Bei diesem neuartigen Programm handelt es sich um eine Fortführung der üblicherweise mit Heidegger, Ernst und Friedrich Jünger, Carl Schmitt, Oswald Spengler, Werner Sombart, Othmar Spann, Friedrich Hielscher, Ernst Niekisch und – notorischer noch – Arthur Moeller van den Bruck (1876–1925), dessen 1923 erschienenes Buch *Das Dritte Reich* maßgeblichen Einfluss auf die deutschnationale Bewegung hatte, assoziierten »konservativen Revolution«, die in der modernen Technologie eine große Gefahr sah und sich gegen sie wandte. Die Moderne scheint für Dugin eine Vernichtung der Tradition zu sein, während die Postmoderne »in jedem Sinne die endgültige Seinsvergessenheit, jene Mitternacht, in der das Nichts (der Nihilismus) allen Spalten entquillt«, darstelle.[532] Sein Plan zur Überwindung der Moderne wie auch der Postmoderne besteht daher darin, in den Fußstapfen van den Brucks zu verlautbaren, »Konservative müssen die Revolution führen«.[533] Dugins Idee ist es, sich der russischen Tradition zu besinnen und sie als Strategie gegen die technologische Moderne einzusetzen. Konkrete Gestalt findet diese Idee in dem, was er »Eurasische Bewegung« oder »Eurasismus« nennt, bei dem es sich sowohl um eine politische Theorie als auch um eine *episteme* handelt, und zwar in dem Sinne, dass »Eurasismus« die Tradition als eine *episteme* gebraucht, die der »einheitlichen Épistémè der Moderne – einschließlich Wissenschaft, Politik, Kultur und Anthropologie – [gegenübersteht]«.[534] Auch wenn die vorgeschlagene Wiederbegründung dieser neuen *episteme* bis zu einem gewissen Grad mit dem übereinstimmt, was wir bisher dargelegt haben, scheitert Dugins Programm daran, sich zu einem philosophischen Programm weiterzuentwickeln, und verkommt zur bloßen konservativen Bewegung.

Die »konservative Revolution« stellt ausnahmslos eine reaktionäre Bewegung gegen die technologische Modernisierung dar; und es war Heidegger als einer der Ersten, der dieses Problem zu einem metaphysischen erhob, wobei er sich die Möglichkeit einer »Heimkunft« zu den Vorsokratiker vorbehielt. Dabei mag er auf Hölderlins lyrischen Roman *Hyperion* angespielt haben, der sich aus Briefen zwischen einem Griechen, seiner Geliebten und einem deutschen Gesprächspartner zusammensetzt. Anhand der Briefe erfahren wir, dass Hyperion sein Land einst verlassen hatte und nach Deutschland gereist war, um sich die apollinische Rationalität anzueignen.[535] Das Leben in Deutschland jedoch wurde ihm unerträglich, weshalb er nach Griechenland zurückkehrte, um als Einsiedler zu leben. Für Hölderlin stellt das antike Griechenland eine »Erfahrung« und ein »Wissen« über einen einzigartigen historischen Moment dar, an dem sich die Spannung und der Konflikt zwischen Technik und Natur zeigt.[536] Dies wiederum machte sich Heidegger in seiner eigenen Diagnose der zeitgenössischen technologischen Situation zu eigen und präsentierte es als einen »Wiederanfang«. Es dürfte nicht schwer fallen, die Gemeinsamkeiten der politischen Programme Heideggers, der Kyôto-Schule und Dugins in dieser Auffassung von Heimkunft zu erkennen.

Die Heimkunft der Philosophie als ein Wiederanfang jenseits der Moderne bezeichnet nicht nur eine Ablehnung der Technologie, die Heidegger in den 1930er- und 1940er-Jahren als »Machenschaft«, einem Vorläufer des *Gestell*-Begriffs, charakterisierte.[537] Der metaphysische Verzicht gründet auf der Hoffnung, etwas »Eigentlicheres« lasse sich dadurch offenbaren – die Wahrheit des Seins. Diese Wahrheit des Seins ist jedoch nicht allgemeingültig, da sie nur jenen offenbar wird, die heimgekehrt sind, nicht aber jenen, die nicht in ihrem Heim sind, ganz zu schweigen von jenen, die zwischen dem Volk und dessen Heimkunft stehen. Letztere werden unter der Kategorie der Masse, des »Man«, zusammengefasst, und in den *Schwarzen Heften*, in denen das, was Donatella Di Cesare als »metaphysischen Antisemitismus« beschreibt, maßgeblich ist, wird das jüdische Volk geradezu zum Sinnbild dieser Kategorie: In dieser Lesart der Geschichte der Metaphysik werden die Juden zu denjenigen, die eine metaphysische Entwurzelung durchlaufen und gefestigt haben:

> Die Frage nach der Rolle des *Weltjudentums* ist keine rassische, sondern die metaphysische Frage nach der Art von Menschentümlichkeit, die *schlechthin ungebunden* die Entwurzelung alles Seienden aus dem Sein als weltgeschichtliche »Aufgabe« übernehmen kann.[538]

Die *Judenfrage* und die *Seinsfrage* konstituieren eine ontologische Differenz, doch sind *Juden* für Heidegger nicht etwas Feststehendes gleich einem vorhandenen Seienden; vielmehr stellen sie ihm zufolge eine Kraft dar, die den Westen in Richtung des Seinsabgrunds treibe. Das

Judentum habe sich die moderne Entwicklung der westlichen Metaphysik zu eigen gemacht und verbreite eine »leere Rationalität« und »Rechenfähigkeit«. Es gehe, so Heidegger, mit der schädlichen modernen Metaphysik einher:

> Die zeitweilige Machtsteigerung des Judentums aber hat darin ihren Grund, daß die Metaphysik des Abendlandes, zumal in ihrer neuzeitlichen Entfaltung, die Ansatzstelle bot für das Sichbreitmachen einer sonst leeren Rationalität und Rechenfähigkeit, die sich auf solchem Wege eine Unterkunft im »Geist« verschaffte, ohne die verborgenen Entscheidungsbezirke von sich aus je fassen zu können. Je ursprünglicher und anfänglicher die künftigen Entscheidungen und Fragen werden, umso unzugänglicher bleiben sie dieser »Rasse«.[539]

Aber nicht alleine die Juden werden als unheilvolle metaphysische Kraft und Hindernis, um zur Seinsfrage zu gelangen, dargestellt; Heidegger nimmt dabei ebenso das als das »Barbarische, das Wurzellose, das Allochthonische« geschilderte »Asiatische« ins Visier.[540] Was genau mit »asiatisch« gemeint ist, bleibt unklar, doch soll es zweifellos das »Nicht-Europäische« zum Ausdruck bringen. Am 8. April 1936 hielt Heidegger am Kaiser-Wilhelm-Institut Bibliotheca Hertziana in Rom einen Vortrag mit dem Titel »Europa und die deutsche Philosophie«, in dem er zunächst die Aufgabe der europäischen Philosophie definierte:

> Unser geschichtliches Dasein erfährt mit gesteigerter Bedrängnis und Deutlichkeit, daß seine Zukunft gleichkommt dem nackten Entweder-Oder einer Rettung Europas oder seiner Zerstörung. Die Möglichkeit der Rettung aber verlangt ein Doppeltes:
> Die Bewahrung der europäischen Völker vor dem Asiatischen.
> Die Überwindung ihrer eigenen Entwurzelung und Aufsplitterung.[541]

Worin besteht nun aber die historische Signifikanz des »Sichbreitmachens« der leeren Rationalität und Rechenfähigkeit, die das Schicksal der westlichen Metaphysik ausmachen soll? Präsentiert wird sie als Krise, als Notfall, mit der die europäische Philosophie nicht fertigwird, da sie bereits planetarischen Ausmaßes ist. Das »Asiatische«, ob innerhalb oder außerhalb Europas, galt als eine Bedrohung Europas; doch die asiatischen Länder waren genauso wenig in der Lage, der technologischen Modernisierung entgegenzutreten, und das, obwohl sich etwa die Kyôto-Schule Heideggers Rückzug in das *Denken* des *Heimattums* anzuschließen versuchte. Dies legitimierte im Kehrum einen »metaphysischen Faschismus«, in einer »Kehre«, die Heidegger, der Kyôto-Schule und in jüngerer Zeit ihrem konservativen russischen Kollegen gemeinsam ist.

Dies zeigt die Grenzen von Heideggers Lesart der Geschichte der westlichen Metaphysik und der Geschichte der Technologie (als Naturgeschichte) auf.[542] Dennoch müssen wir uns auch fragen: Wie kam es, dass Heideggers metaphysische Analyse im Osten auf so starke Resonanz stieß? Denn das, was er beschrieb, ist, um es kurz zu wiederholen, keineswegs bestreitbar: nämlich die Zerstörung der Tradition – beispielsweise wenn ein Dorf seine traditionelle Lebensweise aufgibt und zu einem Touristenort wird.[543] Obwohl es nicht in den Zuständigkeitsbereich seiner Sorge um das Schicksal Europas fiel, scheint Heidegger vermutet zu haben, dass diese Erfahrung der Moderne außerhalb Europas gravierender sein würde als innerhalb – zum Beispiel wenn er schreibt, dass zu vermuten steht, dass, »wenn der Kommunismus in China an die Herrschaft kommen sollte, [...] erst auf diesem Wege China für die Technik ›frei‹ wird«. Nach hundert Jahren Modernisierung wird die »Heimkunft« jedweder Philosophie – ob chinesisch, japanisch, islamisch oder afrikanisch – im 21. Jahrhundert aufgrund der beschleunigten Desorientierung zunehmend Anlass zur Sorge geben. Wie also kann Terrorismus, der Fanatismus des totalen Krieges oder die »konservative Revolution« – bei der es sich um einen metaphysischen Faschismus handelt, der behauptet, sich gegen Faschismus zu richten – vermieden werden?

Jeder und jede Kultur benötigt ein »Heim«, doch muss dies kein exklusiver und substanzieller Ort sein. Ziel dieses Buches ist es, zu zeigen, dass es nicht bloß notwendig ist, nach Alternativen zu suchen, sondern dass dies möglich ist, indem man die Frage nach der Technik nicht als Frage einer universellen Technologie, sondern als eine Frage nach verschiedenen Kosmotechniken stellt. Dies beinhaltet die Wiederaneignung der dem Inneren einer Kultur entstammenden metaphysischen Kategorien sowie die Einführung moderner Technologien in ebendiese, um sie zu verändern.

Im Vergleich zur nach 1949 stattfindenden kommunistischen Inbesitznahme der Technologie als Mittel im wirtschaftlichen und militärischen Wettstreit wählten die Neuen Konfuzianer einen anderen Ansatz hinsichtlich der Modernisierung. Sie griffen zurück auf die traditionelle Philosophie, glücklicherweise, ohne jene Art des metaphysischen Faschismus heraufzubeschwören; der Grund, weshalb sie dennoch scheiterten, ist historischer wie auch philosophischer Natur: Erstens blieb aufgrund der sich rasant vollziehenden Modernisierung immer weniger Zeit für philosophische Reflexion jeglicher Art, zumal das philosophische System Chinas wieder und wieder versäumt hatte, die Kategorie der *Technik* an sich zu identifizieren; und zweitens schlug die Tendenz zur Neukonzeptualisierung der Technologie eine eher idealistische Richtung ein, weshalb sie in ein kulturelles Programm eingegliedert wurde, ohne über ein tief ergehendes Technologieverständnis zu verfügen. Die Kosmotechnik rät dazu an, sich der Frage der Moderne neuerdings anzunähern, indem man das Selbst und die Technologie zeitgleich neu erfindet und der Moral und der Ethik dabei Vorrang einräumet.

§27. Sinofuturismus im Anthropozän

Wir hätten es an dieser Stelle dabei bewenden lassen können, zumal die Frage nach der Technik in China beinahe vollständig dargelegt worden ist: Erstens die Zerstörung der traditionellen Metaphysik und der Moralkosmologie, die einst das gesellschaftliche und politische Leben bestimmten; zweitens die Versuche, einen Grund wiederherzustellen, der Chinas Traditionen angemessen und mit der westlichen Wissenschaft und Technologie kompatibel ist, der aber lediglich konträre Wirkungen hervorruft; und schließlich die Entwurzelung, von der Heidegger annahm, sie stünde in Europa unmittelbar bevor, die in Asien jedoch mit einer weitaus größeren Geschwindigkeit um sich greift. Doch zu einem Ende kommen können wir an dieser Stelle nicht. Zuvor müssen wir uns noch der Problematik der »Heimkunft« der Philosophie stellen und sie überwinden. Schließlich ist es für die Chinesen offenkundig unmöglich, sich einer Wissenschaft und Technologie gänzlich zu verweigern, die de facto zu einer Vergangenheit geworden sind, die sie selbst nie gelebt haben und die nun dennoch an sie weitergereicht wurde. Es ist dringend geboten, diese Untersuchung über den technologischen Zustand, der zu dem weitverbreiteten Gefühl des Traditionsverlustes im heutigen Asien geführt hat, fortzuschreiben; und die einzig mögliche Antwort darauf ist es, eine neue Form des technologischen Denkens und der technologischen Praxis vorzuschlagen.

Während einer Diskussionsrunde im Jahr 1958 beschrieb Nishitani das Gefühl der Entwurzelung, geprägt von einer ungeheuren Trauer:

> Die Religion in Japan ist ohnmächtig. Wir haben nicht einmal einen ernst zu nehmenden Atheismus. In Europa muss sich jedwede Traditionsabweichung mit der Tradition arrangieren oder ihr zumindest entgegenwirken. Dies scheint die Tendenz zur Innerlichkeit oder Introspektion zu erklären, die Menschen zu denkenden Menschen macht. In Japan [...] wurden die Verbindungen zur Tradition gekappt; die Last, sich mit dem, was hinter uns liegt, auseinanderzusetzen, ist weggefallen, und an ihre Stelle ist einzig ein Vakuum getreten.[544]

Das Tempo, in dem es in China zur Modernisierung kommt, ist wahrscheinlich noch höher als in Japan, gerade weil China als ein Land betrachtet wurde und wird, das eine »Modernisierung ohne Moderne« durchlief, wohingegen Japan als ein der Gemeinschaft der europäischen Moderne inbegriffenes Land gilt. Die zweite Hälfte des 20. Jahrhunderts stand für China unter dem Zeichen weitreichender Experimente: der Große Sprung nach vorn, die Kulturrevolution, die Vier Modernisierungen (Landwirtschaft, Industrie, Landesverteidigung sowie Wissenschaft und Technologie), die Sozialistische Marktwirtschaft ... Infolgedessen wurden wir während der letzten dreißig Jahre Zeuge eines gewaltigen Wandels, der auf eine durch Geschwindigkeit, Innovation und militärische Konkurrenz geprägte globale technologische Zeitachse abgestimmt wurde. Wie sich gezeigt hat, und wie Nishitani gleichfalls bereits wahrgenommen hatte, ist das technologische System mittlerweile vollkommen von jeglicher Moralkosmologie abgesondert: Kosmologie wird zur Astronomie, der Geist als Aberglaube verschmäht und Religion zum »Opium des Volkes«. Die Trennung zwischen Tradition und modernem Leben, über welche sich Nishitani bekümmerte, hat sich nur noch verstärkt und intensiviert, wobei sich die Kluft in China aufgrund der Reformen des wichtigsten Akzelerationisten des sozialistischen Lagers, Deng Xiaoping, zunehmend geweitet hat. Wie wir in Teil 1 erörtert haben, setzte die Beschleunigung unter der Leitung Deng Xiaopings auf Anraten der Denker der »Dialektik der Natur« China schlicht und einfach auf die gleiche technologische Zeitachse wie jene des Westens. Was dieser kombinierten Beschleunigung und Synchronisation jedoch nach wie vor hinterherhinkt, ist das chinesische Denken. Die Relation zwischen *Dao* und *Qi* ist unter dem neuen Rhythmus des technologischen Systems ins Straucheln geraten. Es scheint verlockend, hier mit Heidegger sagen zu wollen: »Es wird Abend.«[545] Denn alles, was man sieht, ist der Traditionsschwund und die inhaltsleere Vermarktung des kulturellen Erbes, sei es durch die Kulturindustrien oder den Tourismus. Inmitten des Wirtschaftsbooms spürt man zugleich, dass ein Ende naht. Und dieses Ende wird sich auf einem neuen Schauplatz zutragen, nämlich dem des *Anthropozäns*.

Das Anthropozän wird von Geologen als Nachfolgerin des Holozäns betrachtet, einer geologischen Periode, die ein stabiles Erdsystem zugunsten der Entwicklung der menschlichen Zivilisation bot. Das Anthropozän gilt als eine neue Ära – eine neue Achse der Zeit –, innerhalb derer die menschlichen Aktivitäten auf bislang unvorstellbare Weise das Erdsystem prägen. Nach Ansicht der Kommentatoren herrscht im Ansatz ein Konsens darüber, dass das Anthropozän gegen Ende des 18. Jahrhunderts seinen Ausgang genommen hat, signalisiert durch die Erfindung der wattschen Dampfmaschine, welche die Industrielle Revolution lostrat. Seitdem ist der *Homo industrialis* mit seiner technologischen Unbewusstheit, insoweit der Mensch zu einer »kausalen Erklärungskategorie im Verständnis der Menschheitsgeschichte« erhoben wurde,[546] zur wichtigsten Kraft bei der Transformation der Erde sowie zum Urheber von Katastrophen geworden.[547] Im

20. Jahrhundert ließ sich das, was die Geologen die »Große Beschleunigung« nannten, beobachten, die ihren Anfang in den 1950er-Jahren nahm, gekennzeichnet durch den wirtschaftlichen und militärischen Wettstreit während des Kalten Krieges, dem Übergang von Kohle zu Öl usw. Auf der Makroebene beobachten wir seit Langem klimatische Veränderungen und Umweltschädigungen; auf der Mikroebene, so stellten Geologen fest, haben menschliche Aktivitäten den geochemischen Prozess der Erde effektiv beeinflusst. Angesichts dieses Modells unserer Epoche stellen die geologische Zeit und die menschliche Zeit nicht länger zwei voneinander getrennte Systeme dar.

Die Anerkennung des Anthropozäns entspricht dem Gipfelpunkt eines technologischen Bewusstseins, an dem der Mensch anfängt, sich der maßgeblichen Rolle der Technologie bei der Zerstörung der Biosphäre und der Zukunft der Menschheit nicht nur innerhalb des intellektuellen Milieus, sondern auch innerhalb der breiten Öffentlichkeit bewusst zu werden: Es wird geschätzt, dass der Klimawandel ohne effektive Mitigation innerhalb von zweihundert Jahren das Ende der menschlichen Spezies herbeiführen wird.[548] Das Anthropozän steht in engem Zusammenhang mit dem Projekt, die Moderne neu zu denken, zumal die modernen ontologischen Interpretationen des Kosmos, der Natur, der Welt und der Menschheit fundamental konstitutiv für das sind, was uns in die missliche Lage, in der wir uns heute befinden, gebracht hat. Das Anthropozän lässt sich kaum von der Moderne unterscheiden, schließlich liegen beide auf der gleichen Achse der Zeit.

Kurz gesagt, gibt es zwei Antworten auf die potenzielle Gefahr des Anthropozäns: zum einen Geoengineering, bei dem davon ausgegangen wird, dass sich die Erde durch den Einsatz moderner Technologien (z. B. ökologische Modernisierung) reparieren lasse, und zum anderen der Aufruf zur kulturellen Vielfalt und zum ontologischen Pluralismus. Es handelt sich um die zweite Antwort, derer wir uns in diesem Buch verpflichtet sahen. Viele Bemühungen wurden unternommen, um dieses Thema innerhalb der Anthropologie, Theologie, Politikwissenschaft und Philosophie zur Sprache zu bringen – nicht zuletzt Bruno Latours »Reset Modernity«-Projekt und Philippe Descolas Naturanthropologie. Die Aufgliederung von Natur und Kultur in der Moderne wird von vielen Anthropologen als einer der Hauptfaktoren bei der

Entstehung des Anthropozäns betrachtet. Wie Montebello behauptet, mache der kartesianische Dualismus im Gegensatz zu den ionischen Kosmologien, die von der Gemeinschaft aller Lebewesen – seien sie lebendig, menschlich oder göttlich – sprächen, den Menschen zu einer besonderen Art von Seiendem; einem Seienden, das der Natur enthoben sei und die Natur zu seinem Objekt mache.[549] Es wäre ein Leichtes, dem kartesianischen Dualismus als einer Art »Erbsünde« die Schuld zuzuweisen. Gleichzeitig aber wäre es ignorant, ihn nicht als ein Paradigma des modernen Projekts zu verstehen. Die Moderne nahm ihren Anfang mit dem *Cogito*, mit dem Vertrauen in das Bewusstsein, das es dem Menschen erlaubt, sich die Welt untertan zu machen, ein Wissenssystem mithilfe der Selbstgründung des *Cogito* zu entwickeln und ein Programm der Entwicklung oder des Fortschritts aufzustellen. Der Theologe Michael Northcott geht davon aus, dass dies mit dem Verlust theologischer Bedeutung und einem politisch-theologischen Versagen im Westen einherging. Bei ihm heißt es:

> Die Datierung des Anthropozäns zu Beginn der Industriellen Revolution ist aus theologischer Sicht dann tatsächlich die den Umständen entsprechendste, da mit dem Aufkommen von Kohle, Optik und Handel das Gefühl der *co-agency* zwischen Christus, der Kirche und dem Kosmos im postreformatorischen Europa verloren gegangen ist.[550]

Northcotts Beobachtung stimmt beinahe mit jener Nishitanis überein, jedoch war in Europa, obwohl die Industrielle Revolution als Bruch erlebt wurde, immer noch eine gewisse Kontinuität erfahrbar, was daran lag, dass sich dieser Bruch aus einer inneren Dynamik heraus entwickelte und nicht das Ergebnis eines Einbruchs externer Kräfte war. Darüber hinaus haben auch andere prominente Intellektuelle in ihren Überlegungen zum Anthropozän eine gewisse Neuerfindung der politischen Theologie und Kosmologie anempfohlen. Denker wie Northcott präsentieren das Anthropozän als einen Moment der Veränderung, als einen *kairos*, den es zu nutzen gelte.[551] Northcott interpretiert die von dem schottischen Geologen James Hutton gegen Ende des 18. Jahrhunderts entdeckte »Tiefenzeit« [*deep time*] als *chronos*[552] und betrachtet das Anthropozän als eine Apokalypse ohne göttliche Intervention, als einen *kairos*, der den Menschen dazu auffordert, Verantwortung für die Krise zu übernehmen.

Unter all den Vorschlägen bezüglich des Anthropozäns wird das Problem der Moderne jedoch im Allgemeinen unterschätzt, so als handelte es sich dabei lediglich um einen »Defekt«, eine *Störung*. Nehmen wir als Beispiel Latours »Reset Modernity«-Projekt. Verstehen lässt sich der »Reset der Moderne« mithilfe einer Metapher, die von Latour selbst eingeführt wird:

> Was tun, wenn man sich verlaufen hat und der Kompass auf dem Smartphone verrückt spielt? Man führt einen *Reset* durch! Wie man das genau macht, hängt vom Gerät sowie von der Situation ab. In jedem Fall sollte man Ruhe bewahren und sich so[r]gfältig an die Anleitung halten. Schließlich soll der Kompass danach wieder ein Signal finden.[553]

Das Problem mit dieser Metapher ist, dass es sich bei der Moderne weniger um eine defekte Maschine handelt als vielmehr um eine, die entsprechend der ihr inhärenten Logik nur *allzu gut* funktioniert. Nach dem Zurücksetzen wird sie mit den gleichen Prämissen und der gleichen Vorgehensweise neu gestartet. Wir können nicht darauf hoffen, dass die Moderne sich wie auf Knopfdruck zurücksetzen lässt – oder besser gesagt, dieser *kairos* der Moderne mag für Europa möglich sein, auch wenn ich es bezweifle; mit Sicherheit aber wird er, wie ich mithilfe der Fehlschläge Chinas und Japans bei der Überwindung der Moderne zu zeigen versucht habe, nicht außerhalb Europas funktionieren: Die Fehlschläge Chinas spitzten die Moderne letztendlich nur zu, während es bei jenen Japans in Fanatismus und Krieg ausartete. »Desorientierung« besagt daher nicht nur, dass man sich verirrt hat und nicht mehr weiß, welche Richtung man einschlagen soll; es besagt auch die Inkompatibilität von Temporalitäten, von Geschichten, von Metaphysiken: Es entspricht eher einer »Des-*Orient*-ierung«.

In Absetzung zu den Aufrufen, sich »zurück zur Natur« zu besinnen oder den »Reset der Moderne« durchzuführen, habe ich versucht, eine Wiederentdeckung der Kosmotechnik als gleichzeitig metaphysisches und epistemisches Projekt zur Diskussion zu stellen. Die Frage, die es darüber hinaus noch zu formulieren gilt, ist jene nach der Rolle, die moderne Technologien innerhalb dieses Projekts spielen sollten. Dies scheint mir die gegenwärtig entscheidende Frage hinsichtlich der Überwindung der Moderne zu sein. Es geht dabei weniger um die Rolle Chinas im Anthropozän – obwohl unbestritten ist, wie massiv China zu dessen Beschleunigung beigetragen hat[554] – als vielmehr darum, wie sich China (unter anderem) in Bezug auf die gigantische Kraft der Erd-Mensch-Zeitachse, die sich aus den modernen Technologien konstituiert, neu positionieren wird. Wie kann es gelingen, technisches Bewusstsein mit der Kosmotechnik zu verbinden, die wir hier zu erhellen versucht haben? Ein Sinofuturismus, wie wir es nennen könnten, ist dabei, sich in verschiedenen Bereichen zu manifestieren. Ein solcher Futurismus verläuft jedoch in die dem moralisch-kosmotechnischen Denken entgegengesetzte Richtung – letztlich handelt es sich nur um eine Beschleunigung des Projekts der europäischen Moderne. Diese Ansicht findet sich bestätigt, wenn wir etwa darauf achten, was in China momentan in Sachen der Digitalisierung geschieht: In dem Augenblick, da Facebook und YouTube nach China kommen, zensiert das Land sie und gründet Renren oder Youku, die ihnen mehr oder weniger zum Verwechseln ähnlich sehen; in dem Augenblick, da Uber nach China kommt, adaptiert das Land es und nennt es Youbu … Zugegebenermaßen gibt es für diese Vorgehensweise historische und politische Gründe, doch ist nun der Zeitpunkt gekommen, an dem eine solche Wiederholung unterbunden und die Frage der Moderne von Neuem aufgeworfen werden sollte.

Der Traum Chinas im Anschluss an die beiden Opiumkriege, nämlich »Großbritannien zu überflügeln und die USA einzuholen«, schien sich 2015 gewissermaßen erfüllt zu haben, als bekannt wurde, dass ein chinesisches Unternehmen mit dem Bau eines Kernkraftwerks in Hinkley Point in England beauftragt worden sei. Der erfolgreiche Test einer Atomwaffe 1974 sowie einer Wasserstoffbombe 1976 erhob China zwar in die erste Riege der weltweiten Militärmächte, doch verblieb dieses Atomwaffenprogramm innerhalb der Landesgrenzen. Mit dem Bau eines Kernkraftwerks in Großbritannien war es symbolisch somit keineswegs zu vergleichen. Im Oktober 2015 wurde Liu Xiaoming, der chinesische Botschafter in London, zur BBC eingeladen, um über das Kraftwerk zu sprechen. Auf die Frage, ob Großbritannien gleichermaßen ein Atomkraftwerk in China bauen dürfte, antwortete er: »Haben Sie das nötige Kapital, haben Sie die Technologie, haben Sie die Expertise? […] Wenn Sie über all das verfügen, würden wir zweifellos gerne eine Kooperation mit Ihnen eingehen, wie die französische. Wir haben einige Kooperationen mit Frankreich.«[555]

Im Februar 2016, während der berühmten, jährlich stattfindenden Fernsehsendung des staatlichen CCTV [China Central Television] zur Feier des chinesischen Neujahrs, kulminierten die Feierlichkeiten in dem Moment, als 540 Roboter auf der Bühne tanzten, ein Sänger »Stürm, stürm, stürm; stürm schnell hinauf auf den Gipfel der Welt …« [冲冲冲.冲向世界的巅峰] trällerte und sich währenddessen ein Dutzend Drohnen über die Bühne hinwegsetzte und sich im Laserlicht hin- und herbewegte.[556] Hierbei handelt es sich womöglich um diejenige Szene, welche die voraussichtliche Zukunft des Anthropozäns in China am besten symbolisiert: Roboter, Drohnen – Symbole der Automatisierung, des Tötens, der unmittelbaren Überwachung und des Nationalismus. Man kann sich nur wundern, wie weit sich die allgemeine Vorstellung bereits von jener Form des Lebens und der Moralkosmologie entfernt hat, die im Mittelpunkt der chinesischen Tradition stand. Was jedoch die ganze Szenerie stützt – so unangenehm es auch sein mag, es zuzugeben, und so sehr es uns auch dazu bringen mag, den Traditionsverlust zu beklagen –, ist die Tatsache, dass es China gelungen ist, sich am Aufbau der modernen Zeitachse zu beteiligen, und zu einem ihrer wichtigsten Akteure geworden ist (und das gilt selbstverständlich nicht nur für China, sondern ebenso für viele andere Entwicklungsländer). Dies trifft insbesondere zu, wenn man die rasanten und anhaltenden Modernisierungen Chinas und seiner Infrastrukturprojekte in Afrika bedenkt. Das »Moderne«, das der chinesischen Kultur akzidentiell war, wird folglich nicht nur innerhalb des Landes selbst verstärkt, sondern zugleich in den Ländern seiner Geschäftspartner in der Dritten Welt propagiert – und in diesem Sinne *erweitert es die europäische Moderne mithilfe der modernen Technologie* (die gemäß Heidegger den Gipfelpunkt der Ontotheologie darstellt).

Folglich geht es im Anthropozän nicht nur um Maßnahmen wie zum Beispiel die Verringerung von Umweltverschmutzungen, sondern auch um die Konfrontation mit der Zeitachse, die uns, wie Heidegger bereits feststellte, hin zum Abgrund drängt. Das heißt nicht, dass derlei korrektive Maßnahmen nicht wichtig wären; ganz im Gegenteil: Sie sind *unumgänglich*, doch keineswegs ausreichend. Grundlegender noch ist die Beziehung zwischen Mensch und Kosmos (zwischen Himmel und Erde), die Kulturen und Naturen definiert. Wie Heidegger vorausgesagt hat, sind diese Beziehungen langsam verkümmert und zeitigten ein allgemeines Bild des Seins als *Bestand*. Der Kapitalismus ist zu *der* gegenwärtigen Kosmotechnik geworden, die den Planeten beherrscht. Zu Recht nennt ihn der Soziologe Jason W. Moore eine »Weltökologie«, die unaufhörlich die natürlichen Ressourcen und die unbezahlte Arbeitskraft ausbeute, um ihre Ökologie aufrechtzuerhalten;[557] und die Ökonomen Shimshon Bichler und Jonathan Nitzan schlagen vor, den Kapitalismus als eine »Weise der Macht« zu betrachten, welche die Herrschaft anordne und wiederum neu ordne (wie das griechische Verb *kosmeo* [κοσμέω] an sich bereits suggeriert).[558] Bichler und Nitzan legen nahe, dass es sich bei der Evolution des Kapitalismus nicht nur um die Evolution der von ihm übernommenen Teile der modernen Wissenschaft und Technologie handele; vielmehr gehen auch sie von der Annahme einer kosmischen Dynamik aus: So sei es beispielsweise zwischen dem späten neunzehnten und dem frühen 20. Jahrhundert zu einem Wandel von einer mechanischen Weise der Macht zu einer, die Ungewissheit und Relativität bevorzuge, gekommen.

Wohlweislich stößt man in den alten Weisheitslehren auf Hinweise darauf, wie sich die Mensch-Kosmos-Relation als Prinzip der Koexistenz, der Governance und des Lebens neu konzeptualisieren lassen könnte. So findet sich beispielsweise bei Mengzi der berühmte Dialog zwischen ihm und König Hui von Liang, in dem Mengzi den Krieg anprangert und dem König eine andere Art, sein Land zu regieren, vorschlägt, indem dieser nämlich den »vier Jahreszeiten« (*sìshí*) folge:

> Mein König, wenn Ihr das wisst, dann dürft Ihr nicht darauf hoffen, dass Euer Volk zahlreicher ist als das der Nachbarstaaten. Wenn nicht gegen die drei Jahreszeiten in der Landwirtschaft verstoßen

> wird, gibt es Getreide in Hülle und Fülle; wenn dichte Netze nicht in tiefe Teiche gelangen, gibt es Fische und Schildkröten in Hülle und Fülle; wenn Äxte und Beile nur zur angemessenen Jahreszeit Verwendung in Berg und Wald finden, dann wird es Baumstämme und Holz in Hülle und Fülle geben. Lassen sich Getreide, Fisch und Schildkröte nicht aufessen, lassen sich Baumstämme und Holz nicht aufbrauchen, so bedeutet das, dass die Menschen die Lebenden nähren und die Toten begraben können. Wer die Lebenden ernähren und die Toten bestatten kann, kennt keinen Mangel. Die Sorge dafür ist nichts anderes als der Beginn des Königswegs.[559]

Ein ähnlicher Kommentar bezüglich des Regierens gemäß den Jahreszeiten findet sich in den Schriften von Mengzis Zeitgenossen Xunzi (荀子, 313–238 v. Chr.).[560] Die alten chinesischen Weisheiten wurden in den letzten Jahrzehnten angesichts der ökologischen Krisen und der zügellosen Industrialisierung unablässig zum Ausdruck gebracht, und dennoch haben wir statt ihrer nur die permanenten Katastrophen wahrgenommen. Die *Li* (禮, »Riten«) sind zu reinen Formalitäten verkommen, und zwar so weit, dass zugunsten der Ausbeutung der Erde mittlerweile absurderweise zum Himmel gebetet wird, damit der Profit größer ausfällt. Es wäre falsch zu behaupten, dass kein Bewusstsein für die Probleme vorhanden wäre; vielmehr ist es so, dass eine pragmatische Vernunft – jene Vernunft, die sich anzupassen versucht, um von der Globalisierung zu profitieren – uns daran hindert, die tiefgründigeren Fragen nach der Kosmotechnik und der *episteme* zu stellen. Die kosmotechnische Beziehung zum Kosmos – nicht bloß als inniges Verhältnis, sondern auch als Restriktion – wird innerhalb der industriellen Produktionsweise meist ignoriert. Eine riesige Fülle an Wissen und Know-how wird so durch die Dominanz einer globalen, vom Kapitalismus auferlegten *episteme* ersetzt. Diese technologische Entfaltung der Welt gilt es, infrage zu stellen, damit ihre hegemoniale Synchronisierung gestört und ein anderer Modus der Koexistenz hervorgebracht werden kann. Doch genauso wenig wie es mit dem Eingeständnis getan wäre, die Prinzipien der chinesischen Philosophie seien aufgrund des Fortschritts der globalen Zeitachse schlichtweg obsolet oder anachronistisch, wird sich die Frage des Anthropozäns weder durch eine oberflächliche Hinwendung zum »Spirituellen« lösen lassen noch indem einer vermeintlich alten Überlieferungen entstammenden »Naturphilosophie« Technologie eingeschrieben und eine beschwichtigende Metaphysik, die das durch die Desorientierung geschaffene Unbehagen lediglich abschwächt, bereitgestellt wird (sprich: *Zen* oder *Dao* als Muster zur »Selbstoptimierung« der Konsumenten). Die Wiederaneignung der Technologie erschwert das Projekt zur »Überwindung der Moderne«, da es sich dabei, wenn überhaupt, nur um eine globale Unternehmung handeln kann – eine Unternehmung, die durch eine gemeinsame Zeitachse konstituiert ist und gegen diese ankämpft; jegliche Weigerung, sich mit der Frage des Globalen auseinanderzusetzen, wird daher keine bessere Lösung anbieten können als einen allmählichen Verfall. Aus diesem Grund gilt es, die Weltgeschichte von diesem Standpunkt aus zu betrachten.

§28. Für eine andere Weltgeschichte

Fallen wir, wie postkoloniale Wissenschaftler behaupten, einer Art Historismus anheim, insofern wir eine gemeinsame Zeitachse und Weltgeschichte postulieren, und billigen dadurch ein bestimmtes Narrativ der europäischen Moderne als Dreh- und Angelpunkt der Weltgeschichte?[561] Diese Frage verdient zweifellos unsere Aufmerksamkeit, zumal es gewisse Risiken birgt, einem alten Problem einen neuen Anstrich zu verleihen. Jedoch geht es dabei nicht bloß um Narrative, sondern um eine technische Realität, die sich nicht allein auf die Diskursebene reduzieren lässt. Eine der Gefahren, zu behaupten, bei der Weltgeschichte handle es sich lediglich um eine Erzählung und es sei daher möglich, mithilfe einer anderen Erzählung einen Ausweg zu finden, liegt darin, dadurch die Materialität einer solchen Weltgeschichte auszuklammern und die Relation zwischen Technik und Denken, zwischen *Dao* und *Qi*, als rein textliche Frage zu betrachten. So ist beispielsweise bekannt, dass der Historismus, der in etwa zwischen 1880 und 1930 in den Reihen deutscher Historiker und Neukantianern entstand, nach den Weltkriegen seinen wissenschaftlichen Bankrott erklären musste;[562] hier zeigt sich, dass es nicht die Geschichte als

Erzählung ist, die sich uns als Problem darstellt, sondern eher wie sie in materieller Hinsicht wirkt. Eine Neubegründung der Zeit und damit einhergehend eine neue Weltgeschichte, so würde ich behaupten, muss nicht nur in einer neuartigen Erzählung widergespiegelt werden, sondern auch in einer neuen *Praxis*, einem neuen *Wissen*, das nicht länger durch die Zeitachse der Moderne totalisiert wird. Dies stellt eine unterschiedliche Position zu jener der postkolonialen Kritik dar, auf die es zu bestehen gilt.

In diesem Sinne wollen wir uns kurz einigen der Ideen des postkolonialen Historikers und Intellektuellen Dipesh Chakrabarty widmen, wie sie in seinem wunderbaren und provokativen Buch *Provincializing Europe* vorgestellt werden, einem Buch, das sich einer eingehenden Kritik des Historismus und der Vorstellung von Europa als der Achse der historischen Moderne-Narration verschreibt. Chakrabarty zieht Heidegger heran, um Marx' Geschichtsauffassung als ein Paradigma des »Geschichte 1 vs. Geschichte 2« zu problematisieren, indem er sich den Gegensatz zwischen dem *Zuhandenen* und dem *Vorhandenen* zunutze macht:

> Heidegger bagatellisiert die Bedeutung der verobjektivierenden Beziehungen nicht (Geschichte 1 würde hierzu zählen), die er mit dem Begriff der »Vorhandenheit« beschreibt; in einem wirklich Heideggerschen Verständnishorizont behalten vielmehr beide, die Zuhandenheit und die Vorhandenheit, ihre Bedeutung und keine erringt einen epistemologischen Vorrang gegenüber der anderen. Geschichte 2 kann sich nicht in Geschichte 1 aufheben.[563]

Ein paar Seiten später bringt Chakrabarty deutlicher zum Ausdruck, was er unter Geschichte 1 und 2 versteht: Wenn das Kapital in Form einer philosophisch-historischen Kategorie als Übergang der Geschichte 1 mithilfe von Übersetzungen analysiert werde, verkomme es zu einer allgemeinen und leeren Abstraktion; Geschichte 2 hingegen erschließe die »historischen Differenzen« und gehe daher mit einer anderen Art der Übersetzung einher, die durch eine irreduzible *Differenz* gegeben sei. Insofern lasse sich das heideggersche *Zuhandene* heranziehen, um sich dem »epistemologischen Vorrang« der Geschichte 1 zu widersetzen:[564]

Geschichte 1 ist genau dies, *analytische* Geschichtsschreibung. Doch die Idee von Geschichte 2 ruft uns zu *affektiven* Erzählungen über menschliche Zugehörigkeit auf, in denen die Lebensformen, auch wenn sie wechselseitig füreinander durchlässig sind, nicht durch Bezugnahme auf einen dritten, vergleichenden Term wie etwa die abstrakte Arbeit austauschbar erscheinen. [565]

Das Problem dieser ganzen Analyse liegt in dem ungeklärten *Zuhandenen*. Wie ich an anderer Stelle gezeigt habe, entspricht das *Zuhandene* im Wesentlichen den technischen Objekten unseres Alltags. Es handelt sich nicht um ein *Vorhandenes*, einen *Gegenstand*, der *gegenüber* dem Subjekt *steht*. Die Zeitlichkeit des *Zuhandenen* wird durch *Zeuglichkeit* bestimmt. Gebrauchen wir beispielsweise einen Hammer, ist es nicht nötig, dies zu thematisieren; wir verwenden ihn vielmehr so, als ob wir bereits wüssten, wie das funktioniert. Heideggers *Zuhandenheit* ist eine Zusammensetzung aus diskursiven und existenziellen Relationen, welche die temporale Dynamik technischer Objekte als auch technischer Systeme konstituieren.[566] Wir leben in einer Welt, die sich aus einer immer größer werdenden Anzahl von technischen Objekten zusammensetzt, die während verschiedener Perioden der Geschichte entwickelt wurden und über unterschiedliche Temporalitäten verfügen; und der Gegensatz zwischen *Historie* und *Geschichte*, *Vorhandenem* und *Zuhandenem* als grundlegende Kategorien reicht nicht aus, um die Geschichtlichkeit selbst zu erklären. Dies war genau der Punkt, an dem wir eine Gegenüberstellung von Stieglers und Nishitanis Interpretation der Weltgeschichtlichkeit in Szene setzen konnten. Chakrabartys Charakterisierung der *Zuhandenheit* als Lebenswelt stellt eine intuitive und überaus interessante Möglichkeit dar, wider die Kolonisationsgeschichte alternative Geschichten zu entwerfen, da sich das *Zuhandene* jedweder Reduktion auf eine Essenz widersetzt; was jedoch nicht möglich ist, ist, eine geschichtliche Konzeption auf Basis des *Zuhandenen* abzuleiten, ohne dessen Eigenart als technisches Objekt anzuerkennen, sowie die Tatsache, dass das *Zuhandene* nicht allein und ohne eine Welt als technisches Objekt existieren kann – eine Welt, die sich zusehends zu einem einheitlichen und globalisierten System entwickelt.

Wie Chakrabarty sagt, wird jene Achse der Zeit, welche die weltweiten Aktivitäten synchronisiert, immer mächtiger und gleichzeitig immer homogener; und genau das verstehen wir unter dem Begriff »Modernisierung«. Wobei ich Chakrabarty jedoch keinesfalls zustimmen würde, ist, dass sich diese Achse der Zeit schlichtweg auf eine Erzählung reduzieren und dadurch »provinzialisieren« lässt. In diesem Punkt veranschaulicht seine Kritik das Problem vieler postkolonialer Theorien, die dazu neigen, politische und materielle Fragen auf das intertextuelle Register innerhalb der Komparatistik zu reduzieren. Doch die Modernität qua technologischer Unbewusstheit wird sich *notwendigerweise* auch in anderen Kulturen und Zivilisationen weiterhin ausbreiten. Schließlich hat die Verkündigung des Endes der Moderne in Europa nicht zur Folge, dass die Moderne ganz allgemein zu einem Ende kommt, da allein in Europa solch ein technologisches Bewusstsein sowohl als Schicksal wie auch als neue Möglichkeit wahrgenommen (ähnlich Nietzsches Nihilismus) wird. Eine *Notwendigkeit* stellt es für andere Kulturen dar, weil die technologische Unbewusstheit durch den weltweiten militärischen und ökonomischen Konkurrenzkampf gefördert wird, sodass technologische Modernisierungsmaßnahmen unumgänglich gemacht werden. Es waren solche Umstände, unter denen sich China genötigt sah, seine technologische Entwicklung schneller voranzutreiben – fortwährende Spannungen zwischen der Sowjetunion und den USA während des Kalten Krieges und die anschließende Einführung der Marktwirtschaft drängten das Land nur noch weiter dazu, alle natürlichen und menschlichen Ressourcen auszuschöpfen, um ein konstantes Wachstum des BIP aufrechterhalten zu können. Es geht also nicht nur darum, neue Narrative zutage zu fördern oder die Weltgeschichte aus der Perspektive Asiens oder Europas zu betrachten, sondern auch darum, sich dieser Zeitachse zu stellen, damit die Moderne *durch* die Moderne, das heißt mittels der Wiederaneignung moderner Technologien und des technologischen Bewusstseins, zu überwinden. Die Art von Weltoffenheit beziehungsweise Kosmopolitismus, die der weltweite Handelsverkehr zum *Weltbürgerrecht* erhoben hat, wie es sich Kant in seinem Buch *Zum ewigen Frieden* (1795) sowie in seinem Entwurf einer gemeinschaftlichen Entfaltung in seiner *Idee zu einer allgemeinen Geschichte in weltbürgerlicher*

Absicht (1784) ausgemalt hatte, wurde zu einem gewissen Grad mit den zahlreichen mittlerweile in Kraft getretenen Vernetzungstechnologien (z. B. unterschiedliche Netzwerke, Transportmöglichkeiten, Telekommunikationen, Finanzen, Terrorismusbekämpfungen usw.) realisiert. Ähnlich Jürgen Habermas könnte man argumentieren, dass jene von Kant beschriebene Art der Vernunft noch nicht in Erscheinung getreten, dass das Projekt der Aufklärung noch nicht abgeschlossen sei. Jedoch scheint es nicht länger darum zu gehen, eine universelle Vernunft im kantischen und/oder hegelschen Sinne zur Vollendung zu bringen, sondern vielmehr darum, eine Vielzahl an Kosmotechniken zu rekonstruieren, die in der Lage sind, sich der weltweiten, aufgrund der Moderne errichteten Zeitachse zu widersetzen. Nachdem er die europäischen Kolonisten und Händler kritisiert hat, merkt Kant an, dass sich China und Japan weislich gegen diese »fremden Ankömmlinge« entschieden hätten: Erstere erlaubten »den Zugang, aber nicht den Eingang« ins Herrschaftsgebiet; die Letzteren beschränkten ihren Kontakt auf ein einziges europäisches Volk, die Holländer, »die sie aber doch dabei, wie Gefangene, von der Gemeinschaft« ausschlössen.[567] Solche »Weisheit« hat sich im Kontext der Globalisierung aber als impraktikabel erwiesen; und genauso impraktikabel ist es, in diesen Zustand der Isolation zurückzukehren – denn was extern war (z. B. Handel), ist dem Land nun innerlich (z. B. aufgrund finanzieller und anderer Netzwerke). Und dennoch bringt uns die Aufgabe, die Moderne mithilfe der Moderne zu überwinden, unweigerlich zu der Frage nach der Spezifizität und dem Lokalen zurück. Das Lokale ist nicht die beruhigende Alternative zur Globalisierung, sondern deren »universelles Produkt«.[568] Wollen wir von Neuem über das Lokale sprechen, müssen wir einsehen, dass es sich dabei nicht länger um ein isoliertes Lokales handelt – das selbst-isolierte Japan oder China, abgekoppelt oder abgelegen von der globalen Zeitachse –, sondern um eines, das sich das Globale zu eigen macht, anstatt von diesem schlicht produziert und reproduziert zu werden. Das Lokale, das in der Lage wäre, sich der globalen Achse der Zeit zu widersetzen, wäre eines, das sich ihr entgegenstellen könnte, indem es sie radikal und selbstbewusst transformierte – anstatt ihr lediglich ästhetisch von Nutzen zu sein. Es kann jedoch nicht in direktionaler Opposition zum Globalen stehen, da es sonst Gefahr läuft, zu einer Art »konservativer Revolution« zu verkümmern, wenn nicht sogar einen metaphysischen Faschismus zu begünstigen. Ich habe hier versucht, einen ersten Schritt weg von der herkömmlichen Lesart der chinesischen Philosophie als reiner Moralphilosophie zu tun, hin zu einer Neubewertung ihrer als Kosmotechnik, sodass die traditionellen metaphysischen Kategorien als uns zeitgenössisch verstanden werden können; ebenso habe ich versucht, das Konzept der Technik als Multi-Kosmotechnik zu erschließen, die sich aus unterschiedlichen und irreduziblen metaphysischen Kategorien zusammensetzt. Die Wiederaneignung der modernen Technologie vom Standpunkt der Kosmotechnik macht zwei Maßnahmen erforderlich: Zunächst – wie hier versucht – verlangt sie, dass wir die fundamentalen metaphysischen Kategorien wie etwa *Qi-Dao* als einen Grund rekonfigurieren, und schließlich, dass wir auf diesem Grund eine *episteme* neu errichten, die wiederum technische Erfindungen, Entwicklungen, Innovationen bedingen wird, sodass Letztere nicht länger bloße Imitationen oder Wiederholungen darstellen.

Spricht man im Allgemeinen von China oder Ostasien, stellt sich die – für unsere These hier zentrale – Frage, wie die in Teil 1 skizzierten *Qi-Dao*-Relationen zur Diskussion über Diversität oder Pluralismus beitragen könnten. Mit der Darstellung der Entwicklungslinien der *Qi-Dao*-Relation beabsichtigen wir nicht, eine Rückkehr zu einer »ursprünglichen« oder »eigentlichen«, »authentischen« Relation zwischen den beiden anzuraten, sondern mit Nachdruck ein neues Verständnis des *Dao* in Bezug auf die globale Achse der Zeit zu eröffnen. Sucht man nach Beispielen in der Vergangenheit, so zeigt sich, dass die Herausbildung neuer Schulen (einschließlich Konfuzianismus, Daoismus usw.), der Neokonfuzianismus und der Neue Konfuzianismus ausnahmslos Reaktionen auf politische Krisen oder den Niedergang des Spirituellen darstellten. Sie alle versuchten, eine *episteme* basierend auf der Neuinterpretation der Tradition mithilfe metaphysischer Kategorien zu erneuern. Diese *episteme* wiederum sollten jeweils das politische, ästhetische, soziale und spirituelle Leben (oder die Lebensform) bedingen und als eine schöpfende und einschränkende Kraft hinsichtlich des Wissens dienen. Zum Beispiel wird *Qi* bei der Teezeremonie oder der Kalligrafie nicht länger zugunsten eines bestimmten

Ziels eingesetzt, sondern zugunsten einer gänzlich anderen Erfahrung. *Qi* wird in diesen Fällen in einen höheren Zweck umgewandelt, den wir, anknüpfend an Kant, als »Zweckmäßigkeit ohne Zweck« bezeichnen können.[569] Diese Formen der ästhetischen Sitten wurden in China von der Antike bis in die heutige Zeit weithin praktiziert. Angesichts der Modernisierung des Alltags jedoch schwindet ihre Verbreitung, wenngleich einige von ihnen im Rahmen von konsumgesellschaftlichen Marketingstrategien wiederbelebt werden. Insofern geht es nicht nur darum, sich in eine ästhetische Erfahrung zurückzuziehen, sondern vielmehr darum, das möglicherweise darin enthaltene philosophische Denken zu verfeinern. Im Mittelpunkt des Vorhabens, uns auf die Spur einer chinesischen Philosophie der Technologie zu machen, steht die systematische Reflexion über das Verhältnis zwischen Technik und der Einheit der kosmischen und moralischen Ordnung – dadurch wird es uns möglich sein, aufs Neue über die Produktion und den Einsatz von Technologie nachzudenken.

Es bleiben noch vielen Fragen, über die es weiter nachzudenken und die es konkret zu erproben gilt: Wie lässt sich solch eine Form der Erfahrung im Hinblick auf Informationstechnologien – Computer, Smartphones, Roboter usw. – vorstellen? Wie können wir in Bezug auf Dioden, Trioden und Transistoren – Beispiele, mit denen Gilbert Simondon die Existenzweise technischer Objekte erörterte – über *Qi-Dao* sprechen? Wie wird es uns möglich sein, die Beziehung zu nicht-menschlichen Lebewesen nach einem Jahrhundert der Modernisierung zu erneuern? Die technologische Entwicklung hat die Rahmenordnung antiker Kosmotechniken in solchem Maße geflutet, dass diese alten Lehren – Daoismus, Buddhismus oder sogar Stoizismus – zu Dogmen erstarren und folglich nur noch als Selbsthilfemethoden Verwendung finden; im »besten« Falle wandeln sie sich zu so etwas wie die »kalifornische Ideologie«.[570] Wir halten jedoch an der Möglichkeit fest, diese Fragen von Neuem aufzuwerfen und dass man sich ihnen aus einer kosmotechnischen Perspektive – und eben nicht aus jener der *Gelassenheit* – entsprechend ihrer verschiedenartigen Größenordnungen annähern kann, vom Kosmos bis hin zum *ch'i*. So scheint mir Simondons Analyse der Fernsehantenne (siehe oben §2) ein gutes Beispiel dafür zu sein, wie wir uns die Kompatibilität von kosmotechnischem Denken und moderner Technologie vorstellen könnten.

Das Konzept der Kosmotechnik – zusätzlich zu den Kosmologien – hofft daher, sowohl die Frage nach als auch die mannigfachen Geschichten von der Technologie neuerdings mit Leben zu füllen. Anders ausgedrückt, zielen wir, indem wir China als Beispiel nehmen und vorschlagen, die *Qi-Dao*-Kosmotechnik als Grund und Beschränkung für die Aneignung moderner Technologie zu beanspruchen, darauf ab, eine Form des Lebens sowie eine Kosmotechnik wiederzubeleben, die sich bewusst dem homogenen Werden der technologischen Welt entziehen würden. Möglich wäre dies jedoch nicht ohne eine Neuinterpretation unserer Tradition und ihrer Trans*formation* in eine neue *episteme*. Und auch eine andere Form der Translation wird dies mit sich bringen: nicht länger eine auf *Äquivalenz* fußende Übersetzung – wie beispielsweise von Metaphysik zu *xing er shang xue* oder *technē* zu *jishu* –, sondern eine Übersetzung auf der Grundlage einer *Differenz*, eine *Translation*, die eine *Transduktion* ermöglicht.

Transduktion im Sinne Simondons impliziert die fortschreitende strukturelle Transformation eines Systems, ausgelöst durch eingehende Informationen – sie ist Teil der Individuation einer Zivilisation, innerhalb derer der Fortschritt anhand von »inneren Resonanzen« gekennzeichnet ist. In einem Aufsatz mit dem Titel »The Limits of Human Progress. A Critical Study«,[571] bei dem es sich um eine Antwort auf Raymond Ruyers gleichnamigen Artikel von 1958 hinsichtlich der Frage nach der technologischen Beschleunigung in Bezug auf die Grenzen menschlichen Fortschritts handelt, schlug Simondon vor, die physische Konkretisation technischer Objekte als eine Limitierung der Zivilisation zu betrachten. Ruyer hatte Antoine Cournots Idee zurückgewiesen, der zufolge technologischer Fortschritt einen gleichmäßigen und linearen Zuwachs darstelle, und diesen vielmehr als eine »beschleunigte Explosion« beschrieben. Zudem behauptete er, dass die exponentielle Beschleunigung der Technologie zu irgendeinem Zeitpunkt zum Ende kommen wird.[572] Wir können hier nicht näher auf Ruyers Argumentation eingehen, doch ist es interessant, zu sehen, dass er am Ende des Artikels erklärt, dass, obwohl die Industrielle Revolution im 18. und 19. Jahrhundert Elend über einen großen Teil der

Bevölkerung gebracht habe, »sobald das technische Skelett stabilisiert ist, das Leben seine Spielereien und Launen von Neuem beginnen kann«.[573] Ruyers Argument könnte bei den Pragmatikern Chinas Anklang finden: Lasst der Entwicklung freien Lauf, und habt Nachsicht mit den Katastrophen – wir werden die »Natur« im Anschluss reparieren. Anstatt ein definitives Ende des menschlichen Fortschritts vorauszusetzen, empfiehlt Simondon hingegen, ihn in Form von Zyklen zu verstehen, die durch die innere Resonanz zwischen dem Menschen und der objektiven Konkretisation gekennzeichnet ist:

> Wir können [...] sagen, dass menschlicher Fortschritt *nur dann* möglich ist, wenn der Mensch beim Übergang von einem selbstbeschränkenden Zyklus zum nächsten jenen Teil seiner selbst steigert, der sich mit dem System befasst, das er mit der objektiven Konkretisation bildet. Fortschritt ist möglich, insofern das System Mensch-Religion mit mehr innerer Resonanz ausgestattet ist als das System Mensch-Sprache und insofern das Mensch-Technologie-System mit einer größeren inneren Resonanz ausgestattet ist als das System Mensch-Religion.[574]

Simondon identifiziert an dieser Stelle drei Zyklen, nämlich »Mensch-Sprache«, »Mensch-Religion« und »Mensch-Technologie«. Im »Mensch-Technologie«-Zyklus nimmt Simondon eine neue objektive Konkretisation wahr, bei der es sich nicht länger um die der natürlichen Sprache oder der religiösen Rituale handelt, sondern um die der Produktion von »technischen Individuen«. Möglich ist, dass die technische Konkretisation keine innere Resonanz hervorbringt und daher zu keinem neuen Zyklus führt. Dies, so könnte man sagen, bildet Simondons Kritik an der Moderne, eine Kritik, die ihr konkretes Beispiel im heutigen China sowie in den meisten Teilen Asiens findet, wo man auf ein entropisches, vom Kapitalismus (der dominanten Kosmotechnik) angetriebenes Werden stößt, das nirgendwo hinführt[575] und ohne Resonanz bleibt – die Universalisierung des Naturalismus im Sinne Descolas. Das ist die Gefahr, die im Anthropozän für uns alle besteht. Die Aufgabe der Übersetzung liegt nun darin, eine innere Resonanz zu produzieren. Und die »innere Resonanz«, auf die es uns hier ankommt, ist die Vereinigung der metaphysischen Kategorien *Qi* und *Dao*, die mit neuen Bedeutungen und Kräften ausgerüstet werden müssen, die unserer Epoche angemessen sind. Gewiss wird man Wissenschaft und Technologie verstehen müssen, um in der Lage zu sein, sie zu transformieren; doch nach mehr als einem Jahrhundert der »Modernisierung« ist nun der Moment gekommen, eine neue Form der Praxis anzustreben, nicht nur in China, sondern auch in anderen Kulturen. An dieser Stelle sollte die Vorstellungskraft ansetzen und ihre Kräfte bündeln. Das Ziel dieses Buches war es, eine derartige neue, auf einer Differenz basierende Übersetzung vorzubringen. Nur mithilfe dieser Differenz und mithilfe der Fähigkeit und der Vorstellung, diese Differenz in materieller Hinsicht geltend zu machen, können wir Anspruch erheben auf eine andere Weltgeschichte.

Anmerkungen

1 Martin Heidegger, »Die Frage nach der Technik«, in: ders., *GA 7. Vorträge und Aufsätze*, Frankfurt a. M. 2000, S. 5–36.

2 Unter »Osten« verstehe ich in diesem Buch im Allgemeinen Ostasien (China, Japan, Korea etc., d. h. Länder, die durch den Konfuzianismus, Buddhismus und – bis zu einem gewissen Grad – Daoismus beeinflusst wurden).

3 Ich unterscheide zwischen den Begriffen Technik, *technē* und Technologie: *Technik* bezieht sich auf die allgemeine Kategorie jedweder Herstellungs- und Praxisform; *technē* bezieht sich auf die griechische Konzeption davon, worunter Heidegger *poiesis* oder Hervorbringung versteht; und *Technologie* verweist auf einen radikalen Wandel, welcher sich während der europäischen Moderne ereignete und der sich in Richtung einer immer weiter fortschreitenden Automatisierung entwickelte, die konsequenterweise dahin führt, was Heidegger das *Gestell* nennt.

4 Martin Heidegger, »Denken und Dichten«, in: ders., *GA 97. Anmerkungen I–V (Schwarze Hefte 1942–1948)*, Frankfurt a. M. 2015, S. 59–60.

5 *GA 97* wurden zwischen 1942 und 1948 geschrieben; die Kommunistische Partei China gelangte 1949 an die Macht.

6 Heidegger, *GA 97. Schwarze Hefte (1942–1948)*, S. 441 [Hervorhebung im Original].

7 André Leroi-Gourhan, *Hand und Wort. Die Evolution von Technik, Sprache und Kunst*, übers. v. Michael Bischoff, Frankfurt a. M. 1988.

8 André Leroi-Gourhan, *Milieu et Technique*, Paris 1973, S. 336–340; *L'homme et la matière*, Paris 1973, S. 27–35.

9 Leroi-Gourhan, *L'homme et la matière*, S. 27.

10 Ebd.

11 Jean-Pierre Vernant, *Mythos und Gesellschaft im alten Griechenland,* übers. v. Gustav Roßler, Frankfurt a. M. 1987, S. 205.

12 Georg Wilhelm Friedrich Hegel, »Das älteste Systemprogramm des deutschen Idealismus (1796 oder 1797)«, in: ders., *Werke in 20 Bänden*, Bd. 1: *Frühe Schriften*, hrsg. v. Eva Moldenhauer und Karl Markus Michels, Frankfurt a. M. 1986, S. 234–236, hier S. 236.

13 Vgl. Armen Avanessian (Hrsg.), *#Akzeleration*, Berlin 2013; Armen Avanessian und Ray Brassier (Hrsg.), *#Akzeleration#2*, Berlin 2014; Armen Avanessian und Ray Brassier (Hrsg.), *#Accelerate. The Accelerationist Reader*, Falmouth und Berlin 2014, insb. Ray Brassiers Essay »Promethianism and its Critics«, S. 469–487.

14 Laut Ulrich von Wilamowitz-Moellendorff gab es ursprünglich zwei Persönlichkeiten des Prometheus: (1) »den ionisch-attischen Promethos, Gott der Feuerindustrie, Töpferei und Metallbearbeitung, der mit den Festlichkeiten der Prometheia verehrt wird« und (2) »den böotisch-lokrischen Prometheus, den Titanen«, dessen »Bestrafung mit dem großen Thema des Konflikts zwischen den Göttergenerationen zusammenhäng[t]«. Siehe Jean-Pierre Vernant, *Mythos und Denken bei den Griechen. Historisch-psychologische Studien*, übers. v. Horst Brühmann, Konstanz 2016, S. 276.

15 Platon, *Protagoras*, eingel., übers. u. erl. v. Bernd Manuwald, Göttingen 2006, S. 16–26 (320c–328d).

16 Vernant hebt beide Akte, sowohl jenen von Prometheus als auch jenen von Zeus, als *dolos* hervor; siehe Vernant, *Mythos und Gesellschaft*, S. 171.

17 Vernant, *Mythos und Denken*, S. 277.

18 Vernant, *Mythos und Gesellschaft*, S. 180.

19 Vernant, *Mythos und Denken*, S. 282.

20 Ebd., S. 277.

21 Ebd.

22 Aischylos, *Der gefesselte Prometheus*, in: ders., *Tragödien*, übers. v. Oskar Werner, hrsg. v. Bernhard Zimmermann, Mannheim [7]2011, S. 469–537, hier S. 499; siehe auch David Roochnik, *Of Art and Wisdom. Plato's Understanding of Techne*, University Park, Pennsylvania, 1996, S. 33.

23 Es liegen verschiedene Berichte darüber vor, wer die drei Kaiser waren; die hier präsentierte Liste ist die am häufigsten herangezogene.

24 Was die Verwendung von Lehm anbelangt, so gibt es verschiedene Versionen der Geschichte: Gemäß dem *Huainanzi* beispielsweise war die Erschaffung des Menschen nicht nur das Werk von Nüwa, sondern ein gemeinschaftliches Werk mit anderen Göttern: »Der Gelbe Kaiser erzeugte *Yin* und *Yang*. Shang Pian fertigte Ohren und Augen an; Sang Lin erzeugte Schultern und Arme. Nüwa gebrauchte diese, um die siebzig Transformationen durchzuführen.« John S. Major u. a. (Hrsg., Übers.), *The Huainanzi. A Guide to the Theory and Practice of Government in Early Han China. Liu An. King of Huainan*, New York 2010, S. 17–25. Für das Chinesische siehe: »淮南子•說林訓«:黃帝生陰陽,上駢生耳目,桑林生臂手:此女媧所以七十化也.

25 Vgl. das *Huainanzi*, Kap. 6: »Surveying Obscurities«, S. 207–233 (»淮南子. 覽冥篇«).

26 Li Gui Min (李桂民), »神農氏,烈山氏,炎帝的糾葛與遠古傳說的認識問題 [»Die Beziehung zwischen Shennong, Lie Shan und Yandi und ihre Anerkennung in der Antike«], in: 理論學刊 [*Theorie Journal*] 3: 217 (März 2012), S. 108–112.

27 Ebd., S. 109.

28 Innerhalb der chinesischen Mythologie finden sich erneut verschiedene, voneinander abweichende Berichte darüber, wer zuerst auftrat – Shennong oder Nüwa – und ob Zhurong der Nachfahre Shennongs oder Huangdis sei; an dieser Stelle beziehen wir uns auf die bekannteste Version.

29 Vernant, *Mythos und Gesellschaft*, S. 80.

30 Gernet kommentierte an anderer Stelle auch den Unterschied zwischen dem Gott im Judentum, im Christentum sowie in der chinesischen Kultur: Ersterer, »der Gott der Juden und der Christen ist ein Hirtengott«, »er spricht, befiehlt, fordert. Der Himmel der Chinesen spricht nicht. Er bringt die Jahreszeiten hervor und wirkt durch die in der Natur entstehenden Veränderungen«. Siehe Jacques Gernet, *Christus kam bis nach China. Eine erste Begegnung und ihr Scheitern*, übers. v. Christine Mäder-Virágh, Zürich, München 1984, S. 176; ebenfalls zitiert in François Jullien, *Procès ou Création. Une introduction à la pensée des lettrés chinois*, Paris 1989, S. 45.

31 Jullien, *Procès ou Création*, S. 98–100.

32 »Technizität« ist ein von Gilbert Simondon entlehnter Begriff, demzufolge die technologische Entwicklung als eine sich ständig verzweigende Abstammungslinie verstanden werden sollte, die während der magischen Phase menschlicher Gesellschaften einsetzte.

33 Der französische Technikhistoriker Bertrand Gille (1920–1980) schlug vor, die Technikgeschichte anhand dessen zu analysieren, was er als »technische Systeme« bezeichnet. In *Histoire des techniques* (Paris 1978, S. 19) definiert Gille ein »technisches System« folgendermaßen: »Alle Techniken sind in unterschiedlichem Maße voneinander abhängig, und es muss eine gewisse Kohärenz zwischen ihnen bestehen: Dieses Ensemble aus den verschiedenen Kohärenzstufen aller Strukturen, aller Ensembles und aller Verfahren bildet das, was man ein technisches System nennen kann.« Technische Systeme erfuhren angesichts technologischer Revolutionen, etwa während des Mittelalters (12. und 13. Jahrhundert), der Renaissance (15. Jahrhundert) und der Industriellen Revolution (18. Jahrhundert), eine Veränderung. Die Wissenschaftler Yao Dazhi und Per Högselius warfen Gilles Untersuchung Westzentrismus in dem Sinne vor, dass Gille europäische technische Systeme als seine primären Referenzen gebrauchte und somit Joseph Needhams Beobachtung, chinesische Technologien seien vor rund zweitausend Jahren anscheinend weiter als europäische entwickelt gewesen, ignoriert habe. Zu dieser Debatte siehe Yao Dazhi und Per Högselius, »Transforming the Narrative of the History of Chinese Technology. East and West in Bertrand Gille's ›Histoire des Techniques‹«, in: *Acta Baltica Historiae et Philosophiae Scientiarum*, Bd. 3, Nr. 1 (Frühling 2015), S. 7–24.

34 Leroi-Gourhan, *L'homme et la matière*, S. 315.

35 Ebd., S. 29–35.

36 Gilbert Simondon, *Die Existenzweise technischer Objekte*, übers. v. Michael Cuntz, Zürich 2012, S. 143.

37 Philippe Descola, *Jenseits von Natur und Kultur*, übers. v. Eva Moldenhauer, Berlin 2011, S. 305.

38 Gilbert Simondon, »Entretien sur la méchanologie«, in: *Revue de synthèse* 130: 6, Nr. 1 (2009), S. 103–132, hier S. 111.

39 Claude Lévi-Strauss, Das wilde Denken, übers. v. Hans Naumann, Frankfurt a. M. 2013, S. 25.

40 Ebd., S. 29.

41 Vgl. Descola, *Jenseits von Natur und Kultur*, insb. Teil III.

42 Descola, *Jenseits von Natur und Kultur*, S. 267 f.

43 Ebd., S. 271.

44 Ebd., S. 181, 259.

45 Ebd., S. 346 [Einfüg. d. Ü.].

46 Tim Ingold, *The Perception of the Environment. Essays on Livelihood, Dwelling and Skill,* London 2011, S. 24.

47 Ebd., S. 10.

48 Ebd., S. 13.

49 Ebd., S. 25.

50 Simondon, *Existenzweise der technischen Objekte*, S. 193 f.

51 A. C. Graham, *Yin-Yang and the Nature of Correlative Thinking*, Singapur 1986.

52 Was den Ursprung der moralischen Ordnung anbelangt, so ist es beispielsweise schwierig, eine Erläuterung in Henri Bergsons *Die beiden Quellen der Moral und der Religion* (Hamburg 2019 [1932]) auszumachen. Bergson unterscheidet zweierlei Arten der Moral: Die eine ist eine im Zusammenhang mit sozialer Verpflichtung und Gewohnheit stehende geschlossene Moral, wohingegen die andere das ist, was er eine im Zusammenhang mit »dem Ruf des Heros« [*appel du héro*] stehende offene Moral nennt. In der letztgenannten Form erliegt man nicht dem Druck, sondern der Faszination; laut Bergson existieren diese beiden Formen der Moral nebeneinander, wobei keine der beiden in reiner Form vorhanden ist. Es wäre sicherlich lohnenswert, Bergsons Moralvorstellung und deren Implikationen für die chinesische Kosmotechnik, die ich hier zu skizzieren versuche, eingehender zu beleuchten, auch wenn mir scheint, dass Bergsons Verständnis der Moral sich eher auf die westliche Tradition, insbesondere auf die griechische, beschränkt; in China spielte der Kosmos eine entscheidende Rolle, sodass jedweder heroische Akt allein ein Zugeständnis des Himmels sein konnte.

53 Huang Junjie (黃俊傑), 東亞儒學史的新視野 [*Neue Perspektiven auf die Geschichte des Konfuzianismus in Ostasien*], Taiwan 2015, S. 267.

54 Laut den historischen Dokumenten gab es in China drei Versionen des *Yijing* (易經, oder *Das Buch der Wandlungen*), doch nur eine, *Zhouyi* (周易), konnte erhalten und in Umlauf gebracht werden. Es gibt sieben klassische Kommentare zum *Yijing*, bekannt als *Yi Zhuan* (易傳), einschließlich des *Xici* [繫辭, auch »Die Große Überlieferung« (大傳) genannt – Anm. d. Ü.], aus dem unten zitiert wird; gemeinsam werden diese sieben Kommentare (einschließlich interne Abteilungen) als die »zehn Flügel« (十翼, *shi yi*) bezeichnet.

55 *Yijing. Das Buch der Wandlungen*, übers. u. hrsg. v. Dennis Schilling, Frankfurt a. M., Leipzig 2009, S. 223 [Hervorhebung des Autors].

56 Die Autorschaft dieses Werks wird dem bedeutenden Han-Konfuzianer Dong Zhongshu (董仲舒, 179–104 v. Chr.) zugeschrieben, auf den wir weiter unten noch zu sprechen kommen werden.

57 Michel Foucault, *Die Ordnung der Dinge. Eine Archäologie der Humanwissenschaft*, übers. v. Ulrich Köppen, Frankfurt a. M. 1974, S. 24 f.: »Was wir an den Tag bringen wollen, ist das epistemologische Feld, die *episteme*, in der die Erkenntnisse, außerhalb jedes auf ihren rationalen Wert oder ihre objektiven Formen bezogenen Kriteriums betrachtet, ihre Positivität eingraben und so eine Geschichte manifestieren, die nicht die ihrer wachsenden Perfektion, sondern eher die der Bedingungen ist, durch die sie möglich werden. In diesem Bericht muß das erscheinen, was im Raum der Gelehrsamkeit die Konfigurationen sind, die den verschiedenen Formen der empirischen Erkenntnis Raum gegeben haben.«

58 Michel Foucault, »Das Spiel des Michel Foucault«, in: ders., *Dits et Ecrits* III, 1976–1979, übers. v. Michael Bischoff, Hans-Dieter Gondek, Hermann Kocyba und Jürgen Schröder, Frankfurt a. M. 2003, S. 391–430, hier S. 395 f.

59 Ebd.

60 Friedrich Nietzsche, *Die fröhliche Wissenschaft*, mit einem Nachwort v. Ralph-Rainer Wuthenow, Frankfurt a. M., Leipzig 2000, S. 137 (§124).

61 Auch wenn Heidegger diese Behauptung nicht ausdrücklich aufgestellt hat, spricht er in seinem Nietzsche-Kommentar doch von der Metaphysik als einer Kraft der Vereinigung, die alles Seiende überragt. Es gilt jedoch gleichzeitig zu bedenken, dass Heideggers

Lesart der Geschichte der westlichen Metaphysik nur eine mögliche Interpretation ist: siehe Martin Heidegger, *GA 6.2. Nietzsche*, Bd. II, Frankfurt a. M. 1997, S. 332 f.

62 Georg Wilhelm Friedrich Hegel, *Differenz des Fichteschen und Schellingschen Systems der Philosophie* (1801), in: ders., *Werke in 20 Bänden*, Bd. 2: *Jenaer Schriften* 1801–1807, hrsg. v. Eva Moldenhauer und Karl Markus Michels, Frankfurt a. M. 1986, S. 7–138, hier S. 22.

63 [Siehe *Yijing*, S. 221. – Anm. d. Ü.]

64 Mou Zongsan, 現象與物自身 [*Gesammelte Werke 21. Phänomen und Ding an sich*], Taipeh 1975, S. 20–30.

65 Die im frühen 20. Jahrhundert entstandene Bewegung des *Neuen Konfuzianismus* darf nicht mit dem *Neokonfuzianismus*, einer metaphysischen Bewegung, die ihren Höhepunkt während der Song- und Ming-Dynastie erreichte, verwechselt werden.

66 Mou selbst beteuert, kein Idealist zu sein, zumal *xin* nicht Geist meine; es sei mehr als das und biete auch mehr Möglichkeiten.

67 [Siehe hierzu Yuk Hui, *On the Existence of Digital Objects*, Minneapolis, London 2016, S. 16 f. – Anm. d. Ü.]

68 François Jullien, *Über die »Zeit«. Elemente einer Philosophie des Lebens*, übers. v. Heinz Jatho, Zürich, Berlin 2004.

69 Mou Zongsan, 歷史哲學 [*Gesammelte Werke 9. Geschichtsphilosophie*], Taipeh 1955, S. 192–200.

70 Keiji Nishitani, *Was ist Religion?*, vom Verf. autoris. dt. Übertr. v. Dora Fischer-Barnicol, Frankfurt a. M. 2001.

71 Bernard Stiegler, *Technics and Time 3. Cinematic Time and the Question of Malaise*, übers. v. S. Barker, Stanford 2010.

72 Nietzsche, *Die fröhliche Wissenschaft*, S. 137 (§124) [Hervorhebung im Original].

73 Jean-François Lyotard, »Logos und Techne, oder: die Telegraphie«, in: ders., *Das Inhumane. Plaudereien über die Zeit*, übers. v. Christine Pries, Wien 1989, S. 89–106.

74 Ebd., S. 105 f. Zum Einschreibungsbegriff siehe ebd., S. 90.

75 Siehe Website der Inter-Asia-School: {www.interasiaschool.org}, letzter Zugriff: 6. Februar 2020.

76 Pierre Montebello, *Métaphysiques cosmomorphes, la fin du monde humain*, Dijon 2015.

77 Ebd., S. 21.

78 Bruno Latour, *Wir sind nie modern gewesen. Versuch einer symmetrischen Anthropologie*, übers. v. Gustav Roßler, Frankfurt a. M. 2008, S. 77.

79 Quentin Meillassoux, *Nach der Endlichkeit. Versuch über die Notwendigkeit der Kontingenz*, übers. v. Roland Frommel, Zürich, Berlin 2018.

80 Montebello, *Métaphysiques cosmomorphes*, S. 69.

81 Ebd., S. 55.

82 Eduardo Viveiros de Castro, *Kannibalische Metaphysiken. Elemente einer post-strukturalen Anthropologie*, übers. v. Theresa Mentrup, Berlin 2019, S. 49.

83 Descola, *Jenseits von Natur und Kultur*, S. 306.

84 Ebd.

85 Siehe Gilbert Simondon, *L'individuation à la lumière des notions de forme et d'information*, Grenoble 2005, S. 297.

86 Hui, *On the Existence of Digital Objects*.

87 Siehe Graham, *Yin Yang and the Nature of Correlation*, 2. Kapitel.

88 Leser, die sich für eine strukturalistische Lesart interessieren, werden in Benjamin I. Schwartz, *The World of Thought in Ancient China* (Cambridge, MA 1985), Kapitel 9: »Correlative Cosmology: The ›school of *Yin* and *Yang*‹«, fündig. Darin analysiert Schwartz die Schule mithilfe einer Methode, die Lévi-Strauss' primitiver »Wissenschaft vom Konkreten« vergleichbar ist.

89 *Yijing*, S. 18 [Erstes Buch, 1. Zeichen, Qian, Dritte Auslegung der Liniensprüche: Das Handeln des Fürstensohns], worin »Moral« mit »Tauglichkeit« übersetzt wird [Übersetzung angepasst]: »大人者與天地合其德,與日月合其明,與四時合其序,與鬼神合其凶«, zitiert nach Mou Zongsan, 宋明儒學的問題與發展 [*Die Fragestellungen und die Entwicklung des Sung- und Ming-Konfuzianismus*], Shanghai 2004, S. 13.

90 François Jullien, *Philosophie des Lebens*, übers. v. Erwin Steinbach, Wien 2013. Ich bin mir im Klaren darüber, dass eine solche Aussage einer gewissen Rechtfertigung bedarf, da sie zwangsläufig Meinungsverschiedenheiten bezüglich der Interpretation der Geschichte der westlichen Philosophie hervorrufen wird. Wahr

ist, dass ich in diesem Buch Heideggers Lektüre der Geschichte der Metaphysik thematisiere; doch möchte ich nicht die Tatsache außer Acht lassen, dass es in den hellenistischen Schulen (z. B. Zyniker, Epikureer und Stoiker) und ihren römischen Weiterführungen eine regelrechte Tradition von *technē tou bio* oder, um Foucaults Begriff zu verwenden, »Technologien des Selbst« gab (Michel Foucault, »Technologien des Selbst«, in: ders., *Dits et Ecrits, Schriften*, Bd. IV, 1980–1988, übers. v. Michael Bischoff, Hans-Dieter Gondek, Hermann Kocyba und Jürgen Schröder. Mit Gesamtregister, Frankfurt a. M. 2005, S. 966–995). (Die Betonung der Sorge um sich selbst durch die hellenistischen Schulen scheint mit dem zu resonieren, was Heidegger in *Sein und Zeit* die *Sorge* nennt; und tatsächlich zitiert Heidegger, wenn er in §42 über *cura* spricht, Senecas *Epistulae morales ad Lucilium*. Victor Goldschmidt hat argumentiert, dass sich Heideggers Unterscheidung zwischen physischer Zeit und Lebenszeit nicht auf die Stoiker anwenden lasse, zumal diese ein abweichendes Konzept von *physis* besitzen, worauf wir weiter unten [§10.3] noch zu sprechen kommen werden. Siehe Victor Goldschmidt, *Le système stoïcien et l'idée du temps*, Paris 1998, S. 54.) Es erscheint immer wieder rätselhaft, auf welch schöne Weise Heidegger die hellenistische Philosophie umschrieb, während er die römische Philosophie lediglich als dürftige Übertragung der antiken griechischen Philosophie betrachtete. Liegt es daran, dass unter hellenistischen Philosophen die Frage nach dem Sein nicht offenkundig war, oder ist diese Episode schlicht unvereinbar mit seiner Geschichte des Seins? Es ließe sich sogar die Mutmaßung aufstellen, dass zwischen der stoischen Kosmotechnik und Heideggers Definition von *technē* eine gewisse Inkompatibilität besteht. Dies sind Fragen, die es verdienen, bis ins kleinste Detail behandelt zu werden. Für die gegenwärtigen Zwecke werde ich mich auf die Erörterung der metaphysischen Untersuchung vor dem Hintergrund von Heideggers Essay über Technologie beschränken, komme aber in §10.3 auf die Stoiker und Daoisten zurück.

91 Laut der chinesischen Schöpfungsmythologie bildete sich das Uni-

versum, als ein Riese namens Pangu mit einer Axt das Urchaos in Himmel und Erde teilte; nach seinem Tod verwandelten sich seine Körperteile in Berge (Knochen) und Flüsse (Eingeweide).

92 Die Übersetzung von Stephen Addiss und Stanley Lombardo lautet »*Dao* folgt seiner eigenen Natur« [Dao *follows its own nature*]. Es ist zwar denkbar, die Phrase so zu verstehen; gleichzeitig aber erscheint es fragwürdig, da »Natur« darin eine »Essenz« suggeriert, obwohl *Dao* über keine Essenz verfügt – siehe Lao-Tzu, *Tao Te Ching*, Indianapolis 1993, S. 25 [Für die deutschen Übersetzungsvarianten siehe Günter Wohlfahrt, *Der Philosophische Daoismus. Philosophische Untersuchungen zu Grundbegriffen und komparative Studien mit besonderer Berücksichtigung des Laozi (Lao-tse)*, Köln 2001, S. 109 f. – Anm. d. Ü.].

93 Lao-tse, *Tao-Tê-King, Das Heilige Buch vom Weg und von der Tugend*, Übers., Einl. u. Anm. v. Günther Debon, Dietzingen 1979, S. 71 [Kapitel 42].

94 E. T. Ch'ien (錢新祖), 中國思想史講義 [*Vorlesungen über die Geschichte des chinesischen Denkens*], Shanghai 2016, S. 127. Ch'ien argumentiert, dass im Kapitel 55 des *Daodejing*, als Laotse sagt, »Die Völligkeit dessen, der Tugend [*de*] in sich versammelt, / Gleicht der eines neugeborenen Kindleins (含德之厚,比於赤子)«, *de* sich nicht auf die Tugend, sondern auf *Ziran* bezieht [zitiert nach Lao-tse, *Tao-Tê-King*, S. 85].

95 Chen Guu Ying (陳鼓應), »›論道與物關係問題:中國哲學史上的一條主線‹ [›Über die Relation zwischen Dao und den Geschöpfen. Das wichtigste Thema in der chinesischen Philosophie‹]«, in: 台大文史哲學報 62 (Mai 2005), S. 89–118, hier S. 110–112.

96 Zwei frühere Versionen wurden an den archäologischen Grabungsstätten von Mawangdui (1973) und Guodian (1993) entdeckt. Die Guodian-Bambustexte gelten als die älteste erhaltene Version und weisen etliche Unterschiede zu Wang Bis Version auf.

97 Chen Guu Ying, »Über die Relation zwischen Dao und den Geschöpfen«, S. 113.

98 Dschuang Dsi, *Das wahre Buch vom südlichen Blütenland*, übers. u. erläutert v. Richard Wilhelm, München [9]1996, S. 230 f. [Übersetzung angepasst]. [In Richard Wilhelms Übertragung findet sich

dieses Kapitel im Abschnitt mit dem Titel »Wanderungen der Erkenntnis«. – Anm. d. Ü.]

99 Friedrich Wilhelm Joseph Schelling, »Erster Entwurf eines Systems der Naturphilosophie (1799)«, in: ders., *Ausgewählte Schriften in 6 Bänden*, Frankfurt a. M. 1985, S. 317–336, hier S. 334, Fn. 2.

100 Ich beziehe mich hier auf Schelling und nicht auf Platon. Einer der Gründe dafür ist, dass es im frühen Naturbegriff Schellings, wie auch im Daoismus, keine Funktion für den Demiurgen gibt.

101 Die Frage, welches westliche Modell dem chinesischen näher kommt, bleibt umstritten. Zum Beispiel verweisen sowohl Mou Zongsan als auch Joseph Needham auf Whitehead, sobald sie auf den Kern des chinesischen Denkens zu sprechen kommen; dennoch glaube ich, dass weitere Forschung erforderlich ist und es noch aussteht, die Beziehung zwischen Whitehead und Schelling zu erläutern (die beispielsweise in Whiteheads *Der Begriff der Natur* [übers. v. Julian von Hassel u. mit einem Essay v. Reinhard Löw, Weinheim 1990, S. 38] zur Sprache kommt, wenn Whitehead Schelling anführt, um sein Argument zu untermauern).

102 Wolfgang Schadewaldt, »Die Begriffe ›Natur‹ und ›Technik‹ bei den Griechen«, in: ders., *Hellas und Hesperien. Gesammelte Schriften zur Antike und zur neueren Literatur*, Zürich, Stuttgart 1960, S. 907–919, hier S. 908.

103 Charles H. Kahn, *Anaximander and the Origins of Greek Cosmology*, New York 1960, S. 201. Darüber hinaus weist Kahn darauf hin, dass »Natur« und »Ursprung« in ein und derselben Idee vereint sind.

104 Pierre Aubenque, »Physis«, in: *Encyclopædia Universalis*, {www.universalis.fr/encyclopedie/physis/}, letzter Zugriff am 03.05.2019.

105 Schadewaldt, »Die Begriffe ›Natur‹ und ›Technik‹ bei den Griechen«, S. 917.

106 Dieser Unterschied mag auch erklären, weshalb es im alten China keine Entsprechung für das griechische Konzept der Tragödie gab: *tychē* ist nach Ansicht von Wissenschaftlern wie etwa Martha Nussbaum das grundlegende Element der griechischen Tragödie. Der unvermeidliche Zufall stört die natürliche Ordnung, und folg-

lich wird der Zufall zur Notwendigkeit des Tragischen – zum Beispiel im Falle des raffinierten Ödipus, der, obwohl er das Rätsel der Sphinx lösen kann, nicht in der Lage ist, seinem eigenen vorhergesagten Schicksal zu entgehen; in Wahrheit ebnet sein Sieg über die Sphinx lediglich den Weg zu ebendiesem Schicksal und führt ihn dazu, dass er König wird und seine Mutter heiratet. Siehe Martha Nussbaum, *The Fragility of Goodness: Luck and Ethics in Greek Tragedy and Philosophy*, Cambridge 2001.

107 Erinnern wir uns daran, dass in Heideggers Lesart des Parmenides und Heraklits die grundlegende Frage die Interpretation des Wortes *logos* betrifft, was sich von dem Verb *legein* ableitet und für Heidegger im Wesentlichen »Vorliegenlassen«, »zum-Vorschein-bringen«, das »Anwesen des Anwesenden« der Wahrheit, ἀλήθεια, bedeutet. Parmenides' *Moira* (Fragment 8: »Da es [das Seiende] Moira daran gebunden hat, ein Ganzes und unbeweglich zu sein«), die Göttin der Erde, ist *physis*, deren permanentes zum-Sein-Kommen *logos* ist; siehe Martin Heidegger, »Moira (Parmenides VIII, 34–41)«, in: ders., *GA 7. Vorträge und Aufsätze*, S. 235–262, hier S. 237. In Heraklits Interpretation der ἀλήθεια (Martin Heidegger, »Aletheia (Heraklit, Fragment 16)«, in: ders., *GA 7. Vorträge und Aufsätze*, S. 263–288) ist das Sein mit einem ständigen »Sichentbergen« und »Sichverbergen« beschäftigt bzw. es ist im »Verborgenen«, wie es in dem Fragment 123 mit »das Wesen der Dinge versteckt sich gern« angedeutet wird, was Heidegger übersetzt mit »das Aufgehen (aus dem Sichverbergen) dem Sichverbergen schenkt's die Gunst« (S. 279). Heraklits Feuer ist die »Lichtung«, die das Anwesende beleuchtet, versammelt und »es zuvor ins Anwesen [birgt]« (S. 285). Die Sterblichen kehren sich zwar womöglich »ab von der Lichtung und kehren sich nur an das Anwesende« (S. 287). Doch das Ereignen des Entbergen-Bergenden des Seins als Ereignis ist als *logos* anwesend.

108 Rudolf Boehm, »Heideggers Denken über die Technik«, in: ders., *Vom Gesichtspunkt der Phänomenologie. Zweiter Band. Studien zur Phänomenologie der Epoché*, Den Haag, Boston, London 1981, S. 137–160, hier S. 137.

109 Heidegger, *GA 40. Einführung in die Metaphysik,* Frankfurt a. M. 1983, S. 158. Heidegger, *GA 53. Hölderlins Hymne »der Ister«*, Frankfurt a. M. 1993, S. 86.

110 Heidegger, *Einführung in die Metaphysik*, S. 160.

111 Ebd., S. 168.

112 Hesiod berichtet uns in seiner *Theogonie*, dass Zeus Themis heiratete und mit ihr drei Töchter, die Horen Eunomia (Ordnung), Dikē (Gerechtigkeit) und Eirene (Friede), zeugte; und laut Orpheus sitzt Dikē »neben dem Thron des Zeus [...] und [schaut] auf das Tun der Menschen herab [...]«; siehe Franci Zore, »Platonic Understanding of Justice. On Dikē and Dikaiosyne in Greek Philosophy«, in: Damir Barbarić (Hrsg.), *Platon über das Gute und die Gerechtigkeit*, Köln 2005, S. 22 [die deutsche Übersetzung folgt hier Robert Bees, *Aischylos. Interpretationen zum Verständnis seiner Theologie*, München 2009, S. 31. – Anm. d. Ü.].

113 Charles R. Bambach, *Thinking the Poetic Measure of Justice. Hölderlin – Heidegger – Celan*, New York 2013, S. 14; Heidegger, *GA 54. Parmenides* (Wintersemester 1942/43), Frankfurt a. M. 1982, S. 59.

114 Heidegger, *Einführung in die Metaphysik*, S. 169.

115 Ebd., S. 171.

116 Ebd., S. 166.

117 Ebd., S. 172.

118 Ebd., S. 175. Heidegger zitiert hier Heraklits Fragment 80. Für gewöhnlich wird dieser Satz mit »Man soll aber wissen, daß der Krieg allgemein ist – *tón pólemon eónta xynón* – und das Recht der Zwist und daß alles geschieht auf Grund von Zwist und Schuldigkeit« übersetzt. Diese Gegenüberstellung lässt sich vermutlich leichter verstehen, wenn man auf zwei weitere Passagen in Heraklits Fragmenten hinweist: Im Fragment 51 heißt es, »Sie verstehen nicht, wie es [*das Eine*] auseinanderstrebend [*diapheromenon*] ineinander geht: gegenstrebige [*palintropos/palintonos*] Vereinigung [*harmoniē*] wie beim Bogen und der Leier«; und im Fragment 53, wo es in einer noch brutaleren Weise ausgedrückt wird, heißt es: »Krieg ist aller Dinge Vater, aller Dinge König. Die einen erweist er als Götter, die anderen als Menschen, die einen macht er zu Sklaven, die anderen zu Freien«; zitiert in: Hermann Diels (Hrsg.),

Die Fragmente der Vorsokratiker, Griechisch u. Deutsch, Bd. 1, Berlin 1912, S. 94, 87, 88.

119 Ebd., S. 172 [Hervorhebung im Original].

120 Jean-Pierre Vernant und Pierre Vidal-Naquet, *Myth and Tragedy in Ancient Greece,* New York 1990, S. 26.

121 Martin Heidegger, »Der Spruch des Anaximanders (1946)«, in: ders., *GA 5. Holzwege*, Frankfurt a. M. 1977, S. 321–373, hier S. 321; Friedrich Nietzsche, *Die Philosophie im tragischen Zeitalter der Griechen*, in: ders., *Sämtliche Werke*, KSA 1, S. 799–872, hier S. 818.

122 Ebd., S. 327. »Eschatologie des Seins« besitzt hier jedoch keine theologische Bedeutung. Vielmehr fordert Heidegger, sie in dem Sinne zu denken, »in dem seinsgeschichtlich die Phänomenologie des Geistes zu denken ist«.

123 Ebd., S. 361.

124 Ebd., S. 360.

125 Diese kosmologische Perspektive wird in Heideggers Seminar über Heraklit (Martin Heidegger, *GA 15. Seminare 1966/1967*, Frankfurt a. M. 1986) angesprochen, jedoch nicht weiter problematisiert. Im siebten Seminar warf Heidegger die Frage nach dem Unterschied zwischen dem 16. und dem 64. Fragment auf. Fragment 64 beginnt mit dem Blitz, und während der ganzen Diskussion des τά πάντα (das Alles) findet sich keinerlei Erwähnung des Menschen. Die Beziehung zwischen Blitz, Sonne, Feuer, Krieg und τά πάντα setzt eine Zusammengehörigkeit voraus. Wie Heidegger jedoch anmerkt, besteht die Schwierigkeit darin, dass »von einer Mannigfaltigkeit die Rede [ist], die über die Totalität [des τά πάντα] hinausgeht« (S. 125). Das Rätsel besteht darin, dass das »Alles«, in dem das Seiende als Totalität aufgefasst wird, ein *metaphysisches* Konzept darstellt. Heraklits Denken ist »noch-nicht-metaphysisch« und »nicht-mehr-metaphysisch«, wohingegen τά πάντα als metaphysisches Konzept die Zäsur zwischen Sokrates und den ionischen Philosophen signalisiert, wie Hegel zufälligerweise anzeigt (S. 129).

126 Vernant, *Mythos und Gesellschaft*, S. 89.

127 Vernant, *Mythos und Denken*, S. 244 f.

128 Ebd., S. 246.

129 Ebd., S. 223.

130 Kahn, *Anaximander and the Origins of Greek Cosmology*, S. 97.

131 Rückblickend scheint Heideggers Aufsatz »Das Ding« aus dem Jahr 1950 dies bereits deutlich zum Ausdruck gebracht zu haben: Heidegger schlug vor, das Ding »in ein einziges Geviert eingefaltet« zu verstehen: Himmel, Erde, das Göttliche und das Sterbliche (Heidegger, »Das Ding (1950)«, in: ders., *GA 7, Vorträge und Aufsätze*, S. 165–188, hier S. 175); es scheint hier nicht unangebracht, darauf hinzuweisen, dass Reinhard May in seinem *Ex Oriente Lux. Heideggers Werk unter Ostasiatischem Einfluss* (Wiesbaden 1989) behauptet, das Konzept der Leere, welches Heidegger in »Das Ding« näher ausführt, leite sich aus dem 11. Kapitel des *Daodejing* ab. Sollte diese Behauptung zutreffend sein, würde Heideggers »Schritt« zur Kosmotechnik einleuchtender. Für eine ausführlichere Darstellung der Verbindung zwischen Heidegger und Daoismus, siehe Lin Ma, *Heidegger on West-East Dialogue. Anticipating the Event*, New York, London 2008.

132 »Kleine Festlieder (詩經·小雅·祈父之什·十月之交)«: »Beim zehnte Monats Conjunction [der Sonne und des Mondes], / Am ersten Tag, Sīn mào genannt, / Ward weggezehrt der Sonne Schein, / Zum bösen Zeichen für das Land. / Dort war der Mond und wurde klein. / Hier war die Sonn' und wurde klein; / Nun wird das Volk der Unterthanen / Erst bitter zu beklagen sein.« (十月之交,朔日辛卯。日有食之,亦孔之醜。彼月而微,此日而微。今此下民,亦孔之哀。). *Schi-King. Das kanonische Liederbuch der Chinesen*, übers. v. Victor Strauß, Berlin 2013 (1880), S. 194.

133 »In seinem dritten Jahr, im Frühling, in des Königs zweitem Monat verfinsterte sich am Tag Jisi die Sonne. Im dritten Monat, am Tag Genxu, starb der König [durch des] Himmels [Gnade].« (三年,春,王二月,己巳,日有食之。 三月,庚戌,天王崩。). *Zouzhuan* (左傳), 隱公三年 [»Das dritte Jahr des Fürsten Yin«], zitiert nach: {www2.iath.virginia.edu:8080/exist/cocoon/xwomen/texts/chunqiu/d2.7/1/0/bilingual}, letzter Zugriff am 15.07.2019.

134 »何謂八風?距日冬至四十五日,條風至;條風至四十五日,明庶風至;明庶風至四十五日,清明風至;清明風至四十五日,景風至;景風至四十五日,涼風至;涼風至四十五日,閶闔風至;閶闔風至四十五日,不周風至;

不周風至四十五日,廣漠風至。條風至則出輕系,去稽留;明庶風至則正封疆,條田疇;清明風至則出幣帛,使諸候;景風至則爵有德,賞有功;涼風至則報地德,祀四郊;閶闔風至則收縣垂,琴瑟不張;不周風至則修宮室,繕邊城;廣漠風至則閉關梁,決刑罰。« *Huainanzi*, 3, 12.

135 Lao Szekwang (勞思光), »中國哲學史新編« 第二冊 [Neuedition der *Geschichte der chinesischen Philosophie*, Bd. 2], Guilin (o. J.), S. 11–24.

136 Nach Hu Shi (胡適, 1891–1962), 中國哲學史大綱 [*Skizze der Geschichte der chinesischen Philosophie*], Shanghai 1997. Hu erklärt, dass das Konzept der Resonanz zwischen Himmel und Mensch eher durch den Mohismus als durch den Konfuzianismus erfunden worden sei, auch wenn es während der Han-Dynastie vom Konfuzianismus als das wichtigste Werkzeug eingesetzt wurde; Xu Dishan (許地山, 1893–1941) weist in 道教史 [*Geschichte des Daoismus*], Hongkong 2012, S. 288, zudem darauf hin, dass der Daoismus dieses Konzept ebenfalls übernahm.

137 Ebd., S. 16. Lao Szekwang (1927–2012) behauptet, der Verfall des Han-Konfuzianismus sei unbestreitbar.

138 Dieser Punkt gilt nicht nur für den Konfuzianismus, sondern auch für den Daoismus, wie es im *Zhuangzi* eindeutig zum Ausdruck gebracht wird (siehe »Der Ziehbrunnen«); ganz zu schweigen davon, dass das *Daodejing* (Laotse) als Ratgeber für den Kaiser aufgefasst wurde (帝王術).

139 Lao Szekwang (勞思光), »中國哲學史新編« 第二冊, S. 27, »然則王者欲有所為, 宜求其端於天。天道之大者在陰陽。陽為德, 陰為刑;刑主殺而德主生。是故陽常居大夏, 而以生育養長為事;陰常居大冬,而積於空虛不用之處……臣聞, 天者, 群物之祖也。……故聖人法天而立道, 亦溥愛而亡私。……春者,天之所以生也;仁者, 君之所愛也;夏者, 天之所以長也;德者, 君之所以養也;霜者, 天之所以殺也;刑者, 君之所以罰也。由此言之, 天人之征, 古今之道也。«

140 Jiang Guantao (金觀濤) und Liu Chingfeng (劉青峰), 中國思想史十講 [*Zehn Vorlesungen über die Geschichte des chinesischen Denkens*], Beijing 2015, S. 126.

141 Siehe François Quesnay, *Œuvres économiques et philosophiques de François Quesnay Fondateur du système physiocratique*, Paris 1888, S. 563–660.

142 Dies setzte selbstverständlich die Legitimität des Kaisers voraus; an dieser Stelle sehen wir jedoch von diesem Umstand ab, um den Kosmos und die moralische Einheit als ontologischen Sachverhalt zu thematisieren.

143 Mou Zongsan, 中國哲學十九講 [*Neunzehn Vorlesungen über die chinesische Philosophie*], Shanghai 2005, S. 61.

144 Ebd., S. 65.

145 Tom Angier, *Technē in Aristotle's Ethics. Crafting the Moral Life*, London, New York 2012, S. 3.

146 Felix Heinimann, »Eine vorplatonische Theorie der τεχνη«, in: *Museum Helveticum* Vol. 18, No. 3 (1961), S. 105–130, hier S. 106; Angier zitiert dies ebenso in *Technē in Aristotle's Ethics*, S. 3.

147 Jörg Kube, *TEXNH und APETH. Sophistisches und Platonisches Tugendwissen*, Berlin 1969, S. 14 f. In der *Illias* vergleicht Paris Hektors Herz mit der Axt eines Zimmermannes, die »*technē*« gebraucht, um einen Balken für ein Schiff zurechtzuschneiden; Roochnik (*Of Art and Wisdom*, S. 23) weist des Weiteren darauf hin, dass man in der *Odyssee* zwei Wörter entdecken kann, die sich von *technē* herleiten: *technēssai* (die im Weben versierte Frau der Phäaken) und *technēentēs* (Odysseus' gekonntes Steuern eines Schiffes).

148 Luc Brisson, »Tekhnê is Not Productive Craft«, Vorwort zu Anne Balansard, *Technè dans les dialogues de Platon*, Sankt Augustin 2001, S. XII.

149 Jean-Pierre Vernant, *Die Entstehung des griechischen Denkens*, übers. v. Edmund Jacoby, Frankfurt a. M. 1982, S. 83–85.

150 Ebd., S. 86.

151 Franci Zore, »Platonic Understanding of Justice. On *dike* and *dikaiosyne* in Greek philosophy«, in: Damir Barbarić (Hrsg.), *Platon über das Gute und die Gerechtigkeit/Plato on Goodness and Justice/Platone sul Bene e sulla Giustizia*, Würzburg 2005, S. 21–30, hier S. 29.

152 Angier, *Technē in Aristotle's Ethics*, S. 4.

153 In *The Fragility of Goodness* (Cambridge 1986) behauptet Nussbaum, dass das Begehren, den Zufall (*tychē*) auszuschließen, zum Niedergang der griechischen Tragödie geführt habe; ein Argu-

ment, das im Einklang steht mit Nietzsches *Geburt der Tragödie*, worin die Figur des Sokrates, welche die Vernunft als ein apollinisches Maß einführte, den Niedergang des dionysischen Geistes herbeiführte.

154 Platon, *Gorgias*, übers. v. Michael Erler, komm. u. mit einem Nachwort versehen v. Theo Kobusch, Dietzingen 2014, S. 7 [448c].

155 Ebd., S. 114 [508a].

156 Platon, »Timaios«, in: ders., *Sämtliche Werke*, Bd. 4: *Timaios, Kritias, Minos, Nomoi*, übers. v. Hieronymus Müller u. Friedrich Schleiermacher, Reinbek bei Hamburg 2019, S. 11–114, hier S. 28 [29a].

157 Platon, *Phaidros oder Vom Schönen*, übertr. u. eingel. v. Kurt Hildebrandt, Dietzingen 1979, S. 76 [268b–c].

158 Platon, *Der Staat*, Buch II, Griechisch-deutsch, übers. v. Rüdiger Rufener, Düsseldorf, Zürich 2000, S. 155 [374d–e].

159 Balansard, *Technè dans les dialogues de Platon*, S. 6.

160 Ebd., S. 78.

161 Ebd., S. 119.

162 Roochnik, *Of Art and Wisdom*, S. 89–177.

163 Platon, »Charmides«, in: ders., *Sämtliche Werke*, Bd. 1: *Apologie des Sokrates, Kriton, Ion, Hippias II, Theages, Alkibiades I, Laches, Charmides, Euthyphron, Protagoras, Gorgias, Menon, Hippias I, Euthydemos, Menexenos*, übers. v. Friedrich Schleiermacher, Reinbek bei Hamburg 2019, S. 215–246, hier S. 231 [165d–166a].

164 Platon, *Gorgias*, S. 32 [462d–e].

165 Ebd., S. 35 [465a], 99 f. [499d]; siehe auch Balansard, *Technè dans les dialogues de Platon*, S. 139.

166 Roochnik, *Of Art and Wisdom*, S. 133.

167 Balansard, *Technè dans les dialogues de Platon*, S. 93.

168 Nussbaum, *The Fragility of Goodness*, S. 94: »[M]einer eigenen Arbeit und dem Konsens der Philologen nach zu schließen, gibt es, zumindest zu Platons Zeiten, keine systematische oder allgemeine Unterscheidung zwischen *epistēmē* und *technē*. Selbst in einigen der wichtigsten Schriften Aristoteles' zu diesem Thema werden die beiden Begriffe synonym verwendet«; Heidegger, »Die

Frage nach der Technik«, S. 14: »Das Wort τέχνη geht von früh an bis in die Zeit Platons mit dem Wort ἐπιστήμη zusammen. Beide Worte sind Namen für das Erkennen im weitesten Sinne. Sie meinen das Sichauskennen in etwas, das Sichverstehen auf etwas. Das Erkennen gibt Aufschluß. Als aufschließendes ist es ein Entbergen.«

169 Aristoteles, *Nikomachische Ethik*, in: ders., *Werke in deutscher Übersetzung*, Bd. 6, übers. u. komment. v. Franz Dirlmeier, Berlin 1999, S. 125 [1140a].

170 Ebd., S. 126 [1140a].

171 Martin Heidegger, *GA 19. Platon. Sophistes* (Wintersemester 1924/25), Frankfurt a. M. 1992, S. 76.

172 Ebd., S. 56 f.

173 Boehm, »Heideggers Denken über die Technik«, S. 153.

174 Backman, *Complicated Presence*, S. 13.

175 Michael E. Zimmerman, *Heidegger's Confrontation with Modernity. Technology, Politics, and Art*, Indianapolis 1990, S. 3: »Er [Heidegger] war der Ansicht, dass die Griechen eine ›produktionistische Metaphysik‹ initiierten, als sie zu dem Schluss gekommen waren, dass ›zu sein‹ für ein Seiendes bedeute, hergestellt zu sein. Während sich das, was sie unter ›Produktion‹ oder ›Machen‹ verstanden, für Heidegger von den Produktionsprozessen der Industrietechnologie unterschied, war es dennoch das griechische Verständnis des Seins der Entitäten, das letztlich zur modernen Technologie führte.«

176 Backman, *Complicated Presence*, S. 37.

177 Martin Heidegger, »Platons Lehre von der Wahrheit (1931/32, 1940)«, in: ders., *GA 9. Wegmarken (1916–1961)*, Frankfurt a. M. 1976, S. 203–238, hier S. 235.

178 Ebd., S. 235 f.

179 Backman, *Complicated Presence*, S. 55.

180 [*Yijing*, S. 221 (Übersetzung angepasst). – Anm. d. Ü.]

181 [Ebd., S. 219 (Übersetzung angepasst). – Anm. d. Ü.]

182 Wu Shufei (吳述霏), »Analyse dessen, was ›als Gestalt niedersinkt und aufsteigt‹ im Yijing« (周易「形而上, 下」命題解析), *Renwen* (»人文«) 150 (Juni 2006), {www.hkshp.org/humanities/ph150-03.

htm}, letzter Zugriff: 6. Februar 2020, »天地本無形，而得有形，則有形生於無形矣。故《系辭》曰：『形而上者謂之道』«.

183 Konfuzius, *Gespräche (Lun-yu)*, übers. u. hrsg. v. Ralf Moritz, Dietzingen 1998, S. 12 [II, 12].

184 Li Sanhu (李三虎), 重申傳統:一種整體論的比較技術哲學研究 [*Reiteration der Tradition. Eine vergleichende Studie über die holistische Technikphilosophie*], Beijing 2008.

185 Zitiert nach Lao Szekwang, [*Geschichte der chinesischen Philosophie*, Bd. 2], S. 147, 「無為者，非拱默之謂也，直各任其自為，則性命安矣。」.

186 Siehe Jin Guantao und Liu Chingfeng, [*Zehn Vorlesungen*], S. 149 「無既無矣，則不能生有」，「豈有之所能有之？」.

187 Dschuang Dsi, *Das wahre Buch vom südlichen Blütenland*, S. 54 [Übersetzung angepasst].

188 [In seinen Übersetzungen der chinesischen Klassiker orientierte sich Richard Wilhelm an dem um die Jahrhundertwende für das Deutsche gebräuchlichen Lessing-Othmer-System zur phonetischen Umschrift der chinesischen Zeichen bzw. Sprache, sodass 书名 (*Zhuangzi*) bei ihm zu »Dschuang Dsï« oder 自貢 (*Zigong*) zu »Dsï Gung« transkribiert wurde. Da heute die Pinyin-Umschrift allgemein üblich ist, verwende ich bei Eigennamen nach Möglichkeit diese und vermerke Änderungen in vorliegenden Übersetzungen in den Fußnoten. – Anm. d. Ü.]

189 Dschuang Dsi, *Das wahre Buch vom südlichen Blütenland*, S. 135 f. [Übersetzung angepasst].

190 Platon, *Phaidros oder Vom Schönen*, Dietzingen 1979, S. 15 [227c].

191 Ebd., S. 72 [266d–e].

192 Ebd., S. 79 [270b].

193 Ebd., S. 86 f. [275a–b].

194 Jacques Derrida, »Platons Pharmazie«, in: ders., *Dissemination*, übers. v. Hans-Dieter Gondek, Wien 1995, S. 69–190.

195 Siehe Bernard Stiegler, *Ce qui fait que la vie vaut la peine d'être vécue. De la pharmacologie*, Paris 2010, sowie *Pharmacologie du Front National*, Paris 2013.

196 Liu Xin Lan (劉昕嵐), »論「禮」的起源« [*Über den Ursprung des Li*], in: 止善 8 (Juni 2010), S. 141–161, hier S. 143 f.

197 Siehe Wu Shizhou (吳十洲),兩周禮器制度研究 [*Eine Studie über die Einrichtung ritueller Gefäße während der Zhou-Dynastie*], Taipeh 2003, S. 417–419. Wu zeigt, dass es laut archäologischen Funden nach der Zhou-Dynastie zu Veränderungen im Gebrauch des *Li Qi* als Grabbeigabe zu *Ming Qi* (明器) kam, was bedeutete, dass Jade- und Bronzegegenstände durch Entsprechungen aus Porzellan ersetzt wurden, was auch auf den Niedergang der *Zhou Li* schließen lässt.

198 *Li Gi. Buch der Riten, Sitten und Bräuche*, übers. u. hrsg. v. Richard Wilhelm, München [2]1994, S. 31. »道德仁義, 非禮不成, 教訓正俗, 非禮不備« [Richard Wilhelm transkribiert 曲禮 als »Kü Li«. – Anm. d. Ü.].

199 Ebd., S. 210 [Übersetzung angepasst]. »禮也者, 合於天時, 設於地財, 順於鬼神, 合於人心, 理萬物者也«.

200 Ebd., S. 59 f. [Die eckigen Klammern verweisen auf Einfügungen in der englischen Übersetzung von James Legge, vgl. {www.ctext.org/liji/li-yun?searchu=dark&searchmode=showall#result}, letzter Zugriff am 13.08.2019. – Anm. d. Ü.] »故玄酒在室, 醴醆在戶, 粢醍在堂, 澄酒在下 。陳其犧牲, 備其鼎俎, 列其琴瑟管磬鐘鼓, 修其祝嘏, 以降上神與其先祖, 以正君臣, 以篤父子,以睦兄弟, 以齊上下, 夫婦有所。是謂承天之祜«.

201 Li Zehou (李澤厚), 歷史本體論 [*Theorie der historischen Ontologie*], Peking 2002, S. 51.

202 *Li Gi*, S. 60 [Hervorhebung d. Autors]. [Zu den eckigen Klammern siehe Fn. 200. – Anm. d. Ü.] »作其祝號, 玄酒以祭, 薦其血毛, 腥其俎, 孰其殽, 與其越席, 疏布以冪, 衣其浣帛, 醴醆以貢獻, 薦其燔炙, 君以夫人交獻, 以嘉魂魄, 是謂合莫。然後退而合享, 體其犬豕牛羊, 實其簠簋籩豆鉶羹。祝以孝告, 嘏以慈告, 是謂大祥«.

203 Siehe Yu Ying-Shih, »Between the Heavenly and the Human«, in: Tu Weiming und Mary E. Tucker (Hrsg.), *Confucian Spirituality*, New York 2003, S. 62–80. Chinesische Historiker beziehen sich oftmals auf das, was der deutsche Philosoph Karl Jaspers in seinem Buch *Vom Ursprung und Ziel der Geschichte* als Achsenzeit bezeichnet. Jaspers behauptet, dass während des 8. bis zum 3. Jahrhundert v. Chr. in Persien, Indien, China und der griechisch-romanischen Welt in Bezug auf Religion und Philosophie neue Denkweisen entstanden seien; Schulen wie der Daoismus,

Konfuzianismus, Mohismus und andere gehörten ihm zufolge einem solchen »historischen Bruch« innerhalb des Wissens und der Wissensproduktion an.

204 [Wolfgang Kubin (Hrsg.), *Das große Lernen. Maß und Mitte*, Freiburg i. B. 2014, S. 37. – Anm. d. Ü.]

205 Konfuzius, *Gespräche*, S. 71 [Einfüg. d. Ü.].

206 Ebd., S. 98 [Einfüg. d. Ü.].

207 [Nicht zu verwechseln mit der Wei-Dynastie (曹魏, 220–265) zur Zeit der Drei Reiche (三國, 220–280) oder der Nördlichen Wei-Dynastie (北魏, 386–534) zur Zeit der Südlichen und Nördlichen Dynastien (南北朝, 386–581). – Anm. d. Ü.]

208 *Zuozhuan* (左傳•成公二年), {www2.iath.virginia.edu:8080/exist/cocoon/xwomen/texts/chunqiu/d2.14/1/0/bilingual}, letzter Zugriff am 13.08.2019 [Übersetzung angepasst, Yuk Hui].

209 Ebd., »年惜也, 不如多與之邑, 唯器與名, 不可以假人, 君之所司也«.

210 Ebd., »名以出信, 信以守器, 器以藏禮, 禮以行義, 義以生利, 利以平民, 政之大節也«.

211 Mou Zongsan, [*Neunzehn Vorlesungen über die chinesische Philosophie*], S. 74.

212 Ebd., S. 106; zudem weist Jullien darauf hin, dass es sich beispielsweise bei »Nicht-Handeln« nicht nur um ein daoistisches, sondern auch um ein allgemein verbreitetes Prinzip innerhalb der intellektuellen Tradition handelt; siehe Jullien, *Procès ou Création*, S. 41.

213 Kahn, *Anaximander and the Origins of Greek Cosmology*, S. 203. Des Weiteren weist Kahn darauf hin (S. 210), dass Aristoteles in der zweiten Hälfte des 4. Jahrhunderts Kosmogonie als zulässige wissenschaftliche Disziplin ablehnte.

214 [In Richard Wilhelms Übertragung des *Zhuangzi* findet sich für den Titel des ursprünglich 1. Kapitels »*xiao yao you*« die Übersetzung »Wandern in Muße«. Ich folge hier Yuk Huis Übersetzung ins Englische. Zur Übersetzung des Kapiteltitels siehe Günter Wohlfart, *Zhuangzi (Dschuang Dsi). Meister der Spiritualität*, Freiburg, Basel, Wien 2001, S. 36. – Anm. d. Ü.]

215 *Dschuang Dsi, Das wahre Buch vom südlichen Blütenland*, S. 30 f. [»若夫乘天地之正, 而御六氣之辯, 以遊無窮者, 彼且惡乎待哉! 故曰: 至人無己, 神人無功, 聖人無名。«].

216 Konfuzius, *Gespräche (Lun-yu)*, S. 45 [Einfüg. d. Autors].

217 Ebd., S. 10.

218 John Sellars, *The Art of Living: The Stoics on the Nature and Function of Philosophy*, Bristol 2003, S. 34; siehe auch Aristoteles, *Metaphysik*, übers. v. Hermann Bonitz, Reinbek bei Hamburg 1966, S. 24 [987b1–4].

219 Sellars, *The Art of Living*, S. 34.

220 Platon, *Gorgias*, S. 84 [491d], siehe auch Anthony A. Long, *From Epicurus to Epictetus*, Oxford 2006, S. 25.

221 Platon, »Alkibiades I«, in: ders., *Sämtliche Werke*, Bd. 1, S. 123–179, hier S. 158 [124a], siehe auch Sellars, *The Art of Living*, S. 38.

222 Platon, »Apologie des Sokrates«, in: ders., *Sämtliche Werke*, Bd. 1, S. 11–44, hier S. 28 [29d–e].

223 Sellars, *The Art of Living*, S. 41.

224 Long, *From Epicurus to Epictetus*, S. 26.

225 Aristoteles, *Rhetorik*, übers. u. hrsg. v. Gernot Krapinger, Stuttgart 1999, S. 25 [1360b14–28].

226 Aristoteles, *Nikomachische Ethik*, S. 7 [1095a24–25].

227 Aristoteles, *Nikomachische Ethik*, S. 12 f. [1097a29–32].

228 Ebd., S. 15 [1098a30–33].

229 Thomas Nagel, »Aristotle on Eudaimonia«, in: Amélie Rorty (Hrsg.), *Essays on Aristotle's Ethics*, Berkeley 1980, S. 7–14, hier S. 11.

230 Anthony A. Long, »Stoic Eudaimonism«, in: ders., *Stoic Studies*, Berkeley 2001, S. 179–201, hier S. 182.

231 Julia Annas, *The Morality of Happiness*, Oxford 1995, S. 168; zitiert nach Arius Didymus, in: Stobaeus, *Eclogae (Selections)* Book II. 85.12–18. Das Zitat geht weiter mit Diogenes und Archedemus, »entsprechend der Natur vernünftig sein in der Auswahl und der Ablehnung der Dinge«; Archedemus: »zu leben, um alle fälligen Handlungen zu vollenden«; und Antipatros: »zu leben, indem man ausnahmslos Dinge gemäß der Natur auswählt und Dinge gemäß der Natur nicht auswählt«. Dem fügte er hinzu: »ausnahmslos und unveränderlich alles tun, um jene Dinge zu erreichen, die der Natur nach vorzuziehen sind.«

232 Annas, *The Morality of Happiness*, S. 159.

233 Pierre Hadot, *What is Ancient Philosophy?*, übers. v. Michael Chase,

Cambridge 2004, S. 130; es lässt sich jedoch auch feststellen, dass diese herakliteische Lesart der stoischen Kosmologie von einigen Autoren angefochten wird, etwa Hahm, der sich für den Einfluss Platons und mehr noch für den Einfluss Aristoteles' ausspricht, zumal die Stoiker Aristoteles' Klassifikation der fünf Elemente seiner Schrift *Über den Himmel* – Feuer, Erde, Wasser, Luft und Äther (das himmlische Element) – aufgriffen und in ein biologisches Modell des als Lebewesen erscheinenden Kosmos integrierten. Siehe Hahm, *The Origins of Stoic Cosmology*, S. 96–103. Darüber hinaus heißt es, dass für Zenon das konstitutive Element des Kosmos das Feuer sei, für Kleanthes die Wärme und für Chrysippos *pneuma*: siehe John Sellars, »The Point of View of the Cosmos. Deleuze, Romanticism, Stoicism«, in: *Pli* 8 (1990), S. 1–24, hier S. 15 (Fn. 70).

234 Marcus Tullius Cicero, *Vom Wesen der Götter*, Latein–deutsch, hrsg., übers. u. komment. v. Olof Gigon u. Laila Straume-Zimmermann, Zürich, Düsseldorf 1996, S. 215 [153]; zitiert auch in Goldschmidt, *Le système stoïcien et l'idée de temps*, S. 67.

235 Émile Bréhier, »Sur une théorie de la valeur dans la philosophie antique«, in: *Actes du IIIe Congrès des Sociétés de Philosophie de langue française*, Louvain 1947, S. 229–232, hier S. 232; zitiert nach Goldschmidt, *Le système stoïcien et l'idée de temps*, S. 70.

236 Gábor Betegh, »Cosmological Ethics in the *Timaeus* and early Stoicism«, in: *Oxford Studies in Ancient Philosophy* 24 (2003), S. 273–302, hier S. 275; Annas, *The Morality of Happiness*, S. 166.

237 Platon, »Timaios«, S. 100 [90b–c]; zitiert in Betegh, »Cosmological Ethics«, S. 297.

238 Betegh, »Cosmological Ethics«, S. 279.

239 Die folgende Schilderung findet sich in Gisela Striker, »The Role of Oikeiōsis in Stoic Ethics«, in: dies., *Essays on Hellenistic Epistemology and Ethics*, Cambridge 1996, S. 282–297, hier S. 286 f.

240 Annas, *Morality of Happiness*, S. 169.

241 Long, »Stoic Eudaimonism«, S. 189 [die deutsche Übersetzung folgt hier Rosario La Sala, »Des Skeptikers Klugheit«, in: Gerhard Ernst (Hrsg.), *Philosophie als Lebenskunst. Antike Vorbilder, moderne Perspektiven*, Berlin 2016, S. 209–321, hier S. 216. – Anm. d. Ü.].

242 Sellars, *The Art of Living*, S. 69 [Die deutsche Übersetzung folgt hier Lukian, »Der Parasit, oder Beweis, daß Schmarotzen eine Kunst sey«, in: *Lucians Werke. Zehntes Bändchen*, übers. v. August Friedrich Pauly, Stuttgart, Weimar 1997 [1829], S. 1249–1286, hier S. 1253. – Anm. d. Ü.]. Man sollte zugleich dem Begriff »System« (*systema*) Beachtung schenken, wie Francis E. Sparshott betont hat: Für die Stoiker handelt es sich dabei um etwas notwendigerweise »aus der« (*ek*) Aktualität Kommendes (und entspricht daher nicht der platonischen Vorstellung der Idee); *Technē* ist für die Stoiker ein System, das sich aus dem Begreifen (*ek katalēpseōn*) ergibt. Siehe Francis E. Sparshott, »Zeno on Art: Anatomy of a Definition«, in: John M. Rist (Hrsg.), *The Stoics*, Berkeley, CA, 1978, S. 273–290.

243 Sellars schlägt hier drei Techniktypen vor: (1) eine produktive Technik, die ein Endprodukt besitzt; (2) eine performative Technik, deren Produkt weniger wichtig ist als die Handlung selbst; (3) eine stochastische Technik, die nach dem Bestmöglichen strebt, das jedoch nicht notwendigerweise garantiert ist (z. B. Medizin). Siehe *The Art of Living*, S. 69 f. [vgl. hierzu: Voula Tsouna, »Die stoische Lebenskunst und ihre platonischen Vorläufer«, in: Ernst (Hrsg.), *Philosophie als Lebenskunst*, S. 161–208. – Anm. d. Ü.].

244 Hardot, *What is Ancient Philosophy?*, S. 136.

245 Siehe Hahm, *The Origins of Stoic Cosmology*, Kapitel 5, »Cosmobiology«, S. 136–184.

246 E. T. Ch'ien behauptete, dass, obwohl das stoische *hēgemonikon* oder die platonische Weltseele scheinbar auf einer gleichgeordneten Logik beruhten, es sich in Wahrheit um eine unterordnende Logik handle; siehe Ch'ien, 中國思想史講義 [*Vorlesungen über die Geschichte des chinesischen Denkens*], S. 220.

247 Die letzten drei Punkte leiten sich ab von Yu Jiyuan, »Living with Nature: Stoicism and Daoism«, in: *History of Philosophy Quarterly*, Bd. 25, Nr. 1 (2008), S. 1–19.

248 Foucault, »Technologien des Selbst«, S. 984 f.

249 Ebd., S. 986 f.

250 Ebd., S. 990 f.

251 Ebd., S. 991–994.

252 Siehe Liu Shuhsien (劉述先, 1934–2016), 當代中國哲學論 [*Über die zeitgenössische chinesische Philosophie*], Bd. 1, Hongkong 1996, S. 192.

253 Es ist nachvollziehbar, weshalb *Zong* (Mittelpunkt) zugleich dem *kong* (Leere) in den acht Verneinungen entspricht: Nichtentstehen, Nichtvergehen, Nichtaufhören, Nichtandauern, Nichteinheit, Nichtverschiedenheit, Nichtkommen, Nichtgehen (不生也不滅, 不常亦不斷, 不一亦不異, 不來亦不出), siehe Jing Guan-tao und Liu Ching-feng, [*Zehn Vorlesungen*], S. 190.

254 Zitiert nach Christoph Kaderas, »Das Yuan dao des Han Yu (768–824). Analyse und vollständige Übersetzung«, in: *Zeitschrift der Deutschen Morgenländischen Gesellschaft*, Bd. 150, Nr. 1 (2000), S. 243–267, hier S. 265 f.

255 Wu Wenzhi (吳文治), 柳宗元評傳 [*Liu Zongyuans Biografie*], Beijing 1962, S. 188 f.

256 Liu glaubte nicht an den Willen des Himmels und wies die alte Interpretation der Relation zwischen Winter und Bestrafung als bloßen Aberglauben zurück. Donner mag einen Felsen in Stück brechen, sagte er, und wenn der Winter komme, stürben Baum und Kräuter, doch lasse sich dies nicht als Strafe verstehen, da der Fels und die Bäume keine Verbrecher seien. Siehe Luo Zheng Jun (駱正軍), 柳宗元思想新探 [*Neuinterpretation des Denkens Liu Zongyuans*], Changsha 2007, S. 95.

257 Dieser Punkt ist mehr als fraglich; Leser, die sich jedoch näher mit diesem Thema befassen möchten, seien auf das Buch des Historikers Chen Joshui verwiesen: Joshui Chen, *Liu Tsung-yuan and Intellectual Change in T'ang China 773–819*, Cambridge 1992.

258 Ebd. [Im Chinesischen wird diese Lehre statt mit dem Begriff Neokonfuzianismus etwa nach ihrer Entstehungszeit in der Song-Zeit, *Songxue* (宋學 / 宋学), nach ihrer ersten Hautprichtung, *Lixue* (理學 / 理学), nach ihrer Weiterentwicklung während der Ming-Dynastie, *Song-Ming-Lixue* (宋明理學 / 宋明理学), oder einschließlich ihrer zweiten Hauptrichtung, *Xinli Xue* (心理學 / 心理学), benannt. – Anm. d. Ü.].

259 Siehe Zongsan, [*Die Fragestellungen und die Entwicklung des Sung- und Ming-Konfuzianismus*].

260 Ebd., S. 99.

261 Mou Zongsan, 心性與體性 [*Gesammelte Werke 5, Moralisch-kreative Realität: Geist und Natur*], Bd. 1, Taipeh 2003, S. 120, »把道德性之當然滲透至充其極而達致具體清澈精誠惻怛之圓而神奇之境« (Dieser Satz ist beinahe unübersetzbar).

262 Ebd., S. 121, »在形而上(本體宇宙論)方面與道德方面都是根據踐仁盡性的«.

263 Ebd., S. 376. Zhou zitiert aus dem »Qian Gwa« des *Yijing* (vgl. §7) sowie aus dem »Shuogua« und dem »Xici«: »Daher errichteten sie den Weg [*Dao*] des Himmels. Ihn nannten sie ›das Schattige [*Yin*] und das Lichte [*Yang*]‹. Sie errichteten den Weg der Erde. Ihn nannten sie ›das Weiche und das Harte‹. Sie errichteten den Weg des Menschen. Ihn nannten sie ›Edelmut und (der Wesen) Rechte‹.« »Sie verfolg[t]en die Anfänge (der Wesen) bis hin zu ihren Ursprüngen und zurück bis zu (ihren) Enden. So [erkannten] sie die Lehren von Leben und Tod.« (»故曰:立天之道曰陰與陽,立地之道曰柔與剛,立人之道曰仁與義。« »又曰:原始反終,故知死生之說。«) *Yijing*, S. 236, 211.

264 Chen Lai (陳來), *Sung Ming* Li *Xue* (宋明理學), Shenyan 1995, S. 61 f.

265 *Bian* gilt auch als *Yang*, und *hua* wird als *Yin* angesehen.

266 Ebd., S. 74, »視天下無一物非我«.

267 Chang Tsai, *Rechtes Auflichten. Cheng-meng*, übers., mit Einl. u. Kommentar vers. u. hrsg. v. Michael Friedrich, Michael Lackner u. Friedrich Reimann, Hamburg 1996, S. 41.

268 [Um Verwechselungen mit *Li* (禮, »Ritus«) zu vermeiden, wird *li* (理) im Folgenden kleingeschrieben. – Anm. d. Ü.]

269 Man beachte, dass es auch noch eine andere Schule gab, die »*shu*« genannt wurde, was »zählen« bedeutet, und die von einem frühen Song-Neokonfuzianer, Shao Yung (邵雍, 1011–1077), vertreten wurde. Aufgrund des mangelnden Raumes ist es uns nicht möglich, auch diese hier zu behandeln.

270 Es trifft zudem zu, dass *ch'i* bereits im *Zhuangzi* eine signifikante Rolle spielte; dessen ungeachtet war das Verhältnis zwischen *Dao*, *Qi* und *ch'i* dennoch keinesweg eindeutig.

271 M. Groult, »L'encyclopédisme dans les mots et les choses: différence entre la *Cyclopædia* et l'*Encylopédie*«, in: Françoise Tilkin

(Hrsg.), *L'Encyclopédisme au XVIIIe siècle. Actes du colloque organisé par le Groupe d'étude du XVIIIe siècle de l'Université de Liège (Liège 30.–31. Oktober 2006)*, Liège 2008, S. 169–190, hier S. 170.

272 Ebd.

273 Chang Tsai, *Rechtes Auflichten. Cheng-meng*, S. 3 [Einfüg. d. Ü.].

274 Ebd., S. 8 [Einfüg. d. Ü.].

275 Ebd., S. 133 f. [Einfüg. d. Ü.] »凡可狀皆有也,凡有皆象也,凡象皆氣也«.

276 Es ist nicht ganz akkurat, *shen* mit »Geist« zu übersetzen, da es laut Zhang Zai eine subtile Bewegung des *ch'i* meint. Siehe Zhang Dainian, [»Zhang Zai, der Materialist des 11. Jahrhunderts«], in: ders., [*Gesammelte Werke 3*], Hebei (o. J.), S. 248 f.

277 Chang Tsai, *Rechtes Auflichten*, S. 4 f. [Einfüg. d. Ü.] »知虛空即氣,則有無,隱顯, 神化, 性命, 通一無二«.

278 Die Leere mit *ch'i* gleichzusetzen, kommt auch einem Angriff auf das Konzept der Leere im Buddhismus und Daoismus gleich.

279 Cheng Hao (程顥, 1032–1085) und Chen Yi（程頤, 1033–1107) entwickelten eine Theorie basierend auf »*li*« (Vernunft) oder genauer gesagt auf »*tian li*« (Vernunft des Himmels), die später von Zhu Xi (朱熹, 1130–1200) weiterentwickelt wurde.

280 Zhu Xi (朱熹), 文集卷58• 答黃道夫 [*Gesammelte Werke* 58: »Erwiderung auf Huang Dao Fu«], Taipeh 2000, S. 2799, »天地之間,有理有氣。理也者, 形而上之道也, 生物之本也。氣也者, 形而下之器也, 生物之具也«.

281 Zhang Dainian (張岱年) bestätigt, dass Zhang Zai *ch'i hua* als *Dao* versteht und die Gebrüder Cheng *li* als *Dao*; die Frage nach dem *Dao-Qi* wurde in die Frage nach dem *li-ch'i* umgewandelt – was bedeutet, dass die Frage nach dem *Qi* verschleiert wurde. »中國哲學中理氣事理問題辯析« [»Analyse der *li-ch'i*-Frage in der chinesischen Philosophie«], in: 中國文化研究 [*Chinesische Kulturwissenschaften*] 1 (2000), S. 19–22, hier S. 20.

282 Mou Zongsan, 周易哲学演讲录, [*Vorlesungen über die Philosophie Zhou Yis*], Shanghai 2004, S. 59.

283 Mou Zongsan sprach sich dafür aus, Zhang Zai nicht als einen Monisten von *ch'i* aufzufassen; siehe Mou Zongsan, [*Gesammelte Werke 5, Moralisch-kreative Realität: Geist und Natur*], Bd. 1, S. 493.

Mou behauptet, diese Fehllektüre Zhang Zais in der Arbeit der Gebrüder Cheng und später bei Zhu Xi habe zu der falschen Annahme geführt, Zhang Zai hätte einen Monismus des *Qi* vorgeschlagen und dass diese Lesart einer Richtigstellung bedürfe. »橫渠於《太和篇》一則雲:『散殊而可象為氣, 清通而不可象為神。』再則雲:『太虛無形, 氣之本體』。復雲:『知虛空即氣, 則有無, 隱顯, 神化, 性命通一無二。』又雲:『知太虛即氣, 則無無。』凡此皆明虛不離氣, 即氣見神。此本是體用不二之論, 既超越亦內在之圓融之論。然圓融之極, 常不能令人元滯窒之誤解, 而橫渠之措辭亦常不能無令人生誤解之滯辭。當時有二程之誤解, 稍後有朱子之起誤解, 而近人誤解為唯氣論。然細會其意, 並衡諸儒家天道性命之至論。橫渠決非唯氣論, 亦非誤以形而下為形而上者。誤解自是誤解, 故須善會以定之也。«

284 Zhang Dainian nimmt bisweilen eine dogmatisch marxistische Attitüde ein und behauptet, Zhang Zai sei nicht materialistisch genug; siehe Zhang Dainian, [*Gesammelte Werke 3*], S. 251.

285 »天地間非形即氣, 非氣即形。…由氣化形, 形复返於氣, 百性日習而不知也…神由氣化形, 人見之, 率由形化氣, 人不見者«. Pan Jixing (潘吉星), 宋應星評傳 [*Kritische Biografie Song Yingxings*], Nanjing 1990, S. 338.

286 Ebd., S. 339.

287 Ebd., S. 340, 雜於形與氣之間者水火是也。

288 Zhang Zai, 張錫琛點校:《張載集》[*Gesammelte Werke*], Beijing 1978, S. 13, Zhang beschreibt eine neue, auf Intensität basierende Dynamik des *Wu Xin*:「木曰曲直」, 能既曲而反申也;「金曰從革」, 一從革而不能自反也。水火, 氣也, 故炎上潤下與陰陽升降, 土不得而制焉。木金者, 土之華實也, 其性有水火之雜, 故木之為物, 水漬則生, 火然而不離也, 蓋得土之浮華 於水火之交也。金之為物, 得火之精於土之燥, 得水之精於土之濡, 故水 火相待而不相害, 鑠之反流而不耗, 蓋得土之精實於水火之際也。土者, 物之所以成始而成終也, 地之質也, 化之終也, 水火之所以升降, 物兼體 而不遺者也。«

289 Pang Jixing, [*Kritische Biografie Song Yingxings*], S. 353.

290 Song Yingxing, *Erschließung der himmlischen Schätze*, aus dem Altchin. übertr. v. Konrad Herrmann, Bremerhaven 2004, S. 126 [天工開物•陶埏, »水火即濟而土和«].

291 Ebd., S. 172 [»凡熟鐵, 鋼鐵已經爐錘, 水火未濟, 其質未堅, 乘其出火之日, 入清水淬之, 名曰健鋼, 健鐵«].

292 Song Yingxing, »On Heaven«, {ctext.org/wiki.pl?if=en&chapter=527608}, »朱注以王者政修, 月常避日, 日當食而不食, 其視月也太儇。《左傳》以魯君, 衛卿之死應日食之交, 其視日也太細。《春秋》: 日有食之。太旨為明時治歷之源。《小雅》: 亦孔之醜。詩人之拘泥於天官也。儒者言事應以日食為天變之大者, 臣子儆君, 無已之愛也。«

293 Ebd. »而大君征誅揖讓之所為, 時至則行, 時窮則止。與時污隆, 乾坤乃理。此日月之情, 天地之道也。«

294 Pang Jixing behauptet in seiner [*Kritischen Biografie Song Yingxings*] (S. 363 ff.), dass Song die Theorie der Resonanz ablehnte; in seinem Text erwähnt Song den Begriff »Resonanz« jedoch kein einziges Mal; vielmehr scheint es, er habe die oberflächliche Korrelation zwischen der Sonnenfinsternis und dem Bösen abgelehnt.

295 Yung Sik Kim behauptet, dass eine »natürliche Theologie« in Songs Werk vorhanden sei, schließlich werde *tian* als »Schöpfer der Dinge« betrachtet. Das Argument hält jedoch einer kritischen Betrachtung nicht stand, da Kim die enge Beziehung zwischen Song und dem Neokonfuzianismus außer Acht lässt. Yung Sik Kim, »›Natural Theology of Industry‹ in Seventeenth-Century China? Ideas about the Role of Heaven in Production Techniques in Song Yingxing's *Heaven's Work in Opening Things* (*Tiangong kaiwu*)«, in: Jed Z. Buchwald (Hrsg.), *A Master of Science: History Essays in Honor of Charles Coulston Gillispie*, Dordrecht 2012, S. 197–214.

296 David S. Nivison, *The Life and Thought of Chang Hsüeh-ch'eng*, Stanford, CA 1966, S. 152.

297 »六經皆史也。古人不著書; 古人未嘗離事而言理, 六經皆先王之政典也。«. Zitiert in Yu Ying-shih (余英時), 論戴震與章學誠：清代中期學術思想史研究 [*Über Dai Zhen und Zhang Xuecheng. Erforschung der Geschichte des Denkens während der mittleren Qing-Dynastie*], Peking 2000, S. 57.

298 Chen Lai, *Sung Ming Li Xue*, S. 6.

299 Nivison, *The Life and Thought of Chang Hsüeh-ch'eng*, S. 158.

300 »《易》曰：「形而上者謂之道, 形而下者謂之器。」道不離器，猶影不離形, 後世服夫子之教者自六經, 以謂六經載道之書也, 而不知六經皆器也。……夫子述六經以訓後世，亦謂先聖先王之道不可見，六經即其器之可見者。……而儒家者流，守其六籍，以為是特載道之書；夫天下豈有離器言道，離形存影者哉!«. Zitiert in Yu Ying-shih, [*Über Dai Zhen und Zhang Xuecheng*], S. 53.

301 Yu Ying-shih (余英時), 《人文與理性的中國》 [*Die Humanität und Rationalität Chinas*], Taipeh 1998, S. 395.

302 Yu Ying-shih, [*Über Dai Zhen und Zhang Xuecheng*], S. 89 f. Yu weist auf drei wesentliche Unterschiede zwischen Zhang und Wang Yangmin hin, dessen Konzept des *Liangzhi* für Mou Zongsans philosophisches Programm (siehe unten §18) von grundlegender Bedeutung ist. Der Hauptunterschied könnte als die Verschiebung von dem, was Wang das *Liangzhi* (»erkennendes Wohl« oder »das Herz«) von *de* (»Tugend«) zum *Liangzhi* des Wissens nennt, interpretiert werden.

303 Sun Kuang-Teh (孫廣德), 晚清傳統與西化的爭論 [*Die Tradition der späten Qing-Zeit und Debatten über die Verwestlichung*], Taipeh 1995, S. 29.

304 Li Sanhu, [*Reiteration der Tradition*], S. 111.

305 Ebd., S. 67.

306 Chen Qitai (陳其泰) und Liu Lanxiao (劉蘭肖), 魏源評傳 [*Eine kritische Biografie Wei Yuans*], Nanjing 2005, S. 159.

307 »體用者，即一物而言之也。有牛之體，則有負重之用；有馬之體，則有致遠之用。未聞以牛為體，以馬為用者也。中西學之為異也，如其種人之面目然，不可強為似也。故中學有中學之體用，西學有西學之體用，分之則並列，合之則兩亡。議者必欲合之而以為一物，且一體而一用之，斯其文義違舛，固已名之不可言矣，烏望言之而可行乎?(《嚴复集》第三冊, 1986年: 558–9)«, Li Sanhu, [*Reiteration der Tradition*], S. 109.

308 Ebd., S. 113.

309 »徧法界，虛空界，眾生界，有至大之精微，無所不膠粘，不貫洽，不筦絡，而充滿之一物焉，目不得而色，耳不得而聲，口鼻不得而臭味，無以名之，名之曰「以太」。......法界由是生，虛空由是立，眾生由是出。 夫仁，以太之用，而天地萬物由之以生，由之以通«.

310 Bai Zhengyong (白崢勇). Über die wesentlichen Bedenken an Tan Sitongs Überlegungen, siehe »Exploring Tan's thought according to Ether, Benevolence and Psychic Power« (從「以太」，「仁」與「心力」論譚嗣同思想之旨趣), 文與哲 12 (2008), S. 631 f.

311 Li Sanhu, [*Reiteration der Tradition*], S. 112, 「仁者，熱力也；義者，重力也；天下不能出此兩者」（《康子內外篇·人我篇》）[Einfüg. d. Ü.].

312 Lou Zhitian (羅志田), 裂變中的傳繼-20世紀前期的中國文化與學術 [*Tradition im Zusammenbruch. Chinesische Kultur und Forschung im frühen 20. Jahrhundert*], Peking 2009, S. 328.

313 Ebd., S. 331. Allerdings behauptet Lou auf Seite 219 desselben Buches, dass die Materie sich auf die Wissenschaft bezieht; es lässt sich erkennen, dass es sich bei Wissenschaft und Technologie um zwei Konzepte handelt, die unter Wissenschaftlern in China nicht besonders deutlich unterschieden wurden, geschweige denn werden.

314 Ebd. Das Beispiel, das Li dafür liefert, ist der Anarchist Wu Zhihui (吳稚暉, 1865–1953), Gründer des Institut Franco-Chinois de Lyon, der den Mechanizismus als Utopie anpries.

315 Hervorzuheben ist, dass, mit der strittigen Ausnahme Bergsons in *Schöpferische Evolution*, keiner dieser Philosophen auf Technik spezialisiert war.

316 Rudolf Eucken und Carsun Chang, *Das Lebensproblem in China und in Europa*, Leipzig 1922.

317 Ebd., S. 199.

318 Wang Xin Ming u. a., »A Manifesto for a China-Oriented Cultural Development«, in: 從西化到現代化·中冊 [*Verwestlichung/Modernisierung*], Bd. 2, Hefei 2008.

319 Hu Shi, Editorial der 獨立評論 [*Unabhängige Kritik*] 142 (März 1935).

320 Li Zehou (李澤厚) und Liu Zaifu (劉再復), 告別革命：回望二十世紀中國 [*Abschied von der Revolution*], Hongkong 2000. Der Philosoph Li Zehou schlug einen »Abschied von der Revolution« vor und forderte eine Abkehr von ideologischen Debatten. China, so betonte er, benötige ein neues theoretisches Werkzeug, um seine inneren Dynamiken und seine internationalen Beziehungen zu regeln, und zwar eine *pragmatische Vernunft*.

321 Wang Hui, 現代中國思想的興起 [*Der Aufstieg des modernen chinesischen Denkens*], Peking 2008 (4 Bde.).

322 [Yu-Lan Fung, »Why China has no Science. An Interpretation of the History and Consequences of Chinese Philosophy«, in: *International Journal of Ethics* 32, Nr. 3 (April 1922), S. 237–263. – Anm. d. Ü.]

323 Joseph Needham, »Science and China's Influence on the World«, in: ders., *The Grand Titration. Science and Society in East and West*, London 2013, S. 55–122, hier S. 116.

324 Ebd., S. 55–122.

325 Needham, »Poverties and Triumphs of the Chinese Scientific Tradition«, in: ders., *The Grand Titration*, S. 14–54, hier S. 23.

326 Ebd., S. 38.

327 Ebd., S. 21.

328 Joseph Needham, »Menschliche Gesetze und die Gesetze der Natur«, in: ders., *Wissenschaftlicher Universalismus*, S. 260–293, hier S. 260 f.

329 Cicero, *De legibus*, zitiert nach Needham, »Menschliche Gesetze und die Gesetze der Natur«, S. 264.

330 Siehe James Bryce, *Studies in History and Jurisprudence*, Bd. 2, New York 1901, S. 583–586.

331 *Corpus Iuris Civilis. Text und Übersetzung*, Bd. 2: *Digesten 1–10*, übers. u. hrsg. v. Okko Behrends u. a., Heidelberg 1995, S. 92.

332 Es ist womöglich kein Zufall, dass sowohl Heidegger als auch Étienne Gilson darauf hinwiesen, dass Suárez eine wichtige Rolle bei der Neudefinition der Beziehung zwischen *existentia* und *essentia* in der Geschichte der Ontologie spielte; siehe Martin Heidegger, *GA 24. Die Grundprobleme der Phänomenologie*, Frankfurt a. M. 1997, S. 112–115, und Étienne Gilson, *L'être et l'essence*, Paris 1972, Kapitel 5: »Aux origins de l'ontologie«.

333 Needham, »Menschliche Gesetze und die Gesetze der Natur«, S. 269 f.

334 Needham, »Poverties and Triumphs of the Chinese Scientific Tradition«, S. 36.

335 Needham, »Menschliche Gesetze und die Gesetze der Natur«, S. 273.

336 Ebd., S. 287.

337 Gemäß Liu Shu-hsiens (劉述先, 1934–) Klassifizierung gehört Xiong Shili (熊十力, 1885–1968) der ersten Generation und Feng Youlan (1895–1990) der zweiten Gruppe der ersten Generation an; Mou Zongsan (1909–1995) ist Teil der zweiten Generation; Liu selbst, Yu Yingshih (余英時, 1930–) und Tu Weiming (杜維明,

1940–) gehören der dritten Generation an. Siehe Liu Shu-hsieng, 理一分殊與全球地域化 [*Ein Prinzip, viele Manifestationen und die globale Territorialisierung*], Peking 2015, S. 2.

338 Mou Zongsan, [*Gesammelte Werke 21. Phänomen und Ding an sich*], S. 5.

339 Immanuel Kant, *Kritik der reinen Vernunft*, Hamburg 1956, S. 298 (A249).

340 Ebd., S. 303 (B308).

341 Ebd.

342 Mou Zongsan, 智的直覺與中國哲學 [*Intellektuelle Anschauung und chinesische Philosophie*], S. 184, zitiert nach Chang Tsai, *Rechtes Auflichten*, S. 41 [Einfüg. d. Autors; Zitat angepasst. – Anm. d. Ü.] »天之明莫大於日, 故有目接之, 不知其幾萬里之高也。天之聲莫大於雷霆, 故有耳屬之, 莫知其幾萬里之遠也, 天之不禦莫大於太虛, 故心知廓之, 莫究其極也。« Zur Übersetzung von *tai xu* mit »Größte Leere« siehe Sébastien Billioud, *Thinking through Confucian Modernity. A Study of Mou Zongsan's Moral Metaphysics*, Leiden 2011, S. 78.

343 Mou Zongsan, [*Intellektuelle Anschauung und chinesische Philosophie*], S. 186.

344 Ebd., S. 187.

345 Im *Zhong Yong* heißt es, »Die Wahrheit [誠] ist des Himmels Weg, die Suche nach Wahrheit ist der Weg des Menschen. […] Wenn Klugheit [明] aus der Wahrhaftigkeit [誠] kommt, so ist das in der Natur angelegt. Wenn die Wahrhaftigkeit aus der Klugheit kommt, ist das ein Erfolg der Unterweisung. Wer Wahrhaftigkeit hat, der hat auch Klugheit; es soll Wahrhaftigkeit geben.« 「誠者天之道也, 誠之者, 人之道也; 自誠明, 謂之性。自明誠, 謂之教。誠則明矣, 明則誠矣。」 Konfuzius, *Das Buch von Maß und Mitte*, S. 41 f. [Übersetzung angepasst. – Anm. d. Ü.].

346 Mou Zongsan, [*Intellektuelle Anschauung und chinesische Philosophie*], S. 188 [die deutsche Übersetzung folgt hier Chang Tsai, *Rechtes Auflichten*, S. 32. – Anm. d. Ü.].

347 Dschuang Dsi, *Das wahre Buch vom südlichen Blütenland*, S. 53.

348 Billioud, *Thinking through Confucian Modernity*, S. 81–89.

349 [Bei Gram heißt es: »Die ›intellektuelle Anschauung‹ kennzeich-

net ein einziges Problem, und zwar das Verhältnis eines Intellekts zu den Gegenständen, die keine Dinge an sich sind.« Siehe Moltke S. Gram, »Intellectual Intuition. The Continuity Thesis«, in: *Journal of the History of Ideas* 42, Nr. 2 (April–Juni 1981), S. 287–304, hier S. 288. – Anm. d. Ü.]

350 Ebd.

351 Yolanda Estes antwortete auf Grams Essay mit der Behauptung, dass bei Kant eigentlich fünf Bedeutungen der intellektuellen Anschauung zu finden seien; den drei genannten fügte sie (4) die Apperzeption der Selbsttätigkeit des Ichs und (5) die verknüpfte Anschauung des Sittengesetzes und der Freiheit hinzu – und wies nach, dass diese beiden Bedeutungen auch von Fichte und Schelling hervorgehoben wurden. Siehe Yolanda Estes, »Intellectual Intuition. Reconsidering Continuity in Kant, Fichte, and Schelling«, in: Daniel Breazeale und Tom Rockmore (Hrsg.), *Fichte, German Idealism, and Early Romanticism*, Amsterdam 2010, S. 165–178.

352 Johann Gottlieb Fichte, »Aenesidemus, oder über die Fundamente der von dem Hrn. Prof. Reinhold in Jena gelieferten Elementar-Philosophie (1792)«, in: Reinhart Lauth, Hans Jacob und Hans Gliwitzky (Hrsg.): *Johann-Gottlieb-Fichte-Gesamtausgabe der Bayerischen Akademie der Wissenschaft*, Bd. 1,2: *Werke 1793–1795*, Stuttgart, Bad Cannstatt 1965, S. 65.

353 Friedrich Wilhelm Joseph Schelling, »Ideen zu einer Philosophie der Natur (1797)«, in: ders., *Historisch-kritische Ausgabe*, Bd. 1/5, Stuttgart, Bad Cannstatt 1976, S. 107.

354 »Abstrakte Materialität« ist ein von Iain Hamilton Grant verwendeter Begriff, um die endlose Iteration oder Schleife von Fichtes Modell zu beschreiben, die sowohl das Ich als auch die Natur erklärt; siehe Grant, *Philosophy of Nature after Schelling*, London 2008, S. 92.

355 Für eine detaillierte Analyse von Schellings Konzept der Individuation in seiner frühen Naturphilosophie siehe Yuk Hui, »The Parallax of Individuation. Simondon and Schelling«, in: *Angelaki* 21, Nr. 4 (Winter 2016), S. 77–89.

356 Bernd-Olaf Küppers, *Natur als Organismus: Schellings frühe Naturphilosophie und ihre Bedeutung für die moderne Biologie*, Frankfurt a. M. 1992, S. 35.

357 Mou Zongsan, [*Gesammelte Werke 5. Geschichtsphilosophie*], S. 205.

358 Wang Yangming, 答顧東橋書 [»Eine Replik auf Gu Dong Qiao«], in: ders., 王陽明集, 卷二 [*Gesammelte Werke, Bd. 2*], Shanghai 1992, »若鄙人所謂致知格物者, 致吾心之良知於事事物物也。吾心之良知, 即所謂天理也。致吾心良知之天理於事事物物, 則事事物物皆得其理矣。致吾心之良知者, 致知也。事事物物皆得其理者, 格物也。是合心與理而為一者也«.

359 Mou Zongsan, *Late Works of Mou Zongsan. Selected Essays on Chinese Philosophy*, übers. v. Jason Clower, San Diego, CA 2014.

360 »故其自我坎陷以成認知的主體（知性）乃其道德心願之所自覺地要求的。這一步曲折是必要的。經過這一曲, 它始能達, 此之謂「曲達」。這種必要是辯證的必要, 這種曲達是辯證的曲達, 而不只是明覺感應之直線的或頓悟的達, 圓而神的達«. Mou Zongsan, [*Gesammelte Werke 21. Phänomen und Ding an sich*], S. 127.

361 Dieser Ausdruck stammt aus dem buddhistischen Klassiker *Erwachen des Glaubens im Mahayana* (大乘起信論).

362 »但它並不能真執持其自己; 它一執持, 即不是它自己, 乃是它的明覺之光之凝滯而偏限於一邊, 因此, 乃是它自身之影子, 而不是它自己, 也就是說, 它轉成「認知主體」。故認知主體就是它自己之光經由一停滯, 而投央過來而成者, 它的明覺之光　成為認知的了別活動, 即思解活動。感性與知性只是一認知心之兩態, 而認知心則是由知體明覺之自覺地自我坎陷而成者, 此則等於知性«. Mou Zongsan, [*Gesammelte Werke 21. Phänomen und Ding an sich*], S. 135.

363 »外王是由內聖通出去, 這不錯。但通有直通與曲通。直通是以前的講法, 曲通是我們現在關聯著科學與民主政治的講法。我們以為曲通能盡外王之極致。如只是直通, 則只成外王之退縮。如是, 從內聖到外王, 在曲通之下, 其中有一種轉折上的突變, 而不是直接推理。這即表示: 從理性之運用表現直接推不出架構來表現«. Mou Zongsan, 《政道與治道》[*Gesammelte Werke 9*], Taipeh 1991, S. 56; zitiert nach Zheng Jiadong (鄭家棟), 《牟宗三》[*Mou Zongsan*], Taipeh 1978, S. 81.

364 [Die chinesische Redewendung »Man kann nicht zugleich Fisch und Bärentatze haben« (魚與熊掌不可兼得) geht auf Mengzis Ausspruch zurück, der lautet: »Fische sind mein Begehr, Bärentatzen sind auch mein Begehr. Wenn ich beides nicht gleichzeitig haben kann, dann lasse ich den Fisch und begnüge mich mit den Bären-

tatzen. Das Leben ist mein Begehr, die Rechtlichkeit ist auch mein Begehr. Wenn ich beides nicht gleichzeitig haben kann, lasse ich das Leben und entscheide mich für die Rechtlichkeit.« Meng Zi, *Reden und Gleichnisse*, ausgew., übers. u. komm. v. Wolfgang Kubin, Freiburg i. B. 2012, S. 71. – Anm. d. Ü.]

365 Zheng Jiadong, *Mou Zongsan*, S. 89.

366 Lin Dehong (林德宏), 科技哲學十五講 [*15 Vorträge über Technikphilosophie*], Peking 2014.

367 [Friedrich Engels, »Alte Vorrede zum ›[Anti-]Dühring‹. Über die Dialektik«, in: *MEW 20*, Berlin, DDR, 1975, S. 328–336, hier S. 334. – Anm. d. Ü.]

368 Friedrich Engels, *Herrn Eugen Dührings Umwälzung der Wissenschaft (Anti-Dühring)*, in: ebd., S. 10.

369 Friedrich Engels, *Dialektik der Natur*, in: ebd., S. 316.

370 Bemerkenswerterweise veröffentlichte Yu ein Buch mit dem Titel 一个哲學學派正在中國興起 [*Eine neue philosophische Schule ist in China im Entstehen*] (Nanchang 1996).

371 »向自然界开火,进行技术革新和技术革命.« Vgl. »Reden auf der Obersten Staatskonferenz vom 28. bis 31. Januar 1958«, in: Helmut Martin (Hrsg.), *Mao Zedong Texte*, Bd. 3: *1958*, München 1982, S. 23.

372 Xia Li, »Philosophy of Science and STS in China. From Coexistence to Separation«, in: *East Asian Science, Technology and Society. An International Journal* 5 (2011), S. 57–66.

373 Chen Changshu (陳昌曙), *Introduction to Philosophy of Technology* (技術哲學導論), übers. v. Chen Fan, Ma Ming u. Howard Giskin, Peking 1999.

374 Qiao Ruijin (乔瑞金), 马克思技术哲学纲要 [*Ein Überblick über die marxistische Technikphilosophie*], Peking 2002; Lin Dehong (林德宏), 人与机器—高科技的本质与人文精神的复兴 [*Mensch und Maschine. Die Essenz der hoch entwickelten Technologie und die Renaissance der Geisteswissenschaften*], Nanjing 1999.

375 Jacques Ellul, *The Technological System*, London 1980; dieses Buch kann als Fortführung von Simondons *Die Existenzweise technischer Objekte* gelesen werden. Zur weiteren Analyse siehe Yuk Hui, »Technological System and the Problem of Desymbolization«, in:

Helena Jerónimo, José L. Garcia u. Carl Mitcham (Hrsg.), *Jacques Ellul and the Technological Society in the 21st Century*, Dordrecht 2013, S. 73–82.

376 Bernard Stiegler, *Denken bis an die Grenzen der Maschine*, übers. v. Kysmena Wojtyczka u. Erich Hörl, Zürich, Berlin 2009, S. 55.

377 Needham, »Poverties and Triumphs of the Chinese Scientific Tradition«, S. 21.

378 Mei Rongzhao, »Liu Hui's Theories of Mathematics«, in: Fan Dainian und Robert S. Cohen (Hrsg.), *Chinese Studies in the History and Philosophy of Science and Technology*, Dordrecht 1996, S. 243–254, hier S. 248.

379 Ebd., S. 244 [Einfüg. des Autors].

380 Jin Guantao, Fan Hongye und Liu Qingfeng, »The Structure of Science and Technology in History. On the Factors Delaying the Development of Science and Technology in China in Comparison with the West since the 17th Century (Part One)«, in: ebd., S. 137–164, hier S. 156.

381 Jin Guantao, Fan Hongye und Liu Qingfeng, »Historical Changes in the Structure of Science and Technology (Part Two. A Commentary)«, in: ebd., S. 165–184.

382 Paul Clavier, »L'Idée d'Univers«, in: Denis Kambouchner (Hrsg.), *Notions de Philosophie* I, Paris 1995, S. 45.

383 Christoph Riedweg, *Pythagoras. Leben, Lehre, Nachwirkung*, München 2002, S. 44 f.

384 John Tabak, *Geometry. The Language of Space and Form*, New York 2004, S. 36.

385 Christoph J. Scriba und Peter Schreiber, *5000 Jahre Geometrie. Geschichte, Kulturen, Menschen*, Berlin, Heidelberg 2005, S. 221, 228.

386 Albert Einstein, »Brief an John Singleton Switzer, 23. April 23. 1953«, in: Alistair C. Crombie (Hrsg.), *Scientific Change. Historical Studies in the Intellectual, Social, and Technical Conditions for Scientific Discovery and Technical Invention, from Antiquity to the Present*, London 1963, S. 142.

387 Joseph Needham, »Human Laws and Laws of Nature in China and the West I«, in: *Journal of the History of Ideas*, Vol. 12, No. 1 (Januar 1951), S. 3–30; »Human Laws and Laws of Nature in China

and the West II. Chinese Civilization and the Laws of Nature«, in: *Journal of the History of Ideas*, Bd. 12, Nr. 2 (April 1951), S. 194–230.

388 Catherine Chevalley, »Nature et loi dans la philosophie moderne«, in: Denis Kambouchner (Hrsg.), *Notions de Philosophie* I, S. 127–230.

389 Galileo Galilei, *Dialog über die beiden hauptsächlichsten Weltsysteme. Das ptolemäische und das kopernikansische* (1630), übers. u. erläutert v. Emil Strauss, Leipzig 1891, S. 57. Siehe auch Charles R. Bambach, *Heidegger, Dilthey and the Crisis of Historicism*, Ithaca und London 1995, S. 50.

390 Siehe Helge S. Kragh, *Conceptions of Cosmos. From Myths to the Accelerating Universe. A History of Cosmology*, Oxford 2013, worin Kragh eine Geschichte des Kosmos gemäß einem Übergang von euklidischer Geometrie zu nicht-euklidischer Geometrie, d. h. Riemannscher Geometrie, formuliert.

391 Diese Spekulation ist aus vielen langen Diskussionen mit Bernard Stiegler hervorgegangen, von dem ich auch die Unterscheidung zwischen Idee und Idealisierung übernehme.

392 Marcel Granet, *Das chinesische Denken. Inhalt, Form, Charakter*, Frankfurt a. M. 1985, S. 63–85.

393 Dies ist jedoch umstritten: Laut dem chinesischen Historiker Liu Wenying trat die Klassifizierung der vier Jahreszeiten erst gegen Ende der westlichen Zhou-Periode (1046–771 v. Chr.) ein. Zuvor wurde ein Jahr in Frühling und Herbst unterteilt. Siehe Liu Wenying (劉文英), 中國古代時空觀念的產生和發展 [*Beginn und Entwicklung der Konzepte von Zeit und Raum im alten China*], Shanghai 1980, S. 8. Jedoch gilt es, dies weiter zu begründen, da argumentiert werden kann, dass es seit der Shang-Dynastie (1600–1046 v. Chr.) ein System zur Erfassung von Tagen und Jahren gegeben habe, das als »Stämme und Zweige« bezeichnet wurde (天干地支), das entsprechend einem sechzigjährigen Zyklus funktioniert; darüber hinaus wurde dieses Aufzeichnungssystem in das *Yijing* zugunsten der Wahrsagerei integriert, die ebenfalls Berechnungen erforderlich macht. Wenn Granet und Jullian jedoch behaupten, dass das Zeitkonzept in China nicht ausgearbei-

tet wurde, wollen sie damit sagen, dass, obwohl sich Aufzeichnungen von Daten und Jahren finden lassen, die Wahrnehmung und das Verständnis von Zeit weiterhin eher mit konkreten Ereignissen als mit abstrakter Zeit verbunden blieb. Zugleich waren die Chinesen Vorreiter in Sachen des Uhrmacherhandwerks: Zhang Heng (78–139) gelang es, eine Armillarsphäre mit Wasser rotieren zu lassen, und der Universalgelehrte Su Song (1020–1101) konstruierte eine der ersten Uhren der Welt, die »wasserbetriebene Armillarsphäre mit Himmelsturm« (1088). Folglich war die Mechanisierung und Zeitberechnung (Kalenderwissenschaft) nicht nur bereits in der Han-Dynastie vorhanden, sie war auch sehr fortschrittlich (siehe Joseph Needham, Ling Wang, Derek J. de Sollar Price, *Heavenly Clockwork. The Great Astronomical Clocks of Medieval China*, Cambridge 2008, S. 7. Sus Maschine wurde 1214 aufgrund von Transportschwierigkeiten bei der [mit der neuen Dynastie einhergehenden] Verlegung der Hauptstadt aufgegeben, und niemand war in der Lage, die von ihm verfassten Dokumente zu verstehen, um die Uhr neu zu bauen.) Tatsächlich ist nicht zu leugnen, dass China vor dem 16. Jahrhundert eine führende Rolle in vielen technologischen Bereichen einnahm. Die Frage, über die wir an dieser Stelle jedoch nachdenken sollten, ist, ob Kalendarität eine konzeptionelle »Ausgestaltung« der Zeit mit sich bringt. Das eine ergibt sich nicht notwendigerweise aus dem anderen.

394 In Aristoteles' *Physik* wird Zeit als »Meßzahl der Bewegungen hinsichtlich des ›davor‹ und ›danach‹« (S. 213) definiert; eine klare Definition der Zeit finden wir bei 220b5–12, wo Zeit als 1) Bewegung, 2) Zahl und 3) Dazwischen aufgefasst wird: ›Und sie (die Zeit) ist überall am gleichen Zeitpunkt dieselbe; in ihrem ›davor‹ und »danach‹ betrachtet ist sie jedoch nicht dieselbe, weil ja auch der Wandel, als dieser gegenwärtige, ein einheitlicher ist, hingegen der vergangene und der zukünftige (Zustand) davon verschieden, die Zeit aber ist Zahl, nicht solche, mittels derer wir zählen, sondern gezählte Anzahl, und diese wird, von ›davor‹ zu ›danach‹ (fortschreitend), immer eine andere; auch die jeweiligen *Jetzte* sind verschiedene. Die (folgende) Zahl ist eine und dieselbe: Hundert

Pferde und hundert Menschen; wovon das aber Zahl war, das ist verschieden voneinander: Pferde–Menschen.« *Aristoteles' Physik. Vorlesungen über die Natur, Erster Halbbd.* I-IV, Griechisch-deutsch, übers., mit einer Einl. u. mit Anm. hrsg. v. Hans Günter Zekl, Hamburg 1987, S. 219 (220b5–12).

395 Jullien, *Über die »Zeit«*, S. 58 f.

396 Ebd., S. 58.

397 Sowohl »Kosmos« als auch »Universum« werden als *Yu Zou* ins Chinesische übersetzt.

398 Liu Wenying (劉文英), 中國古代時空觀念的產生和發展 [*Geburt und Entwicklung der Zeit- und Raumkonzepte im alten China*], S. 21 f.

399 Huang Junjie (黃俊傑), 儒家思想與中國歷史思維 [*Konfuzianische Überlegungen und chinesisches Geschichtsdenken*], Taipeh 2014, S. 3.

400 François Jullien, *Über die Wirksamkeit*, übers. v. Gabriele Ricke u. Roland Voullié, Berlin 1999. Auch Granet hob diesen Punkt hervor und beschrieb die Vorstellung des Raumes in China als »rhythmisch und geometrisch«; man sollte jedoch nicht vergessen, dass er nicht wirklich über den Raum, sondern über Fengshui sprach.

401 Marcel Detienne und Jean-Pierre Vernant, *Cunning Intelligence in Greek Culture and Society*, übers. v. Janet Lloyd, Chicago 1991.

402 Jullien, *Über die Wirksamkeit*, S. 78.

403 Siehe Bernard Stiegler, *Denken bis an die Grenze der Maschine*, Kapitel 2: »Technik als Gedächtnis«.

404 Ebd., S. 55 [Hervorhebung im Original].

405 Edmund Husserl, *Zur Phänomenologie des inneren Zeitbewusstseins (1893–1917)*, in: Rudolf Boehm (Hrsg.), *Husserliana*, Bd. 10, Den Haag 1969.

406 Jacques Derrida, *Husserls Weg in die Geschichte am Leitfaden der Geometrie. Ein Kommentar zur Beilage III der »Krisis«*, übers. v. Rüdiger Hentschel u. Andreas Knop, mit einem Nachwort v. Rudolf Bernet, München 1987, S. 116.

407 »Die gezeichnete Figur und die Schrift sind – als zwei Dimensionen der Exteriorisierung – die zwei Bedingungen *sine qua non*

der Geometrie. Es gibt die Geometrie nur als Geometrie der Figur, deren Elemente – Punkt, Linie, Fläche, Winkel, Hypotenuse usw. – durch eine Sprache definiert sind, die diese als Idealitäten setzt. Die Sprache kann sie aber nur unter der Bedingung als *Definitionen* setzen, dass sie sich selbst ortho-graphisch aufzeichnen lässt und damit die Möglichkeit gewährleistet, die Arbeit des Denkens schriftlich festzuhalten, sie gleichsam wie ein Engramm Schritt für Schritt, wörtlich und ohne einen Verlust an semantischer Substanz zu fixieren.« Stiegler, *Denken bis an die Grenzen der Maschine*, S. 57 [Hervorhebung im Original].

408 Stiegler, *Technik und Zeit. Der Fehler des Epimetheus*, übers. v. Gabriele Ricke u. Ronald Voullié, Zürich, Berlin 2009, S. 188.

409 Ebd., S. 235.

410 André Leroi-Gourhan, *Milieu et Technique*, Paris 1973 [1943], S. 424–434.

411 Tatsächlich finden sich in Leroi-Gourhans *Hand und Wort* Stellen über die Beziehung zwischen Stadtentwicklung und Kosmogonie – Leroi-Gourhan versteht Letztere jedoch als symbolische Form.

412 Tetsurō Watsuji, *Fūdo. Wind und Erde. Der Zusammenhang zwischen Klima und Kultur*, übers. u. eingeleitet v. Dora Fischer-Barnicol u. Ōkōchi Ryōgi, Berlin 2017.

413 Ebd., S. 109.

414 Ebd., S. 114. Watsuji war sich vermutlich nicht bewusst, dass Heidegger eine entgegengesetzte Position hinsichtlich des griechisch-römischen Erbes einnahm.

415 Ebd., S. 113.

416 Jullien, *Procès ou Création*, S. 72.

417 Sima Qian (司马迁), *Aus den Aufzeichnungen des Chronisten* (史记选), 3. Bde., übers. v. Gregor Kneussel (Bd. 1, 2) u. Alexander Saechtig (Bd. 3), Peking 2016; siehe den Abschnitt zu Lao Tzu.

418 »道可道,非常道。名可名,非常名。«

419 Bruno Latour, *Wir sind nie modern gewesen. Versuch einer symmetrischen Anthropologie*, Frankfurt a. M. 2008, S. 148 [Hervorhebung im Original].

420 Simondon, *Die Existenzweise technischer Objekte*, S. 10.

421 Dies leitet sich ab von dem, was Stiegler, anknüpfend an Derrida, »Pharmakologie« nennt, womit gemeint ist, dass Technik gleichzeitig »Heilmittel« und »Gift« darstellt. Wir werden im Folgenden sehen, dass es sich bei der Abwehrhaltung, von der wir sprechen, keineswegs um eine blinde Abwehrhaltung gegenüber allen modernen Technologien handelt – was töricht, wenn nicht sogar unmöglich wäre –, sondern um einen inneren Widerstand, der auf eine Neuverzeitlichung und Neueröffnung der Frage nach der Weltgeschichte abzielt.

422 Das soll nicht heißen, dass Lyotard nichts dazu beigetragen hätte. Wie wir weiter unten sehen werden, warf Lyotard in einer Diskussion mit Stiegler eine höchst spekulative Frage auf – jene nach dem »lichten Spiegel« –, mit der er versucht, eine radikal neue Richtung im Dialog mit dem Anderen einzuschlagen, der oftmals abwesend ist in der Technikphilosophie.

423 Theodore R. Schatzki, »Living Out of the Past: Dilthey and Heidegger on Life and History«, in: *Inquiry*, Bd. 46, Nr. 3 (2003), S. 301–323, hier S. 312.

424 Martin Heidegger, *Sein und Zeit*, Tübingen 2006, S. 382 [Hervorhebung im Original].

425 Jacques Derrida, *Heidegger. La question de l'Être et l'Histoire. Cours de l'ENS-Ulm (1964–1965)*, Paris 2013, S. 273 f.

426 Heidegger, *Sein und Zeit*, S. 382.

427 Ebd., S. 383 [Hervorhebung im Original].

428 Derrida, *Heidegger. La question de l'Être et l'Histoire*, S. 265 ff. Bedauerlicherweise hat Derrida sein Argument nicht vollständig entwickelt, aber er weist darauf hin, dass die Sichüberlieferung (»la transmission de soi«) die ursprüngliche Synthese und für die Geschichtlichkeit zentral ist.

429 Heidegger, *Sein und Zeit*, S. 380 [Hervorhebung im Original].

430 Dadurch lässt sich verstehen, dass die hochtourige wirtschaftliche Entwicklung Städte in China zwar zerstört, sie jedoch mit gleicher Geschwindigkeit durch Denkmäler oder Museen ersetzt; es lässt sich vermutet, dass dies kein rein wirtschaftlicher Prozess ist, sondern dass es sich hier um einen symptomatischen Mangel an geschichtlichem Bewusstsein handelt, wie wir weiter unten erörtern werden.

431 Martin Heidegger, *GA 95. Überlegungen VII–XI. Schwarze Hefte 1938/39*, Frankfurt a. M. 2014, S. 351.

432 Ebd., S. 117.

433 Heidegger, *GA 97. Schwarze Hefte (1942–1948)*, S. 29.

434 Nietzsche, *Die fröhliche Wissenschaft*, S. 137 f. [125].

435 »*Sein ist das transcendens schlechthin*«, Heidegger, *Sein und Zeit*, S. 38 [§7] [Hervorhebung im Original]; Dermot Moran hat darauf hingewiesen, dass Heidegger diesen Punkt in seinem »Brief über den Humanismus« wieder aufgegriffen hat: »Diese rückblickende Bestimmung des Wesens des Seins des Seienden aus der Lichtung des Seienden als solchen bleibt für den vordenkenden Ansatz der Frage nach der Wahrheit des Seins unumgänglich.« Martin Heidegger, »Brief über den Humanismus (1946)«, in: ders., *GA 9. Wegmarken (1919–1961)*, S. 313–364, hier S. 337; siehe auch Dermot Moran, »What Does Heidegger Mean by the Transcendence of Dasein?«, in: *International Journal of Philosophical Studies*, Bd. 22, Nr. 4, (2014), S. 491–514, hier S. 496.

436 Im gleichen Abschnitt (§7) von *Sein und Zeit* (S. 38; [Hervorhebung im Original]) schreibt Heidegger: »Die Transzendenz des Seins des Daseins ist eine ausgezeichnete, sofern in ihr die Möglichkeit und Notwendigkeit der radikalsten *Individuation* liegt. Jede Erschließung von Sein als des transcendens ist *transzendentale* Erkenntnis. *Phänomenologische Wahrheit (Erschlossenheit von Sein) ist veritas transcendentalis.*« Für eine umfassendere Diskussion von Heideggers Konzept der Transzendenz des Daseins in Bezug auf Husserls Phänomenologie siehe Moran, »What Does Heidegger Mean by the Transcendence of Dasein?«. Es genügt, an dieser Stelle darauf hinzuweisen, dass Heidegger in »Was ist Metaphysik« schreibt: »Da-sein heißt: Hineingehaltenheit in das Nichts. Sich hineinhaltend in das Nichts ist das Dasein je schon über das Seiende im Ganzen hinaus. Dieses Hinaussein über das Seiende nennen wir die Transzendenz.« Martin Heidegger, »Was ist Metaphysik? (1929)«, in: ders., *GA 9. Wegmarken*, S. 103–123, hier S. 115.

437 Backman, *Complicated Presence*, S. 33.

438 Boehm, »Heidegger über die Technik«, S. 143.

439 Siehe unsere Diskussion in Teil 1 (§8).

440 Martin Heidegger, »Das Ende der Philosophie und die Aufgabe des Denkens (1964)«, in: ders., *GA 14. Zur Sache des Denkens*, Frankfurt a. M. 2007, S. 67–90.

441 Boehm, »Pensée et technique. Notes préliminaires pour une question touchant la problématique heideggerienne«, in: *Revue Internationale de Philosophie* 14, Nr. 52 (1960), S. 194–220, hier S. 217: »Mais dans ce cas, la philosophie ne pourrait-elle oublier l'Etre et concentrer simplement tous ses efforts en vue d'atteindre à la plus grande perfection de sa technique? Ou bien enfin, y aurait-il tout de même une possibilité pour la pensée de se défaire de ses liens à une condition technique?« [Dieser Absatz wurde in dem 1981 auf deutsch erschienenen Band *Vom Gesichtspunkt der Phänomenologie. Zweiter Band. Zur Phänomenologie der Epoché* von Boehm getilgt. – Anm. d. Ü.].

442 Die von den Mongolen regierte Yuan-Dynastie sollte hierbei als Ausnahme betrachtet werden, da China zu dieser Zeit besetzt und kolonisiert war.

443 Nishitani, *Was ist Religion?*, S. 44.

444 Ebd., S. 153 f.

445 Ebd., S. 154.

446 Ebd., S. 156.

447 Ebd., S. 161.

448 Ebd., S. 267.

449 Ebd., S. 279.

450 Georg Wilhelm Friedrich Hegel, *Enzyklopädie der philosophischen Wissenschaften im Grundrisse* (1830) *I*, in: ders., *Werke in 20 Bänden*, Bd. 8, hrsg. v. Eva Moldenhauer und Karl Markus Michels, Frankfurt a. M. 1986, S. 199 [§94].

451 Nishitani, *Was ist Religion?*, S. 279 [Hervorhebung im Original].

452 Ebd., S. 280.

453 Ebd., S. 194 [Hervorhebung im Original].

454 Ebd., S. 198.

455 Ebd., S. 211.

456 An dieser Stelle bezieht sich Nishitani zugleich auf Heideggers *a-letheia* (*Un-verborgenheit*). Siehe ebd., S. 305.

457 Ebd., S. 200.

458 Ebd., S. 279.

459 [Siehe ebd., S. 328–332. – Anm. d. Ü.]

460 Ebd., S. 318.

461 Siehe u. a. Naoki Sakai, *Translation and Subjectivity. On »Japan« and Cultural Nationalism*, Minneapolis 1997; sowie Christopher Goto-Jones (Hrsg.), *Re-Politicising the Kyoto School as Philosophy*, London, New York 2008.

462 Kosaka Kanitsugu, »Nishida Kitaro und Wang Yangming. Ein Prototypus der Anschauung der Wirklichkeit in Ostasien«, in: Hsaki Hashi (Hrsg.), *Denkdisziplinen von Ost und West*, Nordhausen 2015, S. 123–158. Feenberg gleicht diese »Handlungsintuition« (行為的直觀) dem an, was Heidegger *Umsicht* nennt, irrt jedoch, da es, wie wir im Folgenden sehen werden, eher der intellektuellen Anschauung entspricht. Siehe Andrew Feenberg, »The Problem of Modernity in the Philosophy of Nishida«, in: James Heisig u. John Maraldo (Hrsg.), *Rude Awakenings: Zen, the Kyoto School and the Question of Nationalism*, Hawaii 1995, S. 151–173.

463 Frédéric Girard, »Le moi dans le bouddhisme Japonais«, in: *Ebisu* 6 (1994), S. 97–124, hier S. 98.

464 Heisig, *Philosophers of Nothingness*, S. 73.

465 Ebd., S. 74.

466 Ebd., S. 75.

467 Nishidas Konzept des *basho* beruht auf der Vorstellung, dass, wenn zwei Dinge in Beziehung zueinander stehen, die Beziehung stets einen Ort voraussetzt: Wollen wir die Relation zwischen A und Nicht-A betrachten, muss ein Ort vorhanden sein, damit eine solche Relation zutage treten kann. Für eine detailliertere Analyse von Nishidas Konzept des Raums, siehe Augustin Berque, *Écoumène. Introduction à l'étude des milieux humains*, Paris 2000, S. 53, 140.

468 Die Frage des Nichts wurde von Heidegger bemerkenswerterweise 1929 in seiner Freiburger Antrittsrede »Was ist Metaphysik?« thematisiert. Heidegger versucht darin zu zeigen, dass Angst das Nichts offenbare, zumal das Seiende ins Nichts entgleite: »In der Angst wird das Seiende im Ganzen hinfällig. In welchem Sinne ge-

schieht das? Das Seiende wird doch durch die Angst nicht vernichtet, um so das Nichts übrigzulassen. Wie soll es das auch, wo sich doch die Angst gerade in der völligen Ohnmacht gegenüber dem Seienden im Ganzen befindet. Vielmehr bekundet sich das Nichts eigens mit und an dem Seienden als einem entgleitenden im Ganzen« (Heidegger, »Was ist Metaphysik?«, S. 113). Möglich ist, dass Heidegger hier eine Privationslogik anwendet, in welchem Falle sein Denken ähnlich jenem von buddhistischen Gelehrten wäre. Wenn Heidegger sagt, »Da-sein heißt: Hineingehaltenheit ins Nichts« (S. 115), meint er, dass man jenseits des Seienden als Ganzem geht, in Richtung Transzendenz. Dieser Vortrag wurde von Rudolf Carnap in einem Artikel mit dem Titel »Überwindung der Metaphysik durch logische Analyse der Sprache« heftig kritisiert. Wittgenstein hingegen hinterließ in seinen Notizen einen Absatz, der eine gewisse Übereinstimmung mit Heidegger erkennen lässt. Sowohl Carnaps als auch Wittgensteins Texte finden sich in: Michael Murray (Hrsg.), *Heidegger and Modern Philosophy. Critical Essays*, New Haven, London 1978 [Rudolf Carnaps Aufsatz erschien in: *Erkenntnis* 2 (1931/32), S. 219–241. – Anm. d. Ü.].

469 Feenberg, *The Problem of Modernity in the Philosophy of Nishida*, S. 126.

470 Heisig, *Philosophers of Nothingness*, S. 104.

471 Ebd., S. 121.

472 Keiji Nishitani, »Mein philosophischer Ausgangspunkt«, in: *Zeitschrift für philosophische Forschung*, Bd. 46, Heft 4 (Okt.–Dez. 1992), S. 545–556, hier S. 556 u. 553.

473 Heisig, *Philosophers of Nothingness*, S. 197.

474 Ebd., S. 198.

475 Zitiert nach Christian Uhl, »What Was the ›Japanese Philosophy of History‹? An Inquiry Into the Dynamics of the ›World-Historical Standpoint‹ of the Kyoto School«, in: Goto-Jones (Hrsg.), *Re-Politicizing the Kyōto School as Philosophy*, S. 112–134, hier S. 125; Keiji Nishitani, *Chosakushū*. IV, Tokyo 1987/1988, S. 252.

476 Siehe Bambach, *Heidegger, Dilthey and the Crisis of Historicism*.

477 Georg Wilhelm Friedrich Hegel, *Vorlesungen über die Philosophie der Geschichte*, in: ders., *Werke in 20 Bänden*, Bd. 12, hrsg. v. Eva

Moldenhauer und Karl Markus Michels, Frankfurt a. M. 1986, S. 540. Siehe dazu auch Pierre Chételat, »Hegel's Philosophy of World History as Theodicy. On Evil and Freedom«, in: Will Dudley (Hrsg.), *Hegel and History*, New York 2009, S. 215–230.

478 Uhl, »What Was the ›Japanese Philosophy of History‹?«, S. 120; zitiert aus »Tōa kyōeiken no rinrisei to rekishisei«, in: *Chūōkōron* (April 1942), S. 120–127, hier S. 127.

479 Takeshi Kimoto, *The Standpoint of World History and Imperial Japan* (Dissertation), Cornell University, 2010, S. 153–155.

480 Ebd., S. 148.

481 Ebd., S. 149.

482 Uhl, »What Was the ›Japanese Philosophy of History‹?«, S. 115.

483 Siehe Dennis J. Schmidt, *On Germans and Other Greeks. Tragedy and Ethical Life*, Indianapolis 2001.

484 Kimoto, *The Standpoint of World History*, S. 145.

485 Man beachte, dass Suzuki während des *Chūōkōron*-Treffens ebenso behauptete, dass »wir den Schluss ziehen müssen, dass zwar die Moral in China existiert, jedoch keine moralische Energie«; siehe Uhl, »What was the ›Japanese philosophy of history‹?«, S. 123; zitiert aus *Chūōkōron* (April 1942), S. 129.

486 Zitiert nach Kimoto, *The Standpoint of World History*, S. 145; aus Kōsaka u. a., »Sekaishiteki tachiba to Nihon«, S. 192. Kimoto weist zudem darauf hin, dass dieses Konzept von Nishida stammt.

487 Anders als die Philosophen der Kyōto-Schule befasste sich Mou nur selten mit der Frage der Moderne. Einige Kommentatoren, wie etwa Stephan Schmidt, haben nahegelegt, dass in Mous Lehren eine Agenda verborgen liege, beispielsweise eine »Erklärung der intellektuellen Unabhängigkeit der konfuzianischen Philosophie von konfuzianischen Institutionen« (Stephan Schmidt, »Mou Zongsan, Hegel and Kant: the Quest for Confucian Modernity«, in: *Philosophy East and West*, Bd. 61, Nr. 2 (2011), S. 260–302, hier S. 276). Wirklich überzeugend scheint dies jedoch nicht. Mou war einer der Gründer des New Asia College, das mittlerweile Teil der Chinesischen Universität Hongkong ist, und war während seiner gesamten Laufbahn als Professor an Universitäten beschäftigt.

488 Tomomi Asakura, »On Buddhistic Ontology. A Comparative Study of Mou Zongsan and Kyoto School Philosophy«, in: *Philosophy East and West*, Bd. 61, Nr. 4 (2011), S. 647–678, hier S. 649.

489 »Perfekte Lehre« bedeutet Mou zufolge eine Lehre, die sich nicht mittels sprachlicher Schilderung erreichen lässt, sondern notwendigerweise über die Sprache hinausgehen muss; Mou Zongsan, [*Neunzehn Vorlesungen*], S. 248.

490 Mou Zongsan, 智的直覺與中國哲學 [*Intellektuelle Anschauung und chinesische Philosophie*], S. 211–215.

491 Ebd., S. 215; Asakura, »On Buddhistic Ontology«, S. 661.

492 Asakura, »On Buddhistic Ontology«, S. 666.

493 Keiji Nishitani, *On Buddhism*, New York 2006, S. 40.

494 Ebd., S. 56.

495 Nishitani, *Was ist Religion?*, S. 162 f.

496 Nishitani, *On Buddhism*, S. 50.

497 Ebd., S. 49 f.

498 »Geschichte und Übergeschichte [*superhistory*], Zeit und Ewigkeit kreuzen sich und überschneiden einander. Solch ein Schnittpunkt wurde ›Jetzt‹, ›Hier‹ oder ›Berührungspunkt‹ genannt. Wie Sie wissen, wird es, um es mit der im Westen vorherrschenden Terminologie zu sagen, häufig mit dem deutschen Wort ›Augenblick‹ bezeichnet. Das ›Jetzt‹, obwohl es innerhalb der Zeit existiert, durchschneide die Zeit in einer vertikalen Weise.« Ebd., S. 49.

499 Matsuo Bashō: »Ein uralter Weiher«, in: Manfred Hausmann, *Los des Lebens. Nachdichtungen nach dem Japanischen und Chinesischen*, Frankfurt a. M. 1985, S. 46.

500 Nishitani, *On Buddhism*, S. 74.

501 Bernard Stiegler, *Technics and Time 2. Disorientation*, Stanford 2009, S. 5.

502 Heidegger, *Sein und Zeit*, S. 388 f. (§75) [Hervorhebung im Original], zitiert in: Stiegler, *Technik und Zeit*, S. 350.

503 Stiegler, *Technics and Time 3*, S. 37.

504 Stiegler, *Technik und Zeit*, S. 309 [Hervorhebung im Original].

505 Stiegler, *Technics and Time 3*, S. 56 [Hervorhebung im Original].

506 Hinsichtlich der Verwendung des Begriffs *episteme* siehe §2.

507 Sigmund Freud, »Erinnern, Wiederholen und Durcharbeiten (Weitere Ratschläge zur Technik der Psychoanalyse III (1915 [1914])«, in: ders., *Studienausgabe. Ergänzungsband. Schriften zur Behandlungstechnik*, hrsg. v. Alexander Mitscherlich u. a., Frankfurt a. M. 1982, S. 205–215, hier S. 209.

508 Ebd. [Hervorhebung im Original].

509 Ebd., S. 209 f. [Hervorhebung im Original].

510 Ebd., S. 215 [Hervorhebung im Original].

511 In Dominique Scarfones Artikel »À quoi œuvre l'analyse?«, in: *Libres cahiers pour la psychanalyse* 9 (2004), S. 109–123, argumentiert der Autor, dass das *Durcharbeiten* für Freud eine Aufgabe darstellt, die dem Patienten zufällt, und der Analytiker nur warten und die Dinge geschehen lassen kann; für Lyotard ist das Gegenteil der Fall: Es ist das »dritte Ohr« des Analytikers, das den Durchgang des Signifikanten ermöglicht.

512 Lyotard, »Logos und Techne, oder: die Telegraphie«, S. 101.

513 Jean-François Lyotard, »Notizen über die Bedeutung von ›post‹«, in: ders., *Postmoderne für Kinder. Briefe aus den Jahren 1982–1985*, übers. v. Dorothea Schmidt unter Mitarbeit v. Christine Pries, Wien [3]2009, S. 103–109, hier S. 109.

514 Christopher Fynsk, »Jean-François's Infancy«, in: *Yale French Studies, Nr. 99. Jean-François Lyotard: Time and Judgment* (2001), S. 44–61, hier S. 48.

515 Ebd., S. 55.

516 Martin Heidegger, »Zollikoner Seminare (1959–1969)«, in: ders., *Zollikoner Seminare. Protokolle. Zwiegespräche. Briefe*, Frankfurt a. M. [2]1994, S. 1–191, hier S. 58 f. Heidegger schreibt: »Um zu dem Gedanken der Privation zu gelangen, haben die griechischen Denker zweihundert Jahre gebraucht. Erst Plato hat diese Negation als Privation entdeckt und sie in seinem Dialog ›Sophistes‹ erörtert.«

517 Bei dieser Negation, die sich aus einer inneren Entwicklung heraus ergibt, handelt es sich um jene Logik, die Lyotard in seiner Einführung zu *Les Immatériaux* vorbringt. Siehe Jean-François Lyotard u. a., *Immaterialität und Postmoderne*, übers. v. Marianne Karbe, Berlin 1985; sowie Jean-François Lyotard, »Die Immate-

rialität. Manifest eines Projekts am Centre Georges Pompidou, Beaubourg«, in: *Das Abenteuer der Ideen. Architektur und Philosophie seit der Industriellen Revolution. Internationale Bauausstellung*, Berlin 1987, S. 185–194.

518 Lyotard, »Logos und Techne, oder: die Telegraphie«, S. 102 f.

519 Ebd., S. 103 f. [Hervorhebung im Original].

520 [Zitiert nach Wolfgang Ommerborn, *Die Einheit der Welt. Die Qi-Theorie des Neo-Konfuzianers Zhang Zai (1020–1077)*, Amsterdam, Philadelphia 1996, S. 74 (Übersetzung angepasst). – Anm. d. Ü.]

521 [Ebd., S. 75. – Anm. d. Ü.]

522 Carl Olsen, *Zen and the Art of Postmodern Philosophy. Two Paths of Liberation From the Representational Mode of Thinking*, New York 2000, S. 68 [die deutsche Übersetzung zitiert hier nach Gereon Kopf, »Zen, Erfahrung und Philosophie. Ueda Shizuteru und die Schöpfung einer Zen-Philosophie«, in: *Asiatische Studien. Zeitschrift der Schweizerischen Asiengesellschaft* 69, Nr. 2 (2015), S. 363–390, hier S. 371. – Anm. d. Ü.].

523 Jean-François Lyotard, »Anamnesis of the Visible«, in: *Theory Culture Society* 21 (2004), S. 107–119, hier S. 118 [zur Publikationsgeschichte dieses Aufsatzes, siehe Jean-François Lyotard, *Das Elend der Philosophie*, übers. v. Eva Werth u. Bilge Ertugrul, Wien 2004, S. 266. – Anm. d. Ü.].

524 Lyotard, »Logos und Techne, oder: die Telegraphie«, S. 105 f.

525 Ebd., S. 89.

526 Peter Sloterdijk, *Im Weltinnenraum des Kapitals. Für eine philosophische Theorie der Globalisierung*, Frankfurt a. M. 2006, S. 19.

527 Peter Sloterdijk, »Spheres Theory. Talking to Myself About the Poetics of Space«, in: *Harvard Design Magazine* 30 (Frühling/Sommer 2009), S. 1–8, hier S. 7.

528 Peter Sloterdijk, »Es gibt keine moralische Pflicht zur Selbstzerstörung«, in: *Cicero. Magazin für politische Kultur*, 28. Januar 2016.

529 Leroi-Gourhan, *Hand und Wort*, S. 385.

530 Hajime Tanabe präsentierte in »On the Logic of Co-prosperity Spheres. Towards a philosophy of Regional Blocs« (1942) das Projekt als eine Art hegelsche Dialektik, das seiner Meinung nach zur

Gleichberechtigung der Nationen führen würde; 1933 antwortete Tanabe in einer japanischen Zeitung auf Heideggers Rektoratsrede mit drei Artikeln (»The Philosophy of Crisis or a Crisis in Philosophy. Reflections on Heidegger's Rectoral Address«), in denen er sich gegen Heideggers Priorisierung des aristotelischen Theorems aussprach und nahelegte, Philosophie habe einen aktiveren Beitrag innerhalb der politischen Krise zu leisten, vergleichbar Platons Besuchen in Syrakus. Zwei Artikel finden sich in David Williams, *Defending Japan's Pacific War. The Kyoto School Philosophers and Post-White Power*, London 2004.

531 Alexander Dugin, *Die Vierte Politische Theorie*, übers. v. Ben Augustin, London 2013.

532 Ebd., S. 28.

533 Ebd., S. 101.

534 Ebd., S. 106.

535 Julian Young, *The Philosophy of Tragedy. From Plato to Žižek*, Cambridge 2013, S. 101.

536 Dennis J. Schmidt, *On Germans and Other Greeks. Tragedy and Ethical Life*, Indianapolis 2001, S. 139.

537 Ingo Farin, »The Black Notebooks in Their Historical and Political Context«, in: Ingo Farin u. Jeff Malpas (Hrsg.), *Reading Heidegger's Black Notebooks 1931–1941*, Cambridge, MA 2016, S. 289–321, hier S. 301.

538 Martin Heidegger, *GA 96. Überlegungen XII-XV. Schwarze Hefte 1939–1941*, Frankfurt a. M. 2014, S. 243; siehe hierzu auch Donatella Di Cesare, »Heidegger's Metaphysical Anti-Semitism«, in: Farin u. Malpas (Hrsg.), *Reading Heidegger's Black Notebooks 1931–1941*, S. 181–194, hier S. 181.

539 Heidegger, *GA 96. Überlegungen XII-XV. Schwarze Hefte 1939–1941*, S. 46; siehe hierzu auch Di Cesare, »Heidegger's Metaphysical Anti-Semitism«, S. 184.

540 Zusammenfassend schreibt Bambach über Heideggers Erörterung des Gegensatzes zwischen dem Frühgriechischen und dem Asiatischen: »[Asien] steht mit seinem Namen für das Barbarische, das Wurzellose, das Allochthonische, für jene, deren Wurzeln nicht indigen sind, sondern von einem anderen Ort stammen. Für

Heidegger stellt Asien die reine Alterität, das Anderssein dar, das die Bewahrung des Heimatlandes bedroht.« (Charles Bambach, *Heidegger's Roots. Nietzsche, National Socialism, and the Greeks*, Ithaka, London 2003, S. 177.)

541 Martin Heidegger, »Europa und die Deutsche Philosophie«, in: Hans-Helmuth Gander (Hrsg.), *Europa und die Philosophie*, Frankfurt a. M. 1993, S. 31–41, hier S. 31.

542 Heidegger, *GA 95. Überlegungen VII–XI. Schwarze Hefte 1938/39*, S. 133.

543 Ebd., S. 80.

544 Zitiert in Heisig, *Philosophers of Nothingness*, S. 204.

545 [Martin Heidegger, »Wozu Dichter?«, in: ders., *GA 5. Holzwege*, S. 269–320, hier S. 269. – Anm. d. Ü.]

546 Christophe Bonneuil, »The Geological Turn. Narratives of the Anthropocene«, in: Clive Hamilton, François Gemenne, Christophe Bonneuil (Hrsg.), *The Anthropocene and the Global Environmental Crisis. Rethinking Modernity in a New Epoch*, London, New York 2015, S. 17–31, hier S. 25.

547 Ich übernehme den Begriff des *Homo industrialis* von Michael S. Northcott, *A Political Theology of Climate Change*, Grand Rapids, MI, 2013, S. 105.

548 Ebd., S. 13.

549 Montebello, *Métaphysiques cosmomorphes*, S. 103.

550 Northcott, *A Political Theology of Climate Change*, S. 48.

551 Michael S. Northcott, »Eschatology in the Anthropocene. From the *chronos* of deep time to the *kairos* of the age of humans«, in: Clive Hamilton, François Gemenne, Christophe Bonneuil (Hrsg.), *The Anthropocene and the Global Environmental Crisis*, S. 100–112.

552 Hutton war der Erste, der bewies, dass die Erde – entgegen der biblischen Annahme, die Erde sei rund 6000 Jahre alt – bereits seit mehr als 800 Millionen Jahren existierte. Huttons Entdeckung stellte nicht nur die Kirche infrage, sie legte zugleich eine Theorie des »Erdsystems« nahe, die als Grundlage moderner Geologie angesehen wird.

553 Bruno Latour, »Let's Touch Base!«, in: ders. (Hrsg.), *Reset Modernity!*, Karlsruhe, Cambridge MA 2016, S. 21 [die deutsche Über-

setzung folgt hier Bruno Latour, in: *reset MODERNITY! Field Book. Deutsch*, hrsg. v. ZKM, übers. v. Christiansen & Plischke, Karlsruhe 2016, o. S. (Hervorhebung im Original) – Anm. d. Ü.].

554 So hat China seit 2008 den größten Kohlendioxidausstoß. Siehe Will Steffen u. a., »The Anthropocene. From Global Change to Planetary Stewardship«, in: *Ambio* 40, Nr. 7 (2011), S. 739–761.

555 [»UK ›needs Chinese investment‹, ambassador says (18. Oktober 2015)«, auf: {www.bbc.com/news/business-34566652}, letzter Zugriff am 07.11.2019. – Anm. d. Ü.]

556 [»Chinese New Year Dancing Robots«, auf: {www.youtube.com/watch?v=CKKBEQkaCcc}, letzter Zugriff am 07.11.2019. – Anm. d. Ü.]

557 Jason W. Moore, *Kapitalismus im Lebensnetz. Ökologie und Akkumulation des Kapitals*, übers. v. Dirk Höfer, Berlin 2020.

558 Shimshon Bichler und Jonathan Nitzan, »Capital as Power. Toward a New Cosmology of Capitalism«, in: *Real-World Economics Review* 61 (2012), S. 65–84, {www.econpapers.repec.org/article/zbwespost/157784.htm}, letzter Zugriff am 07.11.2019.

559 Meng Zi, *Reden und Gleichnisse*, S. 91.

560 Im Gegensatz zu Mengzis Gedanke, dass die menschliche Natur gut sei, besteht Xunzi darauf, dass sie schlecht sei und die Bildung daher so wichtig. In der Frage der Ökologie hingegen stimmt Xunzi mit Mengzi überein: Der König, als Weiser, sollte Gesetze erlassen zum Schutz der natürlichen Ressourcen, wenn diese sich im Wachstum befinden; so sollten etwa Äxte im Wald verboten sein, wenn Pflanzen und Bäume gedeihen (»草木榮華滋碩之時，則斧斤不入山林，不夭其生，不絕其長也«).

561 Dipesh Chakrabarty, *Provincializing Europe. Postcolonial Thought and Historical Difference*, Princeton, Oxford 2000; Auszüge daraus finden sich in: ders., *Europa als Provinz. Perspektiven postkolonialer Geschichtsschreibung*, Frankfurt a. M., New York 2010.

562 Siehe Bambach, *Heidegger, Dilthey, and the Crisis of Historicism.*

563 Dipesh Chakrabarty, »Die zwei Geschichten des Kapitals«, in: ders., *Europa als Provinz*, S. 115–147, hier S. 143.

564 Ebd., S. 146 f.

565 Ebd., S. 146 [Hervorhebung im Original].

566 Siehe mein Buch *On the Existence of Digital Objects*, Kapitel 3, in dem ich eine Ontologie der Relationen auszuarbeiten versuche, um die Dynamik zwischen dem, was ich »diskursive«, und dem, was ich »existenzielle« Relationen nenne, zu beschreiben. Diese beiden Arten von Relationen sollten nicht mit dem verwechselt werden, was in der mittelalterlichen Philosophie als *relationes secundum dici* und *relationes secundum esse* bekannt war, da Letzteres nach wie vor die Vorstellung der Substanz mit sich bringt, von der die relationale Ontologie wegzukommen versucht. Kurz gesagt, diskursive Relationen sind solche, die ausgesprochen und folglich in verschiedenen Formen materialisiert werden können, ohne dabei kausale Relationen auszuschließen – zum Beispiel Zeichnungen, Schriften, physische Kontakte von Riemenscheiben und Riemen, elektrische Ströme und Datenverbindungen; existenzielle Relationen sind Relationen zur Welt, die durch die Konkretisation diskursiver Relationen permanent modifiziert werden.

567 Immanuel Kant, »Zum ewigen Frieden. Ein philosophischer Entwurf«, in: Paul Menzer (Hrsg.), *Kants Populäre Schriften*, Berlin, Boston 2018 (1911), S. 309–368, hier S. 332.

568 Unsichtbares Komitee, *An unsere Freunde*, übers. v. Birgit Althaler, Hamburg 2015, S. 181.

569 [Siehe Kant, *Kritik der Urteilskraft*, in: ders., *Werkausgabe*, Bd. X, Frankfurt a. M. 1974, u. a. S. 143 (§15). – Anm. d. Ü.]

570 Die Hippie-Bewegung in den Vereinigten Staaten während der 1960er-Jahre, aus der heraus sich später viele Hacker eine verwestlichte Form des Zen-Buddhismus als Religion zu eigen machten.

571 Gilbert Simondon, »The Limits of Human Progress. A Critical Study (1959)«, in: *Cultural Politics* 6, Nr. 2 (2010), S. 229–236.

572 Raymond Ruyer, »Les Limites du progrès humain«, in: *Revue de Métaphysique et de Morale* 63, Nr. 4 (1958), S. 412–427, hier S. 416.

573 Ebd., S. 423.

574 Simondon, »The Limits of Human Progress«, S. 231 [Hervorhebung im Original].

575 Ich beziehe mich mit dem Begriff »entropisch« auf das, was Lévi-Strauss in seinen *Traurigen Tropen* »Entropologie« nannte, ein Begriff, den er als neuen Namen seiner eigenen Disziplin, der Anthropologie, vorschlägt, der den Zerfall von Kulturen beschreibt, die der westlichen Expansion zum Opfer fallen: »Statt Anthropologie sollte es ›Entropologie‹ heißen, der Name einer Disziplin, die sich damit beschäftigt, den Prozeß der Desintegration in seinen ausgeprägtesten Erscheinungsformen zu untersuchen.« Claude Lévi-Strauss, *Traurige Tropen*, übers. v. Eva Moldenhauer, Frankfurt a. M. [20]2012, S. 411. Der Begriff wurde kürzlich von Bernard Stiegler aufgegriffen, als er das Anthropozän als »Entropozän« bezeichnete, in dem Sinne, dass es permanent Hybris erzeuge, siehe Bernard Stiegler, *Dans la disruption. Comment ne pas devenir fou*, Paris 2016; Jason W. Moore nennt es Kapitalozän, in dem Sinne, dass es sich beim Anthropozän im Wesentlichen um den Schauplatz der Weltökologie des Kapitalismus handelt, Jason W. Moore, *Kapitalismus im Lebensnetz. Ökologie und Akkumulation es Kapitals*, übers. v. Dirk Höfer, Berlin 2020.

Namensregister

Sachregister

Y

Z

Erste Auflage Berlin 2020

Verlagsgesellschaft mbH
Göhrener Str. 7, 10437 Berlin
info@matthes-seitz-berlin.de
Titel und Copyright der Originalausgabe:
The Question Concerning Technology in China. An Essay in Cosmotechnics

Umschlaggestaltung: Dirk Lebahn, Berlin
Satz: Monika Grucza-Nápoles, Berlin
Druck und Bindung: Pustet, Regensburg
ISBN 978-3-95757-850-1
www.matthes-seitz-berlin.de